多肉植物

病虫害研究及绿色防控技术应用

◎ 余德亿　姚锦爱　董金龙　蓝炎阳　编著

中国农业科学技术出版社

图书在版编目（CIP）数据

多肉植物病虫害研究及绿色防控技术应用 / 余德亿等编著. —北京：
中国农业科学技术出版社，2021.5

ISBN 978-7-5116-5216-4

Ⅰ. ①多⋯ Ⅱ. ①余⋯ Ⅲ. ①多浆植物—病虫害防治—无污染技术
Ⅳ. ①S436.8

中国版本图书馆 CIP 数据核字（2021）第 041499 号

责任编辑　李　华　崔改泵
责任校对　贾海霞
责任印制　姜义伟　王思文

出 版 者　中国农业科学技术出版社
　　　　　北京市中关村南大街12号　　邮编：100081
电　　话　（010）82109708（编辑室）（010）82109702（发行部）
　　　　　（010）82109709（读者服务部）
传　　真　（010）82106650
网　　址　http://www.castp.cn
经 销 者　各地新华书店
印 刷 者　北京中科印刷有限公司
开　　本　787mm×1 092mm　1/16
印　　张　18.75　彩插8面
字　　数　399千字
版　　次　2021年5月第1版　2021年5月第1次印刷
定　　价　86.00元

《多肉植物病虫害研究及绿色防控技术应用》

编著委员会

主 编 著：余德亿　姚锦爱　董金龙　蓝炎阳

编著人员：余德亿　姚锦爱　董金龙　蓝炎阳

　　　　　黄　鹏　林勇文　陈汉鑫　侯翔宇

前　言

多肉植物又叫多浆植物、肉质植物，家族庞大，全球已知的多肉植物达10 000余种，涉及仙人掌科、景天科、番杏科、大戟科、萝摩科、菊科、百合科、凤梨科、龙舌兰科、马齿苋科、葡萄科、鸭跖草科、酢浆草科、葫芦科等100余科植物。目前，我国多肉植物的种植面积超万亩，自身产值达25亿元以上，相关产业链产值更是高达50亿元以上，在我国花卉产业中占有举足轻重的地位。但随着全球气候变化及多肉植物种植面积的扩大，病虫害的发生日趋严重，严重阻碍了我国多肉产业的健康可持续发展，花企和花农对多肉植物病虫害防治技术需求日益迫切。

鉴于目前涉及多肉植物病虫害研究的文献还相对较少，尚未对多肉植物病虫害研究作全面系统的阐述。借此，本书对植物病害基础知识、植物虫害基础知识、植物病虫害绿色防控技术作必要介绍，有助于广大多肉植物种植爱好者能够更容易、更全面地了解植物病虫害的相关知识点，以便在多肉植物种植过程中遇到本书未提及的多肉植物病虫害，也能及时作出相应的诊断和防控；同时，笔者在收集文献及实地调查的基础上，以多肉植物主要病虫诊断为切入点，对每种主要病虫害的诊断要点作翔实介绍，以便读者对照进行田间诊断。在此基础上，笔者又以多肉植物几种主要病虫为研究案例，针对病害介绍它们的病原菌鉴定、发病机理及综合防治技术，针对害虫介绍它们的精准识别、成灾机理及综合防治技术，并就多肉植物病虫害绿色防控所涉及的健身栽培技术、轻简控害技术、综合治理技术及专用药剂、药肥的合理使用等展开讨论，有助于提升多肉植物种植爱好者的控害意识和水平，切实减少化学肥料及农药的使用，提升多肉植物的种植水平。本书可供广大花企、花农、从事花卉科研和技术推广工作的人员，以及大专院校师生参考。

本书出版得到福建省农业科学院学术著作出版基金的资助，也得到福建省科学技术厅、福建省作物有害生物监测与治理重点实验室、福建省害虫天敌资源工程技术研究中心及长泰金诺农业科技有限公司的支持；同时，笔者查阅参考了众多技术文献和研究成果，许多同行提供了宝贵的信息资料，在此一并致谢。

由于笔者水平有限，编著时间仓促，书中难免会有疏漏和不妥之处，恳请广大读者批评指正。

编著者

2020年10月

目 录

上 篇 多肉植物病虫害研究

1

下　篇　多肉植物病虫害绿色防控技术应用

上 篇

多肉植物病虫害研究

1 植物病害基础知识

1.1 植物病害及类型

1.1.1 植物病害的含义

植物在生长发育和贮藏运输过程中，由于病原生物侵入或不良环境因素影响，其正常的生理活动受干扰，在生理机能、组织结构和外部形态上发生系列反常变化，导致植物产量下降、品质变劣甚至全株死亡的现象，这种现象称为植物病害。

植物病害发生是个持续过程，当植物遭病原生物侵袭或不良环境因素影响后，先是正常生理功能出现失调，继而组织结构和外部形态出现各种不正常变化，生长发育受阻，这种逐渐加深和持续发展的过程，称为病理程序。植物病害发生必须经过一定的病理程序，依此特点，风折、雪压、虫伤及机械损伤等，均不能称为病害，而应称为伤害。但也并非所有发生植物病理变化过程的现象都称为病害，如因病害的缘故，植物的观赏价值及经济价值得到大幅提高，成为名花或珍品，这类异常现象通常不作为病害处理。

引起植物发生病害的原因称为病原，能够引起植物病害的病原分为生物因素和非生物因素两大类。由生物因素导致的病害称为侵染性病害，由非生物因素导致的病害称为非侵染性病害，又称为生理性病害。

引起植物病害的生物称为病原生物或病原物，植物病原物大多具有寄生性，因此病原物也被称为寄生物，它们所依附的植物则被称为寄主植物。植物病害是植物和病原在一定环境条件下矛盾斗争的结果。病原和植物是病害发生的基本矛盾，而环境则是促使矛盾转化的条件。环境一方面影响病原物的生长发育，同时也影响植物的生长状态，增强或降低植物对病原的抵抗力，只有当环境不利于植物生长发育而有利于病原物的活动和发展时，矛盾向着发病的方面转化，病害才能发生；反之，植物抗病能力增强，病害就被控制。因此，植物能否发病不仅取决于病原与植物之间的关系，而且在一定程度上，还取决于环境条件对双方的作用。病原、寄主和特定环境条件三者间的关系，称为病害三要素。

1.1.2 植物病害的类型

（1）按病原类别划分。可分为侵染性病害和非侵染性病害两大类。

①侵染性病害。引起植物病害的病原生物称为侵染性病原，主要有真菌、细菌、病毒、植原体、类病毒、寄生性种子植物、线虫、藻类和螨类等。这类由生物因子引起的植物病害能相互传染，有侵染过程，称为侵染性病害或传染性病害，也称为寄生性病害。此类病害在田间常先出现中心病株，有从点到面扩展为害的过程。

②非侵染性病害。不适于植物生长发育的环境条件称为非侵染性病原。如高温灼伤，低温冻害，土壤缺水引起枯萎，积水造成根系腐烂甚至植株枯死，营养元素不足引起缺素症，还有空气和土壤中的有害化学物质及农药使用不当等。这类由非生物因子引起的植物病害不能互相传染，没有侵染过程，称为非侵染性病害或非传染性病害，也称为生理性病害。此类病害常大面积成片发生，全株发病。

这种分类方法便于掌握同一类病害的症状特点、发病规律和防控方法。

（2）按寄主类别划分。可分为园艺植物病害、园林植物病害等。其中，园艺植物病害又可分为果树病害、蔬菜病害、观赏植物病害等。此分类方法便于统筹制定某种植物多种病害的防控方案。

（3）按病害传播方式划分。可分为气流传播病害、水流传播病害、土壤传播病害、昆虫传播病害、种苗传播病害等。此分类方法有利于依据传播方式考虑综合防控措施。

（4）按发病器官类别划分。可分为叶部病害、果实病害、根部病害等。

此外，还可按植物生育期、病害传播流行速度、病害的重要性等进行划分，如可分为苗期病害、储藏期病害、流行性病害、主要病害、次要病害等。

1.2 植物病害的症状

症状是指感病植物在一定的环境条件下，生理、组织及形态方面发生病变所表现出来的特征。植物病害的症状包括病状和病征。植物感病后本身表现的不正常现象称为病状。病原物在植物发病部位表现的特征称为病征。通常植物病害都有病状和病征，但也有例外。非侵染性病害不是由病原物引发的，因而没有病征。侵染性病害中也只有真菌、细菌、寄生性植物有病征，病毒、植原体和线虫所致的病害，肉眼看不见病征。植物病害通常先有病状，病状易被发现，而病征常要在病害发展过程中的某一阶段才能显现。

无论是非侵染性病害还是侵染性病害，都是由生理病变开始，随后发展到组织病变和形态病变。因此，症状是植物内部一系列复杂病理变化在植物外部的表现。各种植物病害的症状都有一定的特征和稳定性，对于植物的常见病和多发病，可依据症状进行简易识别。

1.2.1 病状类型

（1）变色。植物局部或全株失去正常的颜色。变色是由于色素比例失调造成的，其细胞并没有死亡。以叶片变色最常见，如花叶、斑驳、褪绿、红化、黄化、紫化和明脉等。

（2）坏死。植物局部细胞和组织死亡，但不解离。如各种各样病斑、穿孔、环斑、叶枯、叶烧、疮痂、溃疡、猝倒和立枯等。

（3）腐烂。植物病组织细胞受破坏而离解，引起溃烂。腐烂分为湿腐和干腐两种。组织幼嫩且多汁的植物多出现湿腐；组织较坚硬、含水分较少或腐烂后很快失水的植物多引起干腐。

（4）萎蔫。植物输导组织被破坏，水分不能正常运输而引起的凋萎、枯死。萎蔫急速且枝叶初期仍为青色的叫青枯。萎蔫进展缓慢，枝叶逐渐干枯的叫枯萎。

（5）畸形。受害植物细胞或组织过度增生或受到抑制，植物全株或局部出现矮化、矮缩、丛枝、皱缩、卷叶、肿瘤等异常形态。

植物病害病状表现较为复杂，常见的病状类型及特征具多样性，详见表1-1。

表1-1　植物病害常见病状特征

病状类型	表现形式		发生特点
变色	叶片等器官均匀变色	褪绿	叶片均匀褪绿，变为浅绿色；叶脉褪绿后变为半透明状，形成明脉
		黄化褪色	植物器官失去原有色泽，呈现黄化、白化、红化或紫化等
	叶片等器官不均匀变色	花叶	叶片呈现绿色深浅不匀、浓淡镶嵌的现象，各种颜色轮廓清晰
		斑驳	斑驳与花叶的不同是颜色轮廓不清晰
坏死	植物组织受害后引起局部细胞和组织死亡	斑点	根据斑点特征，分别称为角斑、条斑、褐斑、黑斑、紫斑、圆斑、大斑、小斑、轮斑、环斑等
		穿孔	叶片病斑坏死，病组织后期脱落
		疮痂	病斑表面粗糙，有时木栓化而稍有突起
		叶枯	叶片上较大面积枯死，枯死边缘轮廓不明显
		叶烧	叶尖和叶缘大面积枯死

（续表）

病状类型	表现形式			发生特点
坏死	植物组织受害后引起局部细胞和组织死亡		溃疡	木质部坏死，病部稍微凹陷，周围寄主细胞有时木栓化
			梢枯	分枝从顶端向下枯死，一直扩展到主茎或主干
			立枯	幼苗近地面的茎组织坏死，死而不倒
			猝倒	幼苗近地面的茎组织坏死，迅速倒伏
腐烂	植物组织较大面积分解和破坏		干腐	组织腐烂时解体较慢，水分及时蒸发，病部表皮干缩
			湿腐	组织腐烂时解体很快，不能及时失水
			软腐	中胶层受到破坏，组织细胞离析后，再发生细胞的消解
萎蔫	植物根茎的维管束组织受到破坏而发生凋萎现象		生理性萎蔫	植物因干旱失水，使枝、叶萎垂
			青枯	植物根、茎维管束组织受毒害或破坏，植株迅速失水，死亡后叶片仍保持绿色
			枯萎和黄萎	植物根、茎维管束组织受毒害或破坏，引起叶片枯黄、凋萎
畸形	植株受病原物分泌激素物质或干扰寄主代谢的刺激而表现的异常生长	增大	徒长	病组织的局部细胞体积增大，数量不增多
		增生	发根	不定根大量萌发，根系过度分枝而呈丛生状
			丛枝	植物主、侧枝顶芽被抑制，侧芽受刺激大量萌发形成簇状枝条
			肿瘤	病组织的薄壁细胞分裂加快，数量迅速增多
		抑制	矮缩	茎秆或叶柄发育受阻，植株不成比例地变小，叶片卷缩
			矮化	枝叶等器官生长发育受阻，成比例地受到抑制
			卷叶	叶片沿主脉平行方向向上或向下卷
			缩叶	叶片沿主脉垂直方向向上或向下卷
			皱缩	叶面高低不平
		变态	蕨叶	叶细长，狭小，叶肉组织退化
			花变叶	花瓣变为绿色的叶片状
			缩果	果面凹凸不平
			袋果	果实变长，呈袋状，膨大中空，果肉肥厚，呈海绵状

1.2.2 病征类型

（1）霉状物。植物发病部位常产生各种霉层，是真菌菌丝、孢子梗和孢子在植物表面构成的特征，其着生部位、颜色、质地、疏密变化较大。根据霉状物颜色不同，可分为霜霉、绵霉、灰霉、青霉、黑霉等。

（2）粉状物。一些孢子和孢子梗聚集在一起所表现的特征。根据粉状物颜色不同，可分为锈粉、白粉、黑粉、白锈等。

（3）粒状物。在病部产生的形状、大小、色泽和排列方式各不相同的小颗粒。如真菌子囊壳、分生孢子器、分生孢子盘及菌核等。

（4）伞状物和线状物。伞状物是由真菌形成的较大型子实体，蘑菇状，颜色有多种变化。线状物是由真菌菌丝体形成的较细索状结构。

上述4种病征是植物病原真菌所具有的病征类型。

（5）脓状物。植物病部在潮湿条件下溢出脓状黏液，在气候干燥环境中形成菌膜或菌胶粒。脓状物是植物病原原核生物中细菌性病害所特有的病征。

植物病害常见的病征类型及特征具复杂性，在病害诊断时要注意区别，详见表1-2。

表1-2 植物病害常见病征特征

病征类型	表现形式	主要特点
霉状物	霉层	病部产生各种颜色的绒毛状物，如霜霉、青霉、黑霉、绵霉、灰霉等
粉状物	粉层	病部产生各种颜色的粉末状物，如白粉、黑粉、锈粉等
粒状物	小黑点或不规则形颗粒	一种是针尖大小的小黑点，是真菌子囊壳、分生孢子器等；另一种是菜籽或鼠粪状菌核，多褐色
线状物和伞状物	线状或伞状物质	线状物是真菌形成的菌索结构，白色或紫褐色，似植物的根；伞状物是真菌形成的较大型子实体，蘑菇状
脓状物	溢脓	细菌性病害所具有的脓状黏液，干燥时形成菌胶粒

多数植物病害的病状和病征表现明显，常根据病状或病征的名称命名。同时，还可根据病害的症状特点，对植物病害进行初步诊断。但是，植物病害的症状不是固定不变的，同一病害常因植物品种、环境条件、发病时期以及不同部位而异，而且有时不同病原可表现出相似的症状。因此，症状是诊断植物病害的重要依据，但不是唯一的依据，必要时还需进行病原鉴定。

1.3 植物侵染性病害的病原

1.3.1 真菌

真菌是具有细胞壁和典型细胞核结构，没有根、茎、叶分化，不含叶绿素，不能进行光合作用，也没有维管束组织，以吸收为营养方式的一类有机体。其典型的营养体是菌丝体，繁殖方式是产生各种类型的孢子。

真菌在自然界中，种类多、分布广、繁殖快。现已知的真菌达10万种以上，地球上只要有空气的地方就有真菌存在，大多数真菌对人类有益，被广泛应用于医药、农业、工业生产和人类生活中。但也有很多真菌常引起人、畜及植物病害，造成重大损失。现已知由真菌引起的植物病害达3万余种，占植物病害80%以上。几乎所有植物都要受到一种或几种真菌的侵染，真菌所致病害也具有多样性。

1.3.1.1 真菌的一般性状

真菌的个体发育分为营养阶段和繁殖阶段，即真菌先是经过一定时期的营养生长，然后形成各种复杂的繁殖结构，产生孢子。

（1）真菌的营养体。指真菌营养生长阶段的结构。典型的真菌营养体为纤细多枝的丝状体。单根细丝称为菌丝，菌丝可不断长出分枝，许多菌丝集聚在一起，称为菌丝体。菌丝通常呈管状，直径5～6μm，管壁无色透明。高等真菌的菌丝有隔膜，称为有隔菌丝；低等真菌的菌丝一般无隔膜，称为无隔菌丝。有些真菌营养体为卵圆形的单细胞，如酵母菌。

菌丝一般由孢子萌发产生的芽管生长而成，以顶部生长并进行延伸。菌丝每一部分都潜存着生长的能力，每一断裂的小段菌丝在适宜条件下均可继续生长。

寄生真菌以菌丝侵入寄主的细胞间或细胞内吸收营养物质。当菌丝体与寄主细胞壁或原生质接触后，营养物质和水分进入菌丝体内。生长在细胞间的真菌，特别是专性寄生菌在菌丝体上形成吸器，伸入寄主细胞内吸收养分和水分，吸器的形状因真菌的种类不同而异，有瘤状、分枝状、掌状等。

真菌菌丝体一般是分散的，但有些真菌菌丝体在不适条件或生活后期可以密集形成一些特殊结构，如菌核、菌索、菌膜、子座等。它们对真菌的繁殖、传播以及增强对环境的抵抗力有很大作用。

①菌核。是由菌丝交织而成的颗粒状结构。颜色较深，多为黑色或黑褐色。由拟薄壁组织和疏松组织形成，质地坚硬。形状多为圆形，有的像油菜籽粒或鼠粪。菌核对高温、低温和干燥等不良环境有较强的抵抗力，是度过不良环境的休眠体。当环境适宜，菌核可萌发生成菌丝体或直接产生繁殖结构。

②菌索。是高等真菌的菌丝体平行交织、相互集结成绳索状，外形如同高等植物的根，又称根状菌索。菌索内层是疏导组织，外层是密薄壁组织。菌索粗细长短不一，可抵抗不良环境，也有助于真菌扩大蔓延或侵入寄主植物。

③子座。是由菌丝交织而成或由菌丝体和部分寄主组织结合而成的垫状结构。子座的主要功能是形成产孢机构，同时也具备提供营养和抵抗不良环境的能力。

（2）真菌的繁殖体。真菌经过营养生长阶段后，即进入繁殖阶段，产生各种繁殖器官即繁殖体。大多数真菌只以一部分营养体分化为繁殖体，其余营养体仍然进行营养生长。真菌的繁殖方式分为无性和有性两种，无性繁殖产生无性孢子，有性繁殖产生有性孢子。孢子是真菌繁殖的基本单位，相当于高等植物的种子。真菌产生孢子的组织和结构称为子实体。子实体和孢子形式多样，其形态是真菌分类的重要依据之一。

①无性繁殖及无性孢子的类型。无性繁殖是指真菌不经过性细胞或性器官的结合，直接从营养体上产生孢子的繁殖方式，所产孢子称为无性孢子。无性孢子在一个生长季中，如环境适宜可重复产生多次，是病害迅速蔓延扩散的重要孢子类型。但其抗逆性差，环境不适很快就会失去活力。真菌的无性孢子主要有游动孢子、孢囊孢子、分生孢子、节孢子、粉孢子、芽孢子、厚垣孢子等。

游动孢子：菌丝顶端分化成较菌丝膨大的囊状物，即孢子囊。其下有梗，称孢囊梗。游动孢子囊球形、卵形或不规则形。孢子囊内原生质因液泡向四周网状扩展，分割成若干小块，每小块形成1个单核，无细胞壁，有鞭毛，遇水能游动的孢子，即游动孢子。游动孢子肾形、梨形，具1～2根鞭毛，可在水中游动。

孢囊孢子：孢子囊由孢囊梗顶端膨大而成。孢子囊内原生质因液泡向四周网状扩展，分割成若干小块，每小块形成1个多核，有细胞壁，无鞭毛，不能游动的孢子，即孢囊孢子。孢囊孢子球形，有细胞壁，无鞭毛，释放后可随风飞散。

分生孢子：在由菌丝分化而成的呈枝状的分生孢子梗上产生，成熟后的分生孢子从孢子梗上脱落，如子囊菌、半知菌的无性孢子。分生孢子的种类很多，形状、大小、色泽、形成和着生方式都有很大的差异。真菌分生孢子梗，散生或丛生，有些真菌的分生孢子梗着生在特定形状的结构中，如近球形、具孔口的分生孢子器和杯状或盘状的分生孢子盘。

厚垣孢子：有些真菌遇到不良环境时，菌丝细胞中的原生质浓缩，细胞变圆，壁加厚，分离而成休眠的厚垣孢子。其可抵抗不良环境，条件适宜时萌发形成菌丝。

②有性繁殖及有性孢子的类型。有性繁殖是指真菌通过性细胞或性器官的结合而产生孢子的繁殖方式。有性繁殖产生的孢子称为有性孢子。真菌的性细胞称为配子，性器官称为配子囊。多数真菌的有性孢子，一个生长季产生一次，且多在寄主生长后

期产生，它有较强的生命力和对不良环境的忍耐力，常是越冬的孢子类型和翌年病害的初侵染源。常见的有性孢子有卵孢子、接合孢子、子囊孢子、担孢子等。

卵孢子：由两个异形配子囊结合而成，球形，壁厚，可以抵抗不良环境。如鞭毛菌亚门卵菌的有性孢子。

接合孢子：由两个同形配子囊结合而成的球形、厚壁的休眠孢子。如接合菌亚门的有性孢子。

子囊孢子：由两个异形配子囊结合，先形成无色透明、棒状或卵圆形的囊状结构，即子囊，后在子囊内形成8个子囊孢子，子囊孢子形态差异很大。子囊通常产生在有包被的子囊果内。子囊果一般有3种类型：球状无孔口的闭囊壳；瓶状或球状有真正壳壁和固定孔口的子囊壳；盘状或杯状的子囊盘。如子囊菌亚门的有性孢子。

担孢子：两性器官退化，由两性菌丝结合形成双核菌丝，再由双核菌丝顶端长出4个小分枝，即担子，每个担子上产生1个外生担孢子。有些真菌在产生担子前，双核菌丝先形成厚垣孢子或冬孢子，再由它们萌发产生担子和担孢子。如担子菌亚门真菌的有性孢子。

此外，根肿菌由两个同型游动配子结合发育成球形、厚壁的休眠孢子（休眠孢子囊）。

③真菌的子实体。高等真菌的无性孢子和有性孢子聚生在一种由菌丝构成的组织中，这种着生孢子的特殊结构称为子实体。常见子实体有分生孢子盘、分生孢子器、子囊果（子囊盘、子囊壳、闭囊壳）和担子果等。

1.3.1.2　真菌的生活史

指真菌从一种孢子萌发开始，经历营养生长阶段和繁殖阶段，最后又产生同一种孢子的过程。典型生活史一般包括无性和有性两个阶段。

真菌孢子在适宜条件下开始萌发，产生芽管，伸长后发展成菌丝体，在植物细胞间或细胞内蔓延，营养生长后产生无性孢子进行扩散。无性孢子再萌发，又形成新的菌丝体，这就是无性阶段。无性孢子在植物一个生长季中可多次产生，数量大，对植物病害的传播蔓延起着十分重要的作用，但对不良环境的抵抗力较弱。当环境不适或真菌生长后期，则进行有性繁殖，产生有性孢子。有性孢子1年只发生1次，数量较少，对不良环境的抵抗力较强，常成为翌年病害的初侵染源。

并不是所有真菌的个体发育都是按典型生活史模式完成的。很多真菌只有无性繁殖阶段，极少进行有性繁殖；有的真菌以有性繁殖为主，无性孢子很少产生或不产生；还有的真菌在整个生活史中不形成任何类型的孢子，仅有菌丝体和菌核。

在真菌生活史中，有的真菌要形成两种以上不同类型孢子，将这种现象称为真菌的多型性。典型的锈菌在其生活史中可形成冬孢子、担孢子、性孢子、锈孢子和夏孢子5种不同类型的孢子。一般认为多型性是真菌对环境适应性的表现。有些真菌在一种寄主植物上就可完成生活史，即单主寄生，大多数真菌都属于单主寄生。有些真菌需要在两种或两种以上不同的寄主植物上交替寄生才能完成生活史，称为转主寄生，如锈菌。

了解了真菌的生活史，就可根据植物病害在一个生长季节的变化特点，有针对性地制定出相应的防控措施。

1.3.1.3 真菌的生理生态特性

（1）生理特性。真菌是异养生物，必须从外界吸取现成的糖类作能源。另外，真菌还需要氮及其他微量元素，如磷、钾、硫、镁、锌、锰、硼、铁等。真菌与植物的不同在于不需要钙。

真菌通过菌丝吸收营养物质，可人工培养。大多数真菌从寄主内部组织吸收养料，但也有些真菌只能从寄主表皮组织获得养料。根据真菌吸养方式的不同，可将病原真菌分为3种类型。

专性寄生：病原真菌只能从活的有机体中吸取营养物质，不能在无生命的有机体和人工培养基上生长，如白粉病、锈菌、霜霉菌等。

兼性寄（腐）生：病原真菌兼有寄生和腐生的能力。有些真菌主要营腐生生活，当环境条件改变时，也能营寄生生活，称为兼性寄生；有些真菌主要营寄生生活，当环境条件改变时，可以营腐生生活，称为兼性腐生。

专性腐生：病原真菌只能从无生命的有机物中吸取营养物质，不能侵害有生命的活有机体，如伞菌、腐朽菌、煤污菌等。

（2）生态特性。真菌生长发育要求一定的环境条件，当环境条件不适时，真菌可以发生某种适应性的变态。环境条件主要包括温度、湿度、光和酸碱度等。

温度是真菌生长发育的重要条件，大多数真菌生长发育的最适温度为20～25℃。在自然条件下，通常在生长季进行无性繁殖，在生长季末期，温度较低时进行有性繁殖。

真菌是喜湿生物，大多数真菌孢子萌发的相对湿度在90%以上，有的孢子甚至必须在水滴或水膜中才能萌发。多数真菌菌丝体的生长虽然也需高湿环境，但因高湿条件下氧的供给受限制，所以菌丝体反而是在相对湿度75%左右生长最好。温度和湿度的良好配合有利于真菌的生长发育。

真菌菌丝体的生长一般不需要光，在黑暗或散光条件下都能良好生长。真菌进入繁殖阶段时，有些菌种需要一定的光线，否则不能形成孢子。

一般真菌的适宜酸碱度为pH值3～9，最适酸碱度为pH值5.5～6.5，真菌孢子一般在酸性条件下萌发较好。在自然条件下，酸碱度不是影响孢子萌发的决定因素。

真菌对环境条件的要求，会随着真菌种类和发育阶段的不同而有差异。真菌对外界环境各种因素也有逐步适应的能力，并不是一成不变的。

1.3.1.4 真菌的主要类群

关于真菌的分类，学术界分歧较大，不同学者提出了各种不同的分类系统。目前，世界上广泛使用的分类系统有两个，即以英国出版的《菌物词典》为代表的Ainsworth生物五界系统和以美国出版的《菌物学概论》为代表的Alexopoulos生物八界系统。我国目前使用的是Ainsworth生物五界系统，即将所有真菌归为真菌界，真菌界包括黏菌门（Myxomycota）和真菌门（Eumycota）。真菌门分为鞭毛菌亚门（Mastigomycotina）、接合菌亚门（Zygomycotina）、子囊菌亚门（Ascomycotina）、担子菌亚门（Basidiomycotina）和半知菌亚门（Deuteromycotina）5个亚门。

（1）鞭毛菌亚门。营养体大多数是没有隔膜的菌丝体，少数是原生质团或单细胞。无性繁殖产生游动孢子囊，释放出游动孢子；有性繁殖形成卵孢子或休眠孢子囊。大多数生于水中，少数具两栖和陆生习性。有腐生的，也有寄生的。该亚门重要属的主要特征见表1-3。

表1-3 鞭毛菌亚门重要属及主要特征

重要属	主要特征
根肿菌属 （Plasmodiophora）	营养体是无壁的原生质团；休眠孢子囊在寄主细胞内分散，呈鱼卵状；休眠孢子囊萌发产生前端具有2根不等长鞭毛的游动孢子
腐霉属 （Pythium）	菌丝发达，无特殊分化的孢囊梗；在菌丝上顶生或间生球状、棒状或卵形的孢子囊，成熟时一般不脱落
疫霉属 （Phytophthora）	孢囊梗分枝在产生孢子囊处膨大，孢子囊球形、卵形或梨形，萌发时产生游动孢子或直接产生芽管
霜霉属 （Peronospora）	孢囊梗主轴较明显，粗壮，顶部有对称的二叉状分枝，分枝顶端尖锐；孢子囊近卵形，无乳突，成熟时易脱落，萌发时直接产生芽管，偶尔释放游动孢子
单轴霉属 （Plasmopara）	孢囊梗单轴直角分枝，末端平钝；孢子囊卵形或球形，有乳突和短柄，成熟时易脱落，萌发时产生游动孢子和芽管
假霜霉属 （Pseudoperonospora）	孢囊梗主干单轴分枝，然后作不完全对称的二叉状锐角分枝，末端尖细略弯曲；孢子囊卵形或球形，有乳突，基部有短柄，萌发时产生游动孢子
盘梗霉属 （Bremia）	孢囊梗单根或成丛自气孔伸出，二叉状锐角分枝，末端膨大呈盘状，边缘生3~6个小梗，小梗上单生孢子囊

（续表）

重要属	主要特征
霜疫霉属 （*Peronophythora*）	孢囊梗主干明显，上部双叉状分枝一至数次；孢子囊卵圆形，顶端有乳头状突起
白锈属 （*Albugo*）	孢囊梗不分枝，短棍棒状，密集在寄主表皮下呈栅栏状，孢囊梗顶端串生孢子囊；专性寄生菌

（2）接合菌亚门。营养体主要为发达的无隔菌丝体或虫菌体。无性繁殖在孢子囊内产生孢囊孢子，有性繁殖产生接合孢子。绝大多数为腐生菌，少数为弱寄生菌。与植物病害密切相关的主要为根霉属（*Rhizopus*），无隔菌丝分化出假根和匍匐丝，在假根对应处向上长出孢囊梗。孢囊梗单生或丛生，分枝或不分枝，顶端着生孢子囊。孢子囊球形，囊轴明显，成熟后囊壁消解或破裂，散出孢囊孢子。接合孢子表面有瘤状突起。如匍枝根霉，常引起种实、球根、鳞茎的霉烂。

（3）子囊菌亚门。全部陆生，包括腐生菌和寄生菌。除酵母菌为单细胞外，其他子囊菌营养体都是分枝繁茂的有隔菌丝体。无性繁殖在孢子梗上产生分生孢子，产生分生孢子的子实体有分生孢子器、分生孢子盘、分生孢子束等；有性繁殖产生子囊和子囊孢子。大多数子囊菌的子囊产生在子囊果内，也有少数裸生，裸生于菌丝体上或寄主植物表面。常见子囊果有子囊壳、闭囊壳、子囊腔、子囊盘4种类型。该亚门重要属的主要特征见表1-4。

表1-4 子囊菌亚门重要属及主要特征

重要属	主要特征
白粉菌属 （*Erysiphe*）	分生孢子单胞，椭圆形，串生或单生；闭囊壳附属丝菌丝状，内含多个子囊，子囊内含2~8个子囊孢子，单细胞，无色
钩丝壳属 （*Uncinula*）	闭囊壳内有多个子囊；附属丝顶端卷曲成钩状或螺旋状
叉丝壳属 （*Microsphaera*）	闭囊壳内有多个子囊；附属丝顶端多次双分叉
球针壳属 （*Phyllactinia*）	闭囊壳内有多个子囊，子囊孢子卵形，淡黄色；附属丝刚直针状而基部膨大
单丝壳属 （*Sphaerotheca*）	闭囊壳内仅有一个具短柄的球形或卵形子囊；附属丝菌丝状
叉丝单囊壳属 （*Podosphaera*）	子囊单生、球形；子囊孢子无色、卵形；附属丝生于闭囊壳中部或顶部，刚直，顶端呈一至多次双叉状分枝

（续表）

重要属	主要特征
外囊菌属（*Taphrina*）	子囊裸露，圆筒形，平行排列在寄主表面；子囊孢子可芽殖产生芽孢子，芽孢子继续芽殖进行无性繁殖
核盘菌属（*Sclerotinia*）	子囊盘漏斗状或盘状，褐色；子囊圆柱形，子囊孢子单胞，无色，椭圆形
黑腐皮壳属（*Valsa*）	子座发达、黑色；子囊壳内具长茎，成群埋生于寄主组织中的子座基部；子囊孢子单细胞，无色，腊肠形
痂囊腔菌属（*Elsinoe*）	子囊腔不规则分布，每腔内仅一个球形子囊；子囊孢子无色，长椭圆形，一般有3个横隔膜，很少具纵隔膜
煤炱属（*Capnodium*）	菌丝体生于植物表面，呈黑色污霉状；菌丝体细胞黑色，球形，使菌丝呈串球状，常生刚毛；子囊椭圆形，有假侧丝，子囊孢子长卵形，多细胞，具纵、横隔膜
球腔菌属（*Mycosphaerella*）	子囊座球形、扁球形或假囊壳状，其中只含一个子囊壳状的子囊腔，生于表皮下，后突破表皮而外露；子囊圆筒形或棍棒形，无假侧丝；子囊孢子圆筒形，无色，双胞
黑星菌属（*Venturia*）	子座生于基物内，后外露；子囊腔孔口周围有刚毛；子囊棍棒形，子囊间有假侧丝；子囊孢子椭圆形，双胞，大小不等

（4）担子菌亚门。担子菌是真菌中最高等的一个亚门，全部陆生。菌丝体为发达的有隔菌丝体，其发育有两个阶段，由担孢子萌发产生的单核菌丝，称为初生菌丝；性别不同的初生菌丝结合形成双核的次生菌丝，双核菌丝体可形成菌核、菌索和担子果等。无性繁殖一般不发达，有性繁殖除锈菌外，产生担子和担孢子。高等担子菌产生担子果，担子散生或聚生在担子果上，担子上着生4个担孢子；低等担子菌不产生担子果，担子从冬孢子萌发产生，无法形成子实层，冬孢子散生或成堆着生在寄主组织内。该亚门重要属的主要特征见表1-5。

表1-5　担子菌亚门重要属及主要特征

重要属	主要特征
黑粉菌属（*Ustilago*）	冬孢子散生，单胞，球形或近球形，表面光滑或有饰纹；冬孢子萌发产生有隔担子，担孢子顶生或侧生
条黑粉菌属（*Urocystis*）	冬孢子萌发产生无隔担子，担孢子顶端簇生；冬孢子堆成团聚集，孢子团外有明显的不孕细胞
胶锈菌属（*Gymnosporangium*）	冬孢子椭圆形，双胞，有长柄，淡褐色至暗褐色；冬孢子柄遇水呈胶状

重要属	主要特征
柄锈菌属 （*Puccinia*）	冬孢子双胞，有柄，深褐色，椭圆，棒状
单胞锈菌属 （*Uromyces*）	冬孢子单胞，有柄，深褐色，顶端较厚
多胞锈菌属 （*Phragmidium*）	冬孢子3胞以上，表面光滑或有瘤状突起，冬孢子柄基部膨大
栅锈菌属 （*Melampsora*）	冬孢子棱柱形或椭圆形，无柄，在寄主表皮下排列为整齐的一层

（5）半知菌亚门。营养体多为分枝繁茂的有隔菌丝体。陆生，腐生或寄生。无性繁殖产生各种类型的分生孢子，多数种类有性阶段尚未发现，少数发现有性阶段的多属子囊菌，少数为担子菌。分生孢子梗散生或呈束状，或着生在分生孢子座上；有些种类形成孢子果，分生孢子梗和分生孢子着生在近球形、具孔口的分生孢子器中，或盘状的分生孢子盘上。孢子果内的分生孢子常具胶质物，在潮湿条件下常结成卷曲的长条，称为分生孢子角。该亚门重要属的主要特征见表1-6。

表1-6 半知菌亚门重要属及主要特征

重要属	主要特征
丝核菌属 （*Rhizoctonia*）	产生菌核，菌核间有丝状体相连；菌丝多为近直角分枝，分枝处有缢缩
小菌核属 （*Sclerotium*）	产生菌核，菌核间无丝状体相连
轮枝孢属 （*Verticillium*）	分生孢子梗直立，分枝，轮生、对生或互生；分生孢子单胞
链格孢属 （*Alternaria*）	分生孢子梗褐色，弯曲，孢痕明显；分生孢子单生或串生，褐色，卵圆形或倒棍棒形，有纵横分隔
葡萄孢属 （*Botrytis*）	分生孢子梗灰褐色，呈树状分枝，顶端明显膨大呈球状；上生很多小梗，其上聚生葡萄穗状分生孢子；分生孢子卵圆形，单胞，无色或灰色
粉孢属（*Oidium*）	分生孢子梗短小，不分枝；分生孢子单胞，圆形，串生
尾孢属 （*Cercospora*）	分生孢子梗黑褐色，丛生，不分枝，有时呈屈膝状；分生孢子线形、鞭形或蠕虫形，多胞
黑星孢属 （*Fusicladium*）	分生孢子梗短，暗褐色，孢痕明显，分生孢子多胞

（续表）

重要属	主要特征
青霉属 （Penicillium）	分生孢子梗直立，顶端呈一至多次帚状分枝；分枝顶端形成瓶状小梗，其上串生分生孢子；分生孢子单胞，无色，卵圆形
褐孢霉属 （Fulvia）	分生孢子梗和分生孢子黑褐色，分生孢子单胞或双胞，形状和大小多变
镰孢属 （Fusarium）	分生孢子座垫状，分生孢子梗形状大小不一；大型分生孢子多胞，无色，镰刀形，小型分生孢子单胞，无色，椭圆形
叶点霉属 （Phyllosticta）	分生孢子器埋生，有孔口；分生孢子梗短；分生孢子小，单胞，无色，近卵圆形
壳针孢属 （Septoria）	分生孢子器半埋生，分生孢子梗短；分生孢子无色，线形，多胞
茎点霉属 （Phoma）	分生孢子梗短，着生于分生孢子器的内壁；分生孢子较小，卵形，单胞，无色
大茎点霉属 （Macrophoma）	形态与茎点霉菌相似，但分生孢子较大，一般长度超过15μm
拟茎点霉属 （Phomopsis）	分生孢子有两种类型：一种孢子卵圆形，单胞，无色；另一种孢子线形或钩状，单胞，无色
壳囊胞属 （Cytospora）	分生孢子器聚生在子座内，分生孢子小，腊肠形
痂圆孢属 （Sphaceloma）	分生孢子梗很短，不分枝，紧密排列在分生孢子盘上；分生孢子单胞，无色，椭圆形
炭疽菌属 （Calletotrichum）	分生孢子盘生于寄主表皮下，有时生有褐色的刚毛；分生孢子无色，单胞，长椭圆形或新月形

1.3.2　细菌

细菌属原核生物界，细菌门，单细胞，有细胞壁，无真正的细胞核。植物病原细菌分布很广，是仅次于真菌和病毒的第三大类病原生物，目前已知的植物病害细菌有300多种，我国发现的有70种以上，可引起多种植物的重要病害。

1.3.2.1　细菌的一般性状

细菌具有细胞壁、原生质膜、原生质、核物质及各种内合体，但无核膜。细菌的细胞壁外包有厚薄不等的黏液层，称为荚膜，厚度因菌而异。某些细菌的细胞内可形成休眠芽孢以度过不良环境。细菌形状有球状、杆状和螺旋状，植物病原细菌都是杆状菌，大小一般为（0.5~0.8）μm×（1~5）μm，无荚膜，也不形成芽孢。绝大多数植物病原细菌的细胞壁外生有鞭毛，能在水中游动。生在菌体周围的鞭毛，称为周毛。鞭毛的有无、着生位置和数目是细菌分类的重要依据。

植物病原细菌繁殖用裂殖方式，即细菌成熟后，在杆状菌体的中部产生隔膜，随后分成两个子细胞，在适宜条件下，每小时分裂1次至数次，速度极快。

植物病原细菌不含叶绿素，异养生活，寄生或腐生。所有植物病原细菌都可在人工培养基上生长繁殖。在固定培养基上形成的菌落多为白色、黄色或灰色。在液体培养基中可形成菌膜。

革兰氏染色法是鉴别细菌的重要手段。大多数病原细菌都是好氧的，适于生活在中性偏碱的环境中。一般生长发育的适温为26~30℃，在33~40℃时停止生长，在48~53℃下处理10min，多数细菌即死亡。

1.3.2.2 细菌的主要类群

细菌分类的主要依据是：鞭毛有无、数目及着生位置，革兰氏染色反应，培养性态，生化特征，以及致病性及寄生性等。目前多采用D. H. Bergey提出的系统进行分类，将植物病原细菌分归为5个属：棒状杆菌属（*Corynebacterium*）、假单胞杆菌属（*Pseudomonas*）、黄单胞杆菌属（*Xanthomonas*）、欧氏杆菌属（*Erwinia*）、野杆菌属（*Agrobacterium*）。植物病原细菌分类及其致病特点，见表1-7。

表1-7　植物病原细菌分类及其致病特点

名称	鞭毛	菌落特征	DNA中G+C物质的量分数（%）	致病特点
棒状杆菌属（*Corynebacterium*）	无	圆形，光滑，隆起，多为灰白色	67~78	萎蔫、维管束变褐
假单胞杆菌属（*Pseudomonas*）	极生3~7根	圆形，隆起，灰白色，有荧光反应	58~70	叶斑、腐烂和萎蔫
黄单胞杆菌属（*Xanthomonas*）	极生1根	隆起，黄白色	63~70	叶斑、叶枯
欧氏杆菌属（*Erwinia*）	周生多根鞭毛	圆形，隆起，灰白色	50~58	腐烂、萎蔫、叶斑
野杆菌属（*Agrobacterium*）	极生或周生1~4根鞭毛	圆形，隆起，灰白色	57~63	肿瘤、畸形

1.3.2.3　植物细菌病害的症状及特点

（1）症状。植物细菌病害的主要症状有斑点、腐烂、枯萎、畸形等几种类型。

①斑点。主要发生在叶片、果实和嫩枝上。由于细菌侵染，引起植物局部组织坏死而形成斑点或叶枯。有的叶斑病后期病斑中部坏死，组织脱落而形成穿孔。

②腐烂。植物幼嫩、多汁的组织被细菌侵染后，通常表现腐烂症状，如软腐病。这类症状表现为组织解体，流出带有臭味的汁液。

③枯萎。细菌侵入寄主植物维管束组织，在导管内扩展破坏输导组织，引起植物萎蔫。棒状杆菌还能引起枯萎症状。

④畸形。有些细菌入侵植物后，引起根或枝干局部组织过度生长形成肿瘤，或使新枝、须根丛生等多种症状。

（2）特点。植物病原细菌无直接穿透寄主表皮而入侵的能力，主要通过气孔、皮孔、蜜腺等自然孔口或伤口侵入。假单胞杆菌和黄单胞杆菌多从自然孔口侵入，也可从伤口侵入，而棒状杆菌、野杆菌和欧氏杆菌则多从伤口侵入。

侵染最主要条件是高湿，故只有在自然孔口内外充满水分时才能侵入寄主体内。植物病原细菌主要是通过雨水的飞溅、流水（灌溉水）、风、昆虫和线虫等传播，有些细菌还可以通过相关农事操作传播，有些则随着种子、种苗、接穗、插条、球根等繁殖材料的调运而远距离传播。

植物病原细菌无特殊的越冬结构，必须依附于感病植物。因此，感病植物是病原细菌越冬的重要场所；病株残体、种子、球根等繁殖材料以及杂草等都是细菌越冬场所，也是初侵染的重要来源。一般细菌在土壤内不能存活太久，当植物残体分解后，它们也渐趋死亡。一般高温、多雨，尤以暴风雨后，湿度大，施用氮肥过多等环境因素，均有利于细菌病害的发生和流行。

1.3.3　病毒

植物病原病毒是仅次于真菌的重要病原物，目前已命名的植物病毒达1 000多种。病毒是一类结构简单、非细胞结构的专性寄生物。病毒粒体很小，主要由核酸和蛋白质组成，也称为分子寄生物。寄生植物的病毒称为植物病毒，寄生动物的病毒称为动物病毒，寄生细菌的病毒称为噬菌体。

1.3.3.1　植物病毒的一般性状

（1）病毒的性质。病毒比细菌更微小，需用电子显微镜观察。病毒是一种含有核酸的核蛋白，具有一定形状非细胞状态的分子生物，通常包被在保护性蛋白（或脂蛋白）衣壳中，只能在适宜的寄主细胞内完成自我复制。

（2）病毒的形态。形态完整的病毒称作病毒粒体。高等植物病毒粒体主要为杆状、线状和球状，少数为弹状和双联体状等。

（3）病毒的结构和成分。植物病毒粒体由核酸和蛋白质衣壳组成，其主要成分是核酸和蛋白质，核酸和蛋白质的比例因病毒种类而异，一般核酸占5%～40%，蛋白质占60%～95%；此外，还含有水分、矿物质元素等。一种病毒粒体内只含有一种核酸（RNA或DNA）。高等植物病毒的核酸大多数是单链RNA，极少数是双链的。植物病毒外部的蛋白质衣壳具有保护核酸免受核酸酶或紫外线破坏的作用。同种病毒的不同株系，蛋白质结构有一定的差异。

（4）病毒的理化特性。病毒作为活体寄生物，离开寄主细胞后，会逐渐丧失侵染力。不同种类病毒对各种物理、化学因素的反应会有所差异。

①钝化温度（失毒温度）。指把含有病毒的植物汁液在不同温度下处理10min，使病毒失去侵染力的最低温度。病毒对温度的抵抗力比其他微生物高且相当稳定。不同病毒具有不同的钝化温度，大多数植物病毒钝化温度在55～70℃。

②稀释限点（稀释终点）。把含有病毒的植物汁液加水稀释，使病毒失去侵染力的最大稀释限度。各种病毒的稀释限点差别很大，即使是同一病毒的稀释限点也不一定相同，其只能作为鉴定病毒的参考指标。

③体外存活期（体外保毒期）。在室温2～22℃条件下，含有病毒的植物汁液保持侵染力的最长时间。不同植物病毒在体外保持致病力的时间长短不一，大多数病毒的体外存活期为数天到数月。

④对化学因素的反应。病毒对一般杀菌剂如硫酸铜、甲醛的抵抗力都很强，但肥皂等除垢剂可以使病毒的核酸和蛋白质分离而钝化，因此常把除垢剂作为病毒的消毒剂。

（5）病毒的增殖。植物病毒是一种非细胞状态的分子寄生物，核酸和蛋白质的合成和复制通常在寄主的细胞质或细胞核内进行，需寄主提供复制所需的原料、能量、部分酶和膜系统。通常，病毒的增殖过程也是病毒的致病过程。

1.3.3.2　植物病毒主要类群

（1）分类与命名。植物病毒的分类工作由国际病毒分类委员会（ICTV）植物病毒分会负责。植物病毒分类主要依据寄主植物种类、病害症状和传播方式等特性将其分为若干个组，分类的基本单元为"成员"。

1995年，ICTV发表了《病毒分类与命名》第六次报告，规定植物病毒与其他生物一样实行"目、科、属、种"的系统等级分类。新规定中的属相当于以前的组，而种则相当于以前的"成员"。

目前，植物病毒命名广泛采用的是英文俗名法，即寄主植物+症状（不采用斜体，常使用缩写），如烟草花叶病毒（TMV）。有些植物病毒按照发现的先后给予命名，如马铃薯X病毒（PVX）和Y病毒（PVY）。

（2）几种重要的植物病毒。

①烟草花叶病毒属。烟草花叶病毒（TMV），直杆状，直径18nm，长300nm，病毒基因组核酸为一条正单链RNA。寄主范围广，世界性分布。依靠植株间的接触、花粉或种苗传播，对外界环境的抵抗力强。

②黄瓜花叶病毒属。典型种为黄瓜花叶病毒（CMV），粒体球状，直径29nm，有大小不同的3种病毒粒体。CMV在自然界中，依赖蚜虫等刺吸类害虫以非持久性方式传播，也可由汁液接触传播。CMV寄主包括10余科上百种双子叶和单子叶植物，常与其他病毒复合侵染，病害症状复杂多样。

③马铃薯X病毒属。马铃薯X病毒（PVX）为弯曲线状病毒，具一条正单链RNA，致病性中等。绝大多数可以通过接触传播，无已知介体。PVX常与PVY复合侵染，可引起多种单、双子叶植物花叶及环斑，对寄主植物造成严重为害。

④马铃薯Y病毒属。马铃薯Y病毒（PVY）为线状病毒，直径11～15nm，长750nm，具一条正单链RNA。主要以蚜虫进行非持久性传播，绝大多数可通过接触传染，个别可通过种子传播。所有病毒，均可以在寄主细胞内产生典型的风轮状内含体或核内含体和不定型内含体。大部分病毒有寄生专化性。

1.3.4 线虫

线虫是一类低等的无脊椎动物，又称为蠕虫，通常生活在土壤和水中，其中很多能寄生在人、动物和植物体内，引起病害。为害植物的线虫称为植物病原线虫。植物受线虫为害后所表现的症状与一般病害的症状相似，常称为线虫病害。

目前，已报道的植物病原寄生线虫有5 700多种。它对全世界农业生产所造成的损失很大，如根结线虫可为害100多种重要的果树、蔬菜和花卉植物，使其生长衰弱并造成根部畸形。此外，线虫还可传播其他病原物，如真菌、病毒、细菌等，加剧病害的严重程度。

1.3.4.1 植物病原线虫的一般性状

大多数植物病原线虫体形细长，两端稍尖，形如线状，多为乳白色或无色透明。植物寄生性线虫大多虫体细小，需用显微镜观察。线虫体长0.3～1mm，个别种类可达4mm，宽30～50μm。雌雄同型线虫的雌、雄成虫都是线形的，雌雄异型线虫的雌成虫为柠檬形或梨形，但它们在幼虫阶段也还都是线状的。

线虫虫体分唇区、胴部和尾部。虫体最前端为唇区；胴部是从吻针基部到肛门的一段体躯，其消化、神经、生殖、排泄系统都在这个体段；尾部是从肛门以下到尾尖的部分。

植物寄生线虫外层为体壁，不透水、角质，有弹性，有保持体形和防御外来毒物渗透的作用。体壁下为体腔，其内充满体腔液，有消化、生殖、神经、排泄等系统，无循环和呼吸系统。

植物线虫有卵、幼虫和成虫3个虫态。卵通常为椭圆形，半透明，产在植物体内、土壤中或留在卵囊内。幼虫有4个龄期，1龄幼虫在卵内发育并完成第1次蜕皮，2龄幼虫从卵内孵出，再经过3次蜕皮发育为成虫。植物线虫一般为两性生殖，也有孤雌生殖。多数线虫完成1代只要3～4周时间，在一个生长季中可完成若干代。

线虫在田间的分布一般是不均匀的，水平分布呈块状或中心分布；垂直分布与植物根系有关，多在15cm以内的耕作层内，特别是根围。

线虫在土壤中的活动力不强，每年迁移距离不超过1～2m。被动传播是线虫的主要传播方式，包括水、昆虫和人为传播。在田间主要以灌溉水的形式传播。人为传播方式有耕作机具携带病土、种苗调运、污染线虫的农产品及其包装物的贸易流通等，通常人为传播都是远距离的。

植物病原线虫多以幼虫或卵在土壤、病株、病种子（虫瘿）和无性繁殖材料、病残体等场所越冬，寒冷和干燥条件下可通过休眠或滞育的方式长期存活。低温干燥条件，多数线虫的存活期可达一年以上，而卵囊或孢囊内未孵化的卵存活期更长。

1.3.4.2 植物病原线虫的主要类群

线虫属于动物界线虫门，分属侧尾腺口纲和无侧尾腺口纲的低等动物。全世界有50多万种，在动物界是仅次于昆虫的一个庞大类群。其中，较为重要的病原线虫多属侧尾腺口纲垫刃目和无侧尾腺口纲矛线目的几个属。

（1）茎线虫属（*Ditylenchus*）。该类线虫的雌、雄虫均为蠕虫形，虫体纤细，可为害植物地上部的茎、叶和地下部的根、鳞茎和块根，有的甚至可以寄生昆虫和蘑菇等。其典型为害症状是组织坏死，有的可在根上形成肿瘤。

（2）异皮线虫属（*Heterodera*）。又称孢囊线虫属，是为害植物根部的一类重要线虫，过去称根线虫。该类线虫雌雄异型，成熟雌虫膨大呈柠檬状、梨形，雄虫为蠕虫型，而且两性成虫的表皮质地不一样，故名异皮线虫。整个雌虫体成为一个卵袋（孢囊）。卵在孢囊保护下可存活数年。雌雄虫以它的头部钻在寄主根部组织中吸吮汁液，被害部分不形成根结，但可形成紊乱的根系。

（3）根结线虫属（*Meloidogyne*）。该类线虫雌雄异型，成熟雌虫膨大呈梨形，表皮柔软透明，雄虫为蠕虫型。根结线虫属为害植物后，受害的根部肿大，形成瘤状根结。

（4）滑刃线虫属（*Aphelenchoide*）。该类线虫的雌、雄虫均为蠕虫型，细长。主要为害寄主植物的叶片和茎。

1.3.4.3　植物病原线虫的为害特点

根据植物病原线虫的取食习惯，将其分为外寄生型和内寄生型两大类。外寄生型线虫在植物体外生活，仅以吻针刺穿植物组织而取食，虫体不进入植物体内；内寄生型线虫则是进入植物组织内部取食。也有少数线虫先在体外寄生，然后再进入植物体内寄生。

线虫对植物的致病作用不仅是用吻针刺伤寄主，或虫体在植物组织内穿行所造成的机械损伤，主要还有线虫食道腺分泌的唾液，其可能含有各种酶和其他致病物质。它可以消化寄主细胞的内含物，引起寄主幼芽枯死、茎叶卷曲、组织坏死、腐烂畸形或刺激寄主细胞肿胀形成虫瘿等症状，如茎线虫和枯叶线虫。为害地下部分的线虫，常使寄主根部的功能遭到破坏，引起植物生长停滞早衰、色泽失常，如根结线虫和孢囊线虫。

1.3.5　寄生性种子植物

一些由于缺乏叶绿素或根系、叶片已退化，必须寄生在其他植物上以获取营养物质的植物，称为寄生性植物。大多数寄生性植物可以开花结籽，又称为寄生性种子植物。

1.3.5.1　寄生性种子植物的一般性状

根据寄生性种子植物对寄主植物的依赖性，可将其分为全寄生和半寄生两大类。全寄生性种子植物，无叶片或叶片已经退化，无足够的叶绿素，根系蜕变为吸根，必须从寄主植物上获取包括水分、无机盐和有机物在内的所有营养物质，寄主植物体内的各种营养物质可不断供给寄生性植物；半寄生性种子植物，本身具有叶绿素，能够进行光合作用，但需要从寄主植物中吸取水分和无机盐。

按寄生性种子植物在寄主植物上的寄生部位分为根寄生和茎寄生。

寄生性种子植物对寄主植物的致病作用主要表现为对营养物质的争夺。一般全寄生的比半寄生的致病力要强，如菟丝子和列当主要寄生在一年生草本植物上，可引起寄主植物黄化和生长衰弱，严重时造成大片死亡，对产量影响很大。而半寄生的，如槲寄生和桑寄生等则主要寄生在多年生的木本植物上，寄生初期对寄主无明显影响，当群体较大时才会造成寄主生长不良和早衰，发病速度较慢。除了争夺营养外，还能将病毒从病株传到健株上。

寄生性种子植物靠种子进行繁殖。种子依靠风力或鸟类传播的，称为被动传播；当寄生植物种子成熟时，果实吸水膨胀开裂，将种子弹射出去的，称为主动传播。

1.3.5.2 寄生性种子植物的主要类群

（1）菟丝子属（*Cuscuta*）。该属植物在我国各地均有发生，寄主范围广，全寄生，属一年生攀藤寄生的草本种子植物。无根；叶片退化为鳞片状，无叶绿素；茎多为黄色丝状；花较小，白色、黄色或淡红色，头状花序；蒴果扁球形，内有2~4粒种子；种子卵圆形，稍扁，黄褐色至深褐色。

菟丝子种子在土壤中萌发，长出旋卷的幼茎缠绕寄主，在与寄主植物接触的部位产生吸盘，侵入到寄主维管束中吸取水分和养分。寄生关系建立后，吸盘下部茎逐渐萎缩，并与土壤分离，上部茎不断缠绕寄主，蔓延为害。种子成熟后落入土壤或混入作物种子中。寄主植物被害后，生长严重受阻，减产甚至绝收。菟丝子还传播病毒病。

在我国主要有中国菟丝子（*Cuscuta chinensis*）和日本菟丝子（*Cuscuta japonica*）等。中国菟丝子主要为害草本植物，日本菟丝子则主要为害木本植物。田间发生菟丝子为害后，要在开花前彻底割除，或采取深耕的方法将其种子深埋，使其不能萌发。近年来用"鲁保一号"防控菟丝子，效果很好。

（2）列当属（*Orobanche*）。该属为一年生草本植物，茎肉质，叶片鳞片状，无叶绿素。吸根吸附于寄主植物根表面，以短须状次生吸器与寄主维管束相连。花两性，穗状花序。果实为球状蒴果，成熟时纵裂，散出卵圆形、深褐色、表面有网状花纹的种子。

列当种子在土壤中萌发，产生幼根，接触寄主植物根部后生出吸盘，与寄主维管束相连吸取水分和养分。茎在根外发育并向上长出花茎，种子成熟落入土壤或混杂在种子中。寄主植物被害后，生长发育不良，严重减产。

（3）桑寄生属（*Loranthus*）。该属为常绿小灌木，少数为落叶性。枝条褐色，圆筒状，有匍匐茎，叶为柳叶形，少数退化为鳞片状。花两性，多为总状花序。浆果，种胚和胚乳裸生，包在木质化的果皮中。

桑寄生种子萌发产生胚根，与寄主植物接触后形成吸盘，产生初生吸根侵入寄主活的皮层组织。形成假根和次生吸根与寄主导管相连，吸取水分和无机盐。初生吸根和假根可不断产生新枝条，同时长出匍匐茎，沿枝干背光面延伸，并产生吸根侵入寄主树皮。种子成熟被鸟啄食后，吐出或经消化管排出黏附于树皮上，引起发病。受害植株都表现生长衰弱，落叶早，翌年放叶迟，严重时枝条枯死。

（4）槲寄生属（*Viscum*）。该属为绿色小灌木。叶革质，对生，有些全部退化；茎圆柱形，多分支，节间明显，无匍匐茎；花极小，单性，雌雄异株。果实为浆果。

桑寄生与槲寄生同寄主的关系相似。槲寄生能产生刺激物质，使寄主受害部位过度生长形成肿瘤。

1.3.6 其他侵染性病原

1.3.6.1 类病毒

1960年以后发现的，比病毒结构还简单，更微小的一类新病原物。其结构上无蛋白质外壳，只有低分子量的核糖核酸，分子量约10^5 Da，为最简单病毒相对分子质量的1/10。类病毒进入寄主细胞内对寄主细胞破坏的特点与病毒基本相似。不同的是，大多数类病毒比病毒对热的稳定性高，对辐射不敏感；有的对氯仿和酚等有机溶剂也不敏感，在细胞核内同染色体结合在一起，通常全株带毒，不能用生长点切除法去毒；种子带毒率很高，通过无性繁殖材料、汁液接触、蚜虫或其他昆虫进行传播。

类病毒病害症状主要表现为植株矮化、叶片黄化、簇顶、畸形、坏死、裂皮、斑驳、皱缩。但寄主感染类病毒多为隐症带毒，许多带有类病毒的植物并不表现症状。从侵染到发病的潜育期很长，有的侵染植物后几个月，甚至第2代才可表现症状。

1.3.6.2 类菌质体

归属于原核生物细菌门软球菌纲，是介于病毒和细菌之间的单细胞生物。无细胞壁，表面只有1个3层的单位膜。细胞内含有脱氧核糖核酸、可溶性核糖核酸、可溶性蛋白质及代谢物等。大小各异，形态多样，有圆形、椭圆形、螺旋形、不规则形等，直径80～800nm。主要以二均分裂、芽殖方式进行繁殖，存在于韧皮部组织中和昆虫体内，通过嫁接、菟丝子、叶蝉、飞虱、木虱进行传播。类菌质体对青霉素的抗性很强，但对四环素、金霉素、土霉素等抗菌素则相对较敏感，可用它们进行治疗，疗效一般为1年左右。

1.3.6.3 类立克次氏体

归属于原核生物细菌门裂殖菌纲，是介于病毒和细菌之间的单细胞生物。细胞壁较厚，大小一般为0.3μm×3μm，形态多变，通常为杆状、球状、纤维状等。以二均分裂方式进行繁殖，专性寄生物，不能在人工培养基上生长，能在昆虫体内繁殖，甚至可由虫卵将病原传给下一代。在自然情况下，主要靠嫁接及叶蝉、木虱等昆虫介体传播，汁液不能传播。主要症状表现为叶片黄化、叶灼、梢枯、枯萎和萎缩等。

类立克次氏体存在于植物的韧皮部和木质部内。韧皮部的类立克次氏体，革兰阴性，对四环素和青霉素都敏感。木质部的则分为革兰阴性和阳性两类，阴性的细胞壁不均匀，对四环素敏感，对青霉素不敏感；阳性的细胞壁平滑，对四环素和青霉素都不敏感。对木质部的类立克次氏体可用四环素进行治疗。

1.3.6.4 壁虱

归属于蛛形纲蜱螨目瘿螨科，又称瘿螨。虫体微小，长0.1～0.3mm，多呈蛆状，有2对足生于近头部处。虫体可分为头胸部、腹部和喙3部分。卵球形，匿居在螨瘿中，肉眼不容易看到。壁虱引起植物产生虫瘿、毛毡、疱瘿、丛生等各种畸形症状，而且还能引起器官变色。壁虱不仅直接引起植物病害，还能传播病毒，使叶畸形、嫩芽增生、生长受阻。

1.3.6.5 藻类

在藻类植物中，有少数是引起植物病害的病原，如绿藻纲堇青藻科头孢藻属（*Cephaleuros*）的一些种类，藻体绿色到橙色，在植物叶表面附生或寄生，以游动孢子繁殖，以不规则分枝的单细胞假根伸入寄主植物叶表皮细胞间吸收养分，引起寄主植物严重的叶斑、早期落叶和顶枯等。

1.4 植物侵染性病害的发生及流行

1.4.1 病原物的寄生性与致病性

1.4.1.1 病原物的寄生性

指病原物从寄主体内获取营养物质而生存的能力。根据病原物寄生性的强弱，可分为专性寄生物和非专性寄生物两大类。

（1）专性寄生物。寄生能力最强的一类生物，自然条件下只能从活的寄主细胞和组织中获得营养，也称为活体寄生物。当寄主植物的细胞和组织死亡后，寄生物也停止生长和发育。在植物病原物中，所有植物病毒、植原体、寄生性种子植物，大部分植物病原线虫、霜霉菌、白粉菌和锈菌等都是专性寄生物。这类寄生物难于在人工培养基上生长。

（2）非专性寄生物。绝大多数的植物病原真菌和细菌都是非专性寄生物，但它们的寄生能力也有强弱之分。

强寄生物的寄生性仅次于专性寄生物，以寄生为主，但也有一定的腐生能力，在某种条件下可以营腐生生活，大多数真菌和叶斑性病原细菌属于这一类。

弱寄生物一般也称作死体寄生物，寄生性较弱，只能在衰弱的活体寄主植物或处于休眠状态的植物组织或器官（如块根、块茎、果实等）上营寄生生活。它们在营寄生生活时，常分泌酶和毒素，将寄主的细胞和组织杀死，从中吸取营养物质。这类弱寄生物很容易在人工培养基上生长。

病原物的寄生性与病害的防控关系很密切。如抗病品种主要是针对寄生性较强的病原物所引起的病害，弱寄生物引起的病害一般很难获得理想的抗病品种，应采取栽培管理措施提高植物的抗病性。

1.4.1.2　病原物的致病性

指病原物所具有的破坏寄主和引起病害的能力。病原物对寄主植物的致病和破坏作用，一方面是由于寄生物从寄主体内吸取水分和营养物质，另一方面是由于病原物新陈代谢产物直接或间接地破坏了寄主植物的组织和细胞。病原物的致病性和寄生性，既有区别又有联系，但致病性才是导致植物发病的主要因素。

专性寄生物或强寄生物对寄主细胞及组织的直接破坏性相对小些，所引起的病害发展较为缓慢；而多数非专性寄生物对寄主的直接破坏作用很强，可很快分泌酶或毒素杀死寄主的细胞或组织，再从死亡的组织和细胞中获得营养。

病原物对寄主植物致病性的表现是多方面的。首先是夺取寄主的营养物质，致使寄主生长衰弱；分泌各种酶和毒素，使植物组织中毒，进而消解、破坏细胞和组织，引起病害；有些病原物还能分泌植物生长调节物质，干扰植物的正常代谢，引起生长畸形。

病原真菌、细菌、病毒、线虫等病原物，在其种内存在致病性的差异，依据其对寄主属的专化性可区分为不同的专化型；同一专化型内又根据对寄主种或品种的专化性分为生理小种，病毒称为株系，细菌称为菌系。了解当地病原物的生理小种，对选择抗病品种、分析病害流行规律和预测预报具有重要的实践意义。

病原物的致病性，只是决定植物病害严重性的一个因素，病害的严重程度还与病原物的发育速度、传染效率等因素有关。在一定条件下，致病性较弱的病原物也可能引起病害的严重发生。

病原物的寄生性和致病性是病原物的一种生物学特性，是在长期进化过程中形成的。这种特性受基因的控制，具有相对稳定性，可遗传，也可发生变异。病原物大多是微生物，个体小，繁殖快，对环境适应能力强，往往由于种间杂交、环境条件的改变、高温、X光、紫外线、放射性同位素、有毒物质和不正常的营养等都会引起病原物的突变。

1.4.2 寄主植物的抗病性

抗病性是指寄主植物抵御病原物侵染以及侵染后所造成损害的能力。这种能力是由植物的遗传特性决定的，不同植物对病原物表现出不同程度的抗病能力。

1.4.2.1 植物的抗病性类型

不同植物对病原物的抗病能力是有很大差别的，一种植物对某一种病原物的侵染完全不发病或无症状表现称为免疫；表现为轻微发病的称为抗病，发病极轻的称为高抗；植物可忍耐病原物侵染，虽然表现发病较重，但对植物的生长、发育、产量、品质没有明显影响的称为耐病；寄主植物发病严重，对产量和品质影响显著的称为感病；寄主本身是感病的，但由于形态、物候或其他方面的特性而避免发病的称为避病。

根据植物品种对病原物生理小种抵抗情况，将品种抗病性分为垂直抗病性和水平抗病性。垂直抗病性是指寄主的某个品种能高度抵抗病原物的某个或某几个生理小种的情况，这种抗病性的机制对生理小种是专化的，一旦遇到致病力强的小种时，就会丧失抗病性而变成高度感病。水平抗病性是指寄主的某个品种能抵抗病原物的多数生理小种，一般表现为中度抗病。由于水平抗病性不存在生理小种对寄主的专化性，所以抗病性不容易丧失。

1.4.2.2 植物的抗病性机制

植物抗病性有的是植物先天具有的被动抗病性，也有因病原物侵染而引发的主动抗病性。抗病机制包括形态结构和生理生化方面的抗性。

植物固有的抗病机制是指植物本身所具有的物理结构和化学物质在病原物侵染时形成的结构抗性和化学抗性。如植物的表皮毛不利于形成水滴，也不利于真菌孢子接触到植物组织；角质层厚不利于病原菌侵入；植物表面气孔的密度、大小、构造及开闭习性等常成为抗侵入的重要因素；皮孔、水孔和蜜腺等自然孔口的形态和结构特性也与抗侵入有关；木栓层是植物块茎、根和茎等抵抗病原物侵入的物理屏障；植物体内的某些酚类、单宁和蛋白质可抑制病原菌分泌的水解酶。

在病原物侵入寄主后，寄主植物会从组织结构、细胞结构、生理生化等方面表现出主动的防御反应。如病原物侵染常引起侵染点周围细胞的木质化和木栓化；植物受到病原物侵染刺激产生植物保卫素，可抑制病原菌生长；过敏性反应是在侵染点周围的少数寄主细胞迅速死亡，抑制了专性寄生病原物的扩展。

对植物预先接种某种微生物或进行某些化学、物理因子的处理后获得抗病性。如病毒近缘株系间的"交互保护作用"，当寄主植物接种弱毒株系后，再感染强毒株系，寄主对强毒株系表现出抗性。

1.4.3　植物侵染性病害的侵染过程

指病原物侵入寄主到寄主发病的过程，包括侵入前期、侵入期、潜育期和发病期4个阶段，实际上它们是一个连续的侵染过程。

1.4.3.1　侵入前期

指从病原物与寄主植物的感病部位接触到产生侵入机构的阶段。病原物处在寄主体外，必须克服各种不利于侵染的环境因素才能侵入，若能创造不利于病原物与寄主植物接触和生长繁殖的生态条件可有效防控病害。

1.4.3.2　侵入期

指病原物从侵入到与寄主建立寄生关系的阶段。侵入期病原物已经从休眠状态转入生长状态，又暴露在寄主体外，是其生活史中最薄弱的环节，也是采取必要防控措施的关键时期。

（1）病原物侵入途径。病原物通过一定的途径进入植物体内才能进一步发展引起植物病害。病原物侵入途径主要有伤口（如机械伤、虫伤、冻伤、自然裂缝、人为创伤）侵入、自然孔口（气孔、水孔、皮孔、腺体、花柱）侵入和直接侵入。各种病原物往往有特定的侵入途径，如病毒只能从伤口侵入；细菌可以从伤口和自然孔口侵入；大部分真菌可从伤口和自然孔口侵入，少数真菌、线虫、寄生性植物可从表皮直接侵入。

病原物侵入途径与其寄生性有关，一般寄生性较弱的病原物从伤口侵入，寄生性较强的病原物可从自然孔口，甚至可从表皮直接侵入。大多数真菌以孢子萌发后形成的芽管或菌丝通过一定的侵入途径侵入寄主。

（2）影响病原物侵入的环境条件。主要是温度、湿度，其次是光照。温度、湿度既影响病原物，也影响寄主植物。

湿度对真菌、细菌等病原物的影响最大。孢子能否萌发和侵入与湿度相关，绝大多数气流传播的真菌病害，其孢子萌发率随湿度增加而增大，在水滴（膜）中萌发率最高。真菌的游动孢子和细菌只有在水中才能游动和侵入，但也有例外，如白粉菌孢子，在低湿条件下萌发率高，而在水滴中萌发率则很低。另外，在高湿条件下，寄主愈伤组织形成缓慢，气孔开张度变大，水孔吐水多而持久，植物组织柔软，寄主植物抗侵入能力大大降低。

温度影响孢子萌发和侵入的速度，如真菌孢子在适温条件下萌发只需几小时，若温度不适则会大大延缓真菌孢子的萌发时间。

在植物生长季节，温度一般都能满足病原物侵入需求，而湿度的变化较大，常成为病害发生的限制因素，所以在潮湿多雨的气候条件下病害严重，而雨水少或干旱季节病害轻或不发生。同样，恰当的栽培管理措施，如灌水适时适度、合理密植、合理修剪、适度打除底叶、改善通风透光条件、田间作业尽量避免机械损伤植株和注意促进伤口愈合等，有利于减轻病害的发生程度。但是，植物病毒病在干旱条件下发病严重，这是因为干旱有利于传毒昆虫繁殖。如果使用保护性杀菌剂，必须在病原物侵入寄主之前使用，也就是选择田间少数植株发病初期使用，才能收到理想的防控效果。

1.4.3.3 潜育期

指病原物侵入寄主后建立寄生关系到出现明显症状的阶段。其是病原物在植物体内进一步繁殖和扩展的时期，也是寄主植物调动各种抗病因素积极抵抗病原为害的时期。温度主要影响病害潜育期的长短，在病原物生长发育的最适温度范围内，潜育期最短。此外，潜育期的长短还与寄主植物的生长状况关系密切，凡生长健壮的植物，抗病力强，潜育期相应延长；而营养不良、长势弱或氮素肥料施用过多、徒长的植物，潜育期短，发病快。在潜育期采取有利于植物正常生长的栽培管理措施或使用合适的杀菌剂可减轻病害的发生。

病害流行与潜育期的长短关系密切。有重复侵染的病害，潜育期越短，重复侵染的次数越多，病害流行的可能性越大。

1.4.3.4 发病期

指病害出现明显症状后进一步发展的阶段。此期病原物开始产生大量繁殖体，加重为害或病害开始流行。病原真菌在受害部位产生孢子，细菌产生菌脓。孢子形成时间的早晚不同，霜霉病、白粉病、锈病、黑粉病的孢子和症状几乎是同时出现的，而一些寄生性较弱的病原物繁殖体，往往在植物产生明显的病状后才出现。

另外，病原物繁殖体的产生也需要适宜的温湿度，在适温条件下，湿度大，病部才会产生大量的孢子或菌脓。对病征不明显的病害标本进行保湿处理能促进病征的产生，进而加快识别病害。掌握病害侵染过程及其规律性，有利于病害预测预报和制定相应的防控措施。

1.4.4 植物病害的侵染循环

指植物侵染性病害从一个生长季节开始发病，到下一个生长季节再度发病的过程。侵染循环一般包括病原物的越冬（越夏）、病原物的传播以及病原物的初侵染和再侵染等环节，切断其中任何一个环节，都能达到防控病害的目的。

1.4.4.1 病原物的越冬（越夏）

绝大多数病原物在寄主体上寄生，寄主植物收获后，病原物以寄生、休眠、腐生等方式越冬（越夏）。病原物越冬（越夏）场所一般也是下一个生长季节病害的初侵染来源。病原菌越冬（越夏）情况直接影响下一个生长季节的病害发生。越冬（越夏）时期的病原物相对集中，可采取经济简便的方法压低病原物基数，用最少的投入收到最好的防控效果。

（1）病株。大多数病原菌都可在病枝干、病根、病芽组织内外潜伏越冬（越夏）。如溃疡病和炭疽病常以细菌菌体或菌丝体在病组织中越冬，到下一个生长季节时，病株上的病原物恢复生长，侵染植物形成新的病害。及时清除病株是防止植物发病的重要措施之一。

（2）种子、苗木和其他繁殖材料。种子、苗木、块根、块茎、鳞茎、接穗和其他繁殖材料均是多种病原物重要的越冬（越夏）场所。使用这些繁殖材料，不仅植物本身发病，还会成为田间的发病中心，造成病害的蔓延扩展；繁殖材料的远距离调运会将病害传入新的种植区。选用无病繁殖材料和种植前对种子、接穗及苗本等进行必要的消毒处理，或对种子等繁殖材料实行检疫检验，是防止危险性病害传播蔓延的重要措施。

（3）病残体。包括寄主植物的根、茎、枝、叶、花、果实等残余组织，它们也是病原物的越冬（越夏）场所。大部分非专性寄生的真菌、细菌，能以腐生方式在病残体上存活一段时期；某些专性寄生的病毒，可随病残体休眠，但病残体腐烂分解后，多数种类则死亡。

（4）土壤和粪肥。各种病原物能以休眠或腐生方式在土壤中存活，如鞭毛菌卵孢子、线虫孢囊等可在干燥土壤中长期休眠。存在于土壤中的腐生病原菌，可分为土壤寄居菌和土壤习居菌两类。土壤寄居菌的存活依赖于病株残体，当病残体腐败分解后，不能单独在土壤中存活，如大多数寄生性强的真菌、细菌。土壤习居菌在土壤中能长期存活和繁殖，寄生性较弱，如腐霉菌、丝核属真菌等，常引起多种植物的幼苗发病。连作能使土壤中某些病原物数量逐年增加，使病害不断加重，而合理的轮作可阻止病原物的积累，有效地减轻土传病害的发生。

植物枯枝落叶、杂草等是堆肥、垫圈和沤肥的材料，病原物可随病残体混入肥料；有的病原物虽经过牲畜消化，但仍能保持生活力而使粪肥带菌。粪肥未经充分腐熟，可能成为初侵染来源，使用农家肥必须充分腐熟。

（5）昆虫及其他传病介体。有些病原物还可以在昆虫、线虫等媒介体内越冬（越夏），及时防虫可减轻病害发生。

1.4.4.2 病原物的传播

它是侵染循环各个环节联系的纽带，包括从有病部位或植株传到无病部位或植株，从有病地区传到无病地区。通过传播，植物病害得以扩展蔓延和流行。因此，了解病害的传播途径和条件，设法杜绝传播，可以中断侵染循环，控制病害的发生与流行。

病原物的传播方式，有主动传播和被动传播之分。如大多数真菌有极强的放射孢子的能力；具有鞭毛的流动孢子、细菌可在水中游动；线虫和菟丝子可主动寻找寄主，但其活动的距离十分有限。自然条件下以被动传播为主。

（1）气流传播。真菌产孢数量大、孢子小而轻，气流传播最为常见。气流传播的距离远且范围大，容易引起病害流行。利用抗病品种是防控气流传播病害的有效方法。典型的气流传播病害有锈病、白粉病等。

（2）水流传播。水流传播病原物的形式很常见，传播距离没有气流传播远。雨水、灌溉水的传播都属于水流传播。如鞭毛菌的游动孢子、炭疽病菌的分生孢子和病原细菌在干燥条件下无法传播，必须随水流或雨滴传播。在土壤中存活的病原物，如苗期猝倒病、立枯病、青枯病等随灌溉水传播，在防控时要注意采用正确的灌水方式。

（3）人为传播。人类在从事各种农事操作和商业活动中，常无意识地传播了病原物。如使用带病原菌的种子等繁殖材料会将病原物带入田间；在育苗、移栽、打顶去芽、疏花、疏果等农事操作中，手、衣服和工具会将病菌由病株传至健株上；种苗、农产品及植物包装材料所携带的病原物都能随着贸易运输进行远距离传播。加强植物检疫，是限制人为传播植物病害的有效措施。

（4）昆虫和其他介体传播。昆虫等介体的取食和活动也可以传播病原物。如蚜虫、叶蝉、木虱等刺吸式口器昆虫可传播大多数病毒病害和植原体病害；咀嚼式口器的昆虫可传播真菌病害；线虫可传播细菌、真菌和病毒病害；鸟类可传播寄生性种子植物的种子；菟丝子可传播病毒病等。

1.4.4.3　初侵染和再侵染

病原物越冬（越夏）后，在新的生长季节首次引起植物的发病过程，称为初侵染。在同一生长季节内，由初侵染所产生的病原物通过传播又侵染健康的植株，称为再侵染。有些病害只有初侵染，没有再侵染；有些病害不仅有初侵染，还有多次再侵染，如霜霉病、白粉病等。

有无再侵染是制定防控策略和方法的重要依据。对于只有初侵染的病害，设法减少或消灭初侵染源，即可获得较好的防控效果。对再侵染频繁的病害，不仅要控制初侵染，还必须采取措施防止再侵染，才能遏制病害的发展和流行。

1.4.5　植物病害的流行

指植物病原物大量繁殖和传播，在较短时间和较大地域内，植物群体严重发病，并造成重大损失的现象。病害流行的条件：有大量易于感病的寄主；有大量致病力强的病原物；有适合病害大量发生的环境条件。这3个条件，缺一不可，而且必须同时存在。

1.4.5.1　大面积种植感病寄主植物

易于感病的寄主植物大量而集中的存在是病害流行的必要条件。植物不同种类、不同年龄以及不同个体对病害有不同的感病性，如品种布局不合理，大面积种植感病寄主植物或品种，易导致病害的严重流行。

1.4.5.2　大量致病力强的病原物

病原物的致病性强、数量多并能有效传播是病害流行的原因。病毒病还与蚜虫等介体昆虫的发生数量有关。

1.4.5.3　适合病害流行的环境条件

环境条件包括气象条件和耕作栽培条件。只有具有长时间的、适宜的环境条件，病害才能流行。

气象因素中的温度、相对湿度、雨量、雨日、结露和光照时间的影响最为重要。同时要注意大气候与田间小气候的差别。耕作栽培条件中土壤类型、含水量、酸碱性、营养元素等也会影响病害的流行。

病害的流行都是以上3方面因素综合作用的结果，但由于各种病害发病规律不同，每种病害都有各自的流行主导因素。如苗期猝倒病，品种抗性无明显差异；土壤中存在大量病原物，只要苗床持续低温、高湿就会导致病害流行，低温高湿就是该病害流行的主导因素。

病害流行的主导因素有时是可变化的。在相同栽培条件和相同气象条件下，品种的抗性是主导因素；已采用抗性品种且栽培条件相同的情况下，气象条件就是主导因素；相同品种及气象条件下，肥水管理则可成为主导因素。防止病害流行，必须找出流行的主导因素，才能采取相应的措施，收到理想的防控效果。

1.5 植物非侵染性病害的病原

植物在生长发育过程中，由于自身的生理缺陷、遗传疾病或不适宜的环境因素会直接或间接引起植物病害。这类病害没有病原生物的侵染，不能在植物个体间互相传染，称为非侵染性病害或生理性病害。引起非侵染性病害的病因很多，包括营养失衡、温度不宜、水分失调、光照不适、环境污染等。

1.5.1 营养失衡

植物生长所必需的营养元素有碳（C）、氢（H）、氧（O）、氮（N）、磷（P）、钾（K）、钙（Ca）、镁（Mg）、硫（S）9种常量元素和铁（Fe）、锰（Mn）、铜（Cu）、锌（Zn）、硼（B）、钼（Mo）、氯（Cl）7种微量元素。研究表明，植物所需的氢和氧主要来自水（H_2O），碳来自空气中的二氧化碳（CO_2），氮、磷、钾、钙、镁、硫、铁、锰、铜、锌、硼、钼、氯等元素主要由土壤供给。当土壤中某种营养元素供应不足时，植物就出现缺素症；若某种营养元素过多，也会影响植物的正常生长发育而出现病态。

1.5.1.1 氮

氮是形成蛋白质的基本成分，还存在于各种化合物中。植物缺氮时，体内蛋白质和叶绿素的合成减少，细胞分裂减慢，生长势降低，植物生长矮小，分枝减少，结果少且小，产量低。叶片呈黄绿色或黄色，叶色失绿先从老叶开始，逐渐扩展到整个植株。

氮素过多则植物细胞大而壁薄，组织柔软，茎叶暗绿、徒长，抗病抗倒伏能力减弱。植物贪青迟熟，籽粒不充实，导致减产和品质下降。同时，氮肥使用过多还会抑制植物对镁的吸收，引起缺镁症的发生。

1.5.1.2 磷

磷是核蛋白及磷脂的组成成分，是高能磷酸键（ATP）的构成成分，对植物生长发育有重要意义。植物缺磷时，植株矮小，叶片变成灰绿色，变薄，变小，无光泽，叶片、叶柄等处积累较多的花青素而呈紫红色斑点或条纹，同时在果实部分出现坏死斑点。

磷过量会导致植株矮小，叶片肥厚，成熟提早。

1.5.1.3 钾

钾在植物体内对碳水化合物的合成、转移、积累及蛋白质的合成有促进作用。植物缺钾时，中下部叶片（尤其老叶）的叶尖、叶缘失绿黄化，进而出现褐斑。严重时叶尖、叶缘焦枯、卷曲，似火烧，茎干脆而易折断。植物矮小、结实不良，产量和品质下降。红壤一般含钾较少，易发生缺钾症。

钾过量，会引起镁缺乏症。

1.5.1.4 钙

钙是细胞壁及胞间层的组成成分，能调节植物体内细胞液的酸碱反应。钙把草酸结合成草酸钙，减少环境中过酸的毒害作用，加强植物对氯、磷的吸收，并能降低一价离子过多的毒害，同时在土壤中有一定的杀虫、杀菌功能。植物缺钙时，症状只出现在新生组织上，如根尖和顶芽。新叶的叶尖、叶缘黄化，窄小畸形成粘连状，展开受阻，叶脉皱缩，叶肉组织残缺不全并伴有焦边，幼叶尖端多呈钩状，顶芽黄化甚至枯死；根尖坏死，根系发育不良多而短，细胞壁黏化，以致腐烂。

钙过量，有可能诱发植物锌、锰、铁、硼等元素的缺乏。

1.5.1.5 镁

镁是叶绿素的主要构成物质，能调节原生质的物理化学状态。镁与钙有拮抗作用，过剩的钙有害时，只要加入镁即可消除钙的影响。植物缺镁时，叶绿素合成减少，植物叶片褪绿黄化或白化，但叶脉残留绿色，形成网纹（双子叶植物）或条纹（单子叶植物）花叶，失绿的部分还可能出现淡红色或淡紫色斑点。缺镁症状一般先从下部老叶开始，逐渐向上部叶片蔓延，而且常在植物生长的中后期出现。

植物镁过量障碍尚未见报道。

1.5.1.6 硫

硫是蛋白质的重要组成成分。植物缺硫时，幼芽生长受到抑制，新叶失绿黄化，呈亮黄色，一般不坏死。有些植物脉间组织失绿更为明显。

植物对硫的过量吸收一般不发生直接的毒害作用，但土壤还原条件强烈时，SO_4^{2-}还原为S^{2-}，后者形成硫化氢，对植物根系及地上部分产生毒害。

1.5.1.7 铁

植物对铁的需求量虽少，但不可缺少。铁参与叶绿素的形成，并是构成许多氧化酶的必要元素，具有调节呼吸的作用。由于铁在植物体内不易转移，植物缺铁时，首先是枝条上部的嫩叶受害，叶肉组织褪绿黄化，叶脉残留绿色，双子叶植物出现黄色网纹状，单子叶植物出现黄绿相间条纹，下部老叶仍保持绿色。

铁过量，表现为锰缺乏症。

1.5.1.8 锰

锰是植物体内许多酶的活化剂，能促进光合作用，调节氧化还原电位。锰可抑制过多的铁毒害，又能增加土壤中硝态氮的含量。它在形成叶绿素及植物体内糖分积累和转运中，起着重要作用。锰有促进种子发芽、幼苗生长、加速花粉萌发和花粉管伸长的作用。植物缺锰时，新生叶失绿并伴有褐色坏死斑点，褪绿程度较缺铁轻，伴纹色度不均匀，界线不及缺铁清晰，叶片变薄易呈下拉状。严重缺锰时，叶脉间的失绿区域变成灰绿色到灰白色，叶片薄，枝条有顶枯现象。缺锰一般发生在碱性土中。

锰过剩，出现的中毒症状主要是根系变褐坏死，叶片上出现褐色斑点，嫩叶上卷。锰过剩还会抑制钼的吸收。

1.5.1.9 锌

锌是植物体内许多酶的组成成分或激活剂，主要参与生长素（吲哚乙酸）的合成和某些酶系统的活动，促进光合作用。有报道称，提供良好的锌营养，还能增强植物对真菌性病害的抵抗力。锌在植物体内不能够迁移，缺锌症状首先出现在幼嫩叶片上和其他幼嫩植物器官上。植物缺锌时，茎顶端生长受阻，节间缩短，生长矮小（"簇生病"），叶扭曲，叶片明显变小（小叶病）、失绿、丛生。缺锌也不利于种子的形成。

锌过量，出现褐色斑点，表现为铁、锰缺乏症。

1.5.1.10 硼

硼缺乏，植物茎尖生长点受抑，节间缩短，根系发育不良，老叶增厚变脆，色深无光，花器发育不正常，落蕾、落花，果实发育不正常，还常引起芽丛生或畸形、萎缩，新叶皱缩、卷曲等症状。

硼过量，抑制种子萌发，引起幼苗死亡，叶片变黄枯死。

1.5.1.11 铜

缺铜，植物幼叶褪绿、坏死、畸形及叶尖枯死，植株纤细，发生顶枯、树皮开裂，同时还出现流胶及在叶或果上产生褐色斑点等症状。

铜过量，根停止生长，表现为铁缺乏症。

1.5.1.12 钼

缺钼，叶片褪绿黄化，出现橙色斑点，严重时叶缘萎蔫、枯焦坏死；阔叶植物叶缘向上卷曲呈杯状。

植物钼过量障碍尚未见报道。

1.5.2 温度不宜

植物生长发育都有各自所需的最低温度、最适温度和最高温度，不在两个极限温度范围内，就有可能造成不同程度的损害，甚至全株死亡。适宜的温度是植物完成正常生长发育必不可少的环境条件。

1.5.2.1 温度过高

当环境温度高于植物正常生长发育的最高温度时出现热害。一般高等陆生植物的热胁迫温度是45～65℃。高温能破坏植物光合作用和呼吸作用的平衡，光合作用下降，呼吸作用上升，植物体内大部分碳水化合物被消耗，引起生长减退，伤害加强，甚至枯死；此外，高温也会使植物的茎、叶、果受到伤害，通常称为灼伤。保护地栽培，通风散热不及时，土表温度过高，会使苗木的茎基部受灼伤，造成高温伤害。

1.5.2.2 温度过低

低温使植物细胞内和细胞间隙结冰，细胞脱水或产生冰晶刺伤细胞。晚秋的早霜常使未木质化的植物器官受害，春季的晚霜易使幼芽、新叶和新梢冻死。在植物开花期间受晚霜危害，花芽受冻变黑，花器呈水浸状，花瓣变色脱落。一些喜温植物以及热带、亚热带和保护地栽培的植物，常发生寒害。寒害常见的症状是组织变色、坏死，也可出现芽枯、顶枯及落叶等现象。温度下降越快、低温后温度回升越快，植物越易遭受伤害。植物受冻后，自叶尖或叶缘产生水渍状斑，严重时全叶坏死，解冻后叶片变软下垂。强大的寒流和夜间辐射降温引起的低温能严重影响植物的生长发育，甚至导致死亡。

1.5.3 水分失调

水分直接参与植物体内各种物质的转化和合成，也是维持细胞膨压、溶解土壤中矿质养料、平衡植物体温度不可缺少的因素。

1.5.3.1 水分缺乏

在缺水条件下，植物光合作用受抑制，碳水化合物总含量减少，植物体内矿质养分的运输受到抑制，蒸腾作用消耗的水分多于根系吸收的水分，一切代谢作用衰弱，细胞缺水，膨压消失，植物出现萎蔫现象。较严重的干旱将引起植株矮小，叶片变小，叶尖、叶缘或叶脉间组织枯黄，这种现象常由基部叶片逐渐发展到顶梢，引起早期落叶、落花、落果、花芽分化减少。在植物苗期或幼株移栽定植后以及一些草本植物，在严重干旱的条件下，往往会发生萎蔫或死亡。

1.5.3.2 水分过多

土壤水分含量过多时，土壤空隙氧气减少，二氧化碳浓度增高，高浓度的二氧化碳能抑制有氧呼吸，植物根部正常呼吸受阻，影响水分和矿物质吸收。同时在缺氧状态下，由于嫌气性细菌活跃，使土壤中的一些有机物产生有毒物质，毒害植物根系，使之腐烂，根系受到损害后，造成叶片变色、枯萎、早期落叶、落果，植物生长受阻，严重时植株死亡。

水分供应不均或变化剧烈时，可引起植物出现一些生理性病害，如果实开裂、畸形或发生脐腐病等。

1.5.4 光照不适

光照的影响，包括光照强度和光照时间两个因素。光照过弱常引起植物黄化，植株生长过弱，干物质积累较少，极易遭受病原物的侵染，这种情况常发生在多种植物的温室或冷床育苗时。光照过强，再与高温结合，常导致植物灼伤。光照时间长短影响植物生长发育和生殖，光照不适宜可推迟或提早开花和结实。

1.5.5 环境污染

主要指空气污染、水污染、土壤污染和酸雨等。环境污染物对植物的危害，首先取决于有害气体的浓度及作用持续的时间，同时也取决于污染物的种类、受害植物的种类及发育时期、外界环境条件等。

1.5.5.1 水及土壤污染

灌溉水及土壤中的有害残留物污染可以引起植物病害。农药残留、石油、有机酸及重金属（汞、铬、镉、铝、铜）残留、化肥使用过量（导致土壤酸碱度变化）、微量元素过多等可使植物根系生长受抑制，影响水分吸收，植物地上部分发生不同程度的药害或灼伤，叶片褪绿，常产生斑点或枯焦脱落，严重时会导致植物死亡。空气中二氧化硫等可形成酸雨，造成雨水中的pH值偏低，对植物也会产生严重危害。

此外，施用和喷洒杀菌剂、杀虫剂或除草剂，浓度过高，可直接对植物叶、花、果产生药害。农药在土壤中积累到一定浓度，可使植物根系受到毒害，影响生长，甚至死亡。

1.5.5.2 空气污染

在工矿区附近，空气中含有过量的二氧化硫、二氧化氮、三氧化硫、氯化氢、氟化物、臭氧、氮氧化物、乙烯、硫化氢等有害气体及各种烟尘，常使植物遭受危害。大气污染往往引起植物延迟抽芽，结实少而小，叶片失绿变白或有坏死斑，叶缘、叶尖枯死，叶脉间组织变褐，严重时大量落叶、落果，甚至使植物死亡。

植物受空气中有毒气体的危害，包括急性危害、慢性危害及不可见危害3种情况。急性危害的受害叶片最初叶面呈水渍状，叶缘线或叶脉间皱缩，随后叶片干枯，受害严重时叶片逐渐枯萎脱落，造成植株死亡。慢性危害主要表现为叶片褪绿近乎白色，这主要是叶片细胞中的叶绿素受破坏而引起的。不可见危害是在浓度较低的空气中有毒气体影响下，植物受到轻度的危害，生理代谢受到干扰及抑制，使植物体内组织变性，细胞产生质壁分离，色素下沉。

各种植物受不同有毒气体危害所表现的症状并不一致。氟化物危害植物的典型症状是受害植物叶片顶端和叶缘处出现灼烧现象。植物受二氧化硫危害时，叶脉间出现不规则形失绿坏死斑。臭氧对植物的危害普遍表现为褪绿。氯化物对植物细胞杀伤力很强，能很快破坏叶绿素，使叶片产生褪色斑，严重时全叶漂白、枯卷、脱落。

1.6 植物病害的诊断

指根据发病植物的特征、所处场所和环境，经调查分析，对植物病害的发生原因、流行条件和为害性等作出准确的判断。鉴于植物病害种类繁多，症状表现复杂，故只有对植物病害作出正确诊断，找出病害发生原因，才有可能制定出切实可行的防控措施。因此，正确的诊断是合理有效防控植物病害的前提。

1.6.1　植物病害诊断的程序

植物病害诊断，应根据病害分布及发病植物症状等进行全面检查和仔细分析。确诊植物病害，需按一定程序进行。

1.6.1.1　田间观察

即现场观察。观察受害植物的表现特征，区别是病害、虫害、螨害还是伤害。若确定是病害，还需进一步观察其分布规律，如病害是零星的随机分布，还是普遍发生，有无发病中心等。此外，还要调查病害发生时间，对可能影响病害发生的气候、地形、地势、土质、肥水、农药和栽培管理条件等进行综合分析，根据种植经验或查阅有关文献对病害作出初步判断，找出病害发生原因，诊断是侵染性病害还是非侵染性病害。

1.6.1.2　症状观察

植物发生病害，应从症状等表型特征来判断其病因，确定病害种类。具有典型症状的植物病害在田间即可作出正确诊断。对有些症状不够典型，或无病征的病害无法直接判断，可进行适当的保湿培养后作进一步诊断。

1.6.1.3　病原鉴定

在自然界同一病害常因植物品种、环境条件、发病时期以及不同部位的差异表现出不同症状，有时不同病原也可表现出相似的症状。肉眼观察到的植物病害症状，仅是病害的外部特征，必要时需对病害标本进行解剖和镜检。同时，绝大多数病原物都是微生物，必须借助于显微镜检查才能对病原种类作出初步鉴定，为确诊病害提供可靠依据。

1.6.1.4　病原物的分离培养和接种

对某些新的或少见的真菌和细菌性病害，还需进行病原菌的分离、培养和人工接种，才能确定真正的致病菌。这一病害诊断程序按柯赫氏法则进行，即在某种植物病害的病部发现病原菌后，进行分离纯化获得纯培养的接种材料，再将病原菌接种到相同的健康植物上，在被接种的植物上又产生了与原来病株相同的症状，同时从被接种的发病植物上重新分离获得该病原菌，即可确定接种的病原菌就是该种病害的致病菌。

1.6.1.5 提出诊断结论

对诊断结果进行综合分析，提出诊断结论，并确定防控对策。对于某些新发生的或不熟悉的病害，需严格按照有关程序进行鉴定。同时，随着科技的发展，血清学诊断、分子杂交和PCR技术等许多崭新的分子诊断技术已广泛应用于植物病害诊断，尤其是植物病毒病害的诊断。

1.6.2 各类植物病害的诊断

1.6.2.1 病害与伤害诊断

当植物生长出现不正常现象时，首先要注意观察是否有病变过程及其持续性以及产生的后果，注意区分病害与伤害，如虫伤、机械损伤、风伤、雹伤等；其次要进行病因分析，区分非侵染性病害与侵染性病害，掌握诊断要点，弄清各类植物病害的症状特点。

1.6.2.2 非侵染性病害诊断

病株在群体间发生比较集中，发病面积大且均匀，没有由点及面的扩展过程，发病时间比较一致，发病部位大致相同。如日灼病都发生在枝干及向阳面，除日灼、药害是局部病害外，通常植株表现全株性发病，如缺素症、涝害等。

（1）症状观察。对病株的发病部位，病斑形状、大小、颜色、气味，病部有无病征等用肉眼及放大镜观察。非侵染性病害只有病状而无病征，必要时可切取病组织表面消毒后，置于保温（25～28℃）条件下诱发，如经24～48h仍无病征发生，可初步确定为非侵染性病害。

（2）环境分析。非侵染性病害由不适环境引起，应注意病害发生与地势、土质、肥料及与当年气象条件的关系，栽培管理措施、排灌以及喷药是否适当，城市工厂"三废"是否引起植物中毒等，这样才能在复杂的环境因素中找出主要的致病因素。如不适应的温度或土壤缺少某种元素等引起的非侵染性病害，在田间表现为发病面积比较大且均匀。

（3）病原鉴定。确定非侵染性病害后，应进一步对其病原进行鉴定。

①化学诊断。主要用于缺素症与盐碱害等。通常是对病株组织或土壤进行化学分析，测定其化学成分及含量，并与正常值相比，查明过多或过少的成分，确定病原。

②人工诱发。根据初步分析的可疑原因，人为提供类似发病条件诱发病害，观察表现的症状是否相同。此法适用于温度与湿度不适宜、营养元素过多或过少、药物中毒等病害。

③指示植物鉴定。此法适用于鉴定缺素症病原。当提出可疑因子后，可选择最容易缺乏该种元素、症状表现明显、稳定的指示植物，种植在疑为缺乏该种元素的植物附近，观察其症状反应，借以鉴定原植物是否患有该元素缺乏症。

④施肥试验。治疗试验一般用于土壤缺素症。可在土壤中增施所缺元素或用营养元素对病株喷洒、注射、灌根治疗，看其是否能逐渐恢复正常。

1.6.2.3 侵染性病害诊断

此类病害的特征是病害有一个发生、发展或传染的过程，病害分布不均匀，在病株的表面或内部可以发现其病原生物的存在。大多数真菌、细菌和线虫病害可以在病部表面或组织内部看到病原物。植物病毒病害无明显病征，但可通过显微镜观察其内含体，作为诊断的依据。

（1）真菌病害诊断。病原真菌侵染植物所引发的病害有其典型症状。真菌侵染植物后可引起变色、坏死、腐烂、萎蔫、畸形五大病状，其中以坏死和腐烂居多。病征多表现为粉状物、霉状物、霜状物、锈状物和点状物等。对常见病害，根据病害在田间的分布和症状特点，可以基本确定是哪一类病害。

有的病害需在实验室鉴定，将病斑上已产生的子实体直接采用挑、撕、切、刮等技术制成临时玻片，在显微镜下观察病菌的结构特征，或者将标本直接放在实体解剖镜下观察。有些真菌病害标本在刚采集到时，会因真菌的侵染阶段或环境条件（如干旱）等因素的影响，在发病部位上看不到真菌的子实体，可应用保湿培养镜检法缩短诊断过程。即摘取植物的发病器官，用清水洗净置于保湿器皿内，在适温22～28℃下培养24～48h，促使子实体产生，然后进行镜检。要区分这些子实体是致病菌的子实体还是次生或腐生菌的子实体，较为可靠的方法是从病检交界处取样镜检。对于大多数常见的真菌类病害，通过田间症状观察结合室内病原菌的形态学镜检既可作出准确的诊断和鉴定。

（2）细菌病害诊断。植物受细菌侵染后可产生各种类型的病状，如坏死、腐烂、萎蔫和肿瘤等，潮湿条件下还有菌脓溢出。田间多数细菌病害受害组织的表面常为水渍状或油渍状，潮湿条件下病部有黄褐或乳白色、胶黏、似水珠状的菌脓；湿腐型病害病部往往有恶臭味。

除了根据症状、侵染和传播特点观察外，还可进行显微镜观察。一般细菌侵染所致病害的病部，无论是维管束系统受害的，还是薄壁组织受害的，都可通过制作徒手切片看到喷菌现象。喷菌现象为细菌病害所特有，是区分细菌病害与真菌病害、病毒病害的最简便手段之一。通常维管束病害的喷菌量多，可持续几分钟到十多分钟，薄壁组织病害的喷菌状态持续时间较短，喷菌数量亦较少。

此外，在细菌病害的诊断和鉴定中，血清学检验、噬菌体反应和PCR技术等也是常用的快速诊断方法。

（3）病毒病害诊断。因植物受病毒侵染后在感病植株的发病部位不可见病征，在田间诊断中易与非侵染性病害混淆。植物病毒病害的病状主要表现为花叶、黄化、矮缩、丛枝等，少数为在发病部位形成坏死斑点。在田间，一般心叶首先出现症状，然后扩展至植株的其他部分。绝大多数病毒都是系统侵染，引起的坏死斑点通常较均匀地分布于植株上，而不像真菌和细菌引起的局部斑点在植株上分布不均匀。此外，随着气温的变化，特别是在高温条件下，植物病毒病时常会发生隐症现象。

病毒病害的诊断及鉴定要比真菌和细菌引起的病害复杂得多，通常要根据症状类型、寄主范围（特别是鉴别寄主上的反应）、传播方式、对环境条件的稳定性测定、病毒粒体的电镜观察、血清反应、核酸序列及同源性分析等进行诊断。

（4）线虫病害诊断。植物线虫病害的症状主要是植株生长衰弱，表现为黄化、矮化，严重时甚至枯死。因线虫类群的不同，侵染为害部位及造成的症状存在明显差异。具体表现为地上部有顶芽和花芽的坏死、茎叶的卷曲和组织的坏死，形成种瘿和叶瘿；地下部症状为根部组织的畸形、坏死和腐烂等。对于一些雌雄异型的线虫（如孢囊类线虫或根结线虫），侵染植物后往往可在寄主的根部直接（或通过解剖根结）观察到膨大的雌虫，而对于大多数植物寄生线虫，往往需要通过对病组织及根围土壤采用适当的方法分离才能获得病原线虫。

植物线虫病害诊断，要对寄主进行全株检查，既要注意地上部，更要重视地下部。在植物根际周围通常存在着大量的腐生线虫，在植物根部或地上部坏死和腐烂的组织内外都能看到，不要混同为植物病原线虫。某些植物根的外寄生线虫需要从根围土壤中采样、分离，并进行人工接种试验，才能确定其致病性。

（5）寄生性种子植物诊断。受寄生性种子植物侵染的病害往往可以在寄主植物上或根际中看到寄生植物，如菟丝子、列当、槲寄生等。

1.6.3　植物病害诊断的注意事项

植物病害会因为植物的品种、生育期、发病部位和环境条件的不同而表现出不同的症状类型，其中一种常见的症状称为该病害的典型症状。多数病害的症状表现相对稳定，根据典型症状的特点区分植物病害种类及其发生原因，是诊断植物常见病害的方法之一。

1.6.3.1　症状的复杂性

（1）不同的病原可导致相似的症状，如早疫病和晚疫病，在发病初期且干燥条件下其病斑相似，不易区分；由真菌、细菌、线虫等病原引起的病害均可表现出萎蔫性症状。

（2）同种病原在同一寄主植物的不同生育期，不同的发病部位表现不同的症状。如炭疽病，在苗期通常为害幼茎，表现为猝倒，而在成株期为害茎叶和蒴果，表现为斑点型。

（3）相同的病原在不同的寄主植物上，表现不相同的症状。

（4）环境条件可影响病害的症状。如腐烂病，在气候潮湿条件下表现湿腐症状，气候干燥时表现干腐症状。

（5）缺素症、黄化症等生理性病害与病毒病、植原体、螺原体引起的症状类似。

（6）在病部的坏死组织上，可能同时出现寄生菌和腐生菌，容易混淆和误诊。

植物病害症状的复杂性还表现在一种植物上可同时或先后出现两种或两种以上不同类型的症状，将这种情况称为综合征。当两种或多种病害同时在一株植物上发生时，出现多种不同类型症状的现象称为并发症。有时会发生彼此干扰只出现一种症状或轻微症状的拮抗现象，也可能发生互相促进加重症状的协生现象。有些病原物侵染植物后，在较长时间内不表现明显症状的现象称为潜伏侵染。植物病害症状出现后，由于环境条件改变或使用农药治疗后，症状逐渐减退直至消失的现象称为隐症现象。

虽然植物病害的症状对于病害诊断有着重要意义，但由于症状表现的复杂性，对新的病害或不常见的病害不能单凭症状进行诊断，需要对该病害的发生过程进行全面了解，进一步鉴定病原物或分析发病原因，才能正确诊断植物病害。

1.6.3.2　正确区分虫害、螨害和病害

刺吸式口器害虫，如蚜虫、椿象、叶蝉和螨类等以口针状刺入植物组织吸食汁液，使植物呈现斑点（块）、萎缩、皱叶、卷叶、枯斑等现象，容易与病毒病害混淆，诊断时应注意观察。虫害、螨害除具上述现象外，在被害部一般会有害虫、害螨的皮、排泄物等特征供参考。

1.6.3.3　正确区别并发病和继发病

植物发生一种病害的同时，另一种病害也伴随发生，这种伴随发生的病害称并发病。植物发生一种病害后紧接着又发生另一种病害，后发生的病害以前一种病害为前提，这种后发生的病害称继发病。注意这两类病害的正确诊断，有利于分清主次，有效防控病害。

2 多肉植物病害研究

2.1 多肉植物的主要病害

病害不仅会影响多肉植物的观赏价值，严重时会导致植物萎蔫死亡，若不及时采取措施防治，将会导致整个花园或苗圃大面积发病。目前，对多肉病害的研究极不深入，国内报道的常见病害只有10余种。

2.1.1 几种侵染性病害

2.1.1.1 细菌性褐腐病

【别名】赤腐病

【英文名】Brown rot bacteria

【病原】泛菌属（*Pantoea*）的菠萝泛菌（*Pantoea ananatis*）。

【病原形态特征】病原菌属致病细菌，培养基上观察：菌落圆形，淡黄色或乳白色，微微突起，边缘光滑整齐。显微镜下观察：细胞呈短杆状，大小为（0.5~1）μm×（1~3）μm。

【分类地位】细菌侵染性病害。

【发病症状】主要为害多肉叶片、球茎、茎秆部位。多肉在贮运期间也会受害。叶片感病初期呈现黄色或黄褐色小点，逐渐扩大为圆形或椭圆形病斑，红褐色；感病后期，整个叶片变枯，枯萎下垂；球茎受害，外表产生不规则黑斑。潮湿条件下，感病茎叶上产生一层灰色霉层；在叶基部，球茎表面或土壤中产生黑色菌核，几天内很快扩展至全体，叶肉变褐腐，严重时造成腐烂、枯萎。

【发病规律】泛菌属的细菌对很多植物都存在致病性，病原菌在多肉叶片或茎部腐烂组织内越冬，翌年春季都能产生大量的细菌孢子。细菌孢子借助风、雨及昆虫传播，侵染多肉叶片造成褐腐环境。在低温多雨、温暖多雨的环境条件下，叶片表面都会长出大量的分生孢子引起再侵染。多肉成长期间，低温多雨易引起花腐。地势低洼或树叶过于茂密，通风透光较差的多肉种植园发病较重。在贮运过程中，若病株与健株接触传染，则会引起大量腐烂病状发生。

2.1.1.2 炭疽病

【英文名】Anthracnose

【病原】半知菌亚门（Deuteromycotina）炭疽菌属（*Colletotrichum*）的胶孢炭疽菌（*Colletotrichum gloeosporioides*）；毁灭炭疽菌（*Colletotrichum destructivum*）。

【病原形态特征】病原菌属致病真菌，培养基上观察：菌落生长速度较快，近圆形，气生菌丝发达，菌落浓密，灰褐色，呈絮状。显微镜下观察：分生孢子梗分枝或不分枝，生于分生孢子盘基部，无色；分生孢子长椭圆形，无色，单胞，表面光滑，两端钝圆，有的有油球，大小为（12.0～18.0）μm×（3.5～5.0）μm，附着孢黑色，形状差异大，有的不规则形，有的近圆形，分生孢子盘生大量黑色针状刚毛。

【分类地位】真菌侵染性病害。

【发病症状】主要为害多肉叶片、枝干、球茎和茎部位。多肉叶片被感染后，病斑通常不规律，直径4～8mm，呈淡褐色水渍状，叶缘四周扩展枯黄，严重时引起全叶枯黄。枝干、球茎和茎部位感病后，出现圆形或近圆形病斑，斑点开始很小，潮湿时表面出现橘红色黏质分生孢子团。病斑周围常有褪绿晕圈，随着病情发展，整体呈浅褐色腐烂。高温、高湿、多雨时期最易发病。

【发病规律】病原菌以菌丝体和分生孢子在多肉的病枝、病叶及根茎中过冬，翌年5月上旬分生孢子借风雨、昆虫传播，从伤口或自然孔口侵入。在27～28℃且孢子水滴内有寄主物质的情况下，6～7h即可侵染，潜育期4～9d。多肉炭疽病开始发病的时间各地略有不同，发病早晚和轻重与当年降水量有密切关系，一般是当年降雨早、降水量多，湿度大，适合病菌孢子萌发，病害得以迅速发展蔓延，发病早、发病重，反之，则发病轻。有的多肉栽种过密，株行距小、叶片稠密，通风透光不良，发病重，反之，通风透光好，湿度较低的，发病轻。因此，在管理粗放、摆放过密、高湿、不通风的多肉种植园发病严重。

2.1.1.3 茎腐病

【别名】多肉茎根腐病

【英文名】Succulent stem rot

【病原】半知菌亚门（Deuteromycotina）镰刀菌属（*Fusarium*）的尖孢镰刀菌（*Fusarium oxysporum*）。

【病原形态特征】病原菌属致病真菌，培养基上观察：菌落突起絮状，厚3～5mm，粉白色、浅粉色至肉色，略带有紫色，由于大量孢子生成而呈粉质，菌丝白色质密。显微镜下观察：小型分生孢子无色，单胞，卵圆形、肾脏形等，长假头状着生，大小为（5～12）μm×（2～3.5）μm；大型分生孢子无色，多胞，镰刀形，略弯曲，两端细胞稍尖，大小为（19.6～39.4）μm×（3.5～5.0）μm。厚垣孢子淡黄色，近球形，表面光滑，壁厚，间生或顶生，单生或串生。

【分类地位】真菌侵染性病害。

【发病症状】主要为害茎秆。茎秆染病产生淡褐色圆形或不规则形灰褐色的病斑（块），不久后病斑干枯，茎秆倒伏，直至植株死亡。棚室栽培时常发病。在棚室栽培中，主要发生在雨季过程中，湿度大易导致茎腐病的发生。而且一旦植株出现大面积腐烂，就很难再救回来，所以一定要时刻关注多肉颜色的变化，以及植株是否存在发软、化水的情况。

【发病规律】多肉茎腐病菌是一种腐生性很强的土壤习居菌。病原菌以菌丝体在茎部病组织和土壤中越冬，平时在土壤中营腐生生活，待翌春气温上升，病菌产生分生孢子，通过风雨传播到叶片上，引起初次侵染。病原菌在多肉组织上潜伏期长达40～70d，在适宜条件下自伤口侵入寄主为害。病害的发生与寄主状态和环境条件有密切关系。孢子产生的最适温度为20～28℃，湿度为80%以上。多雨和潮湿天气有利于病害流行，尤其是春季和初夏降水量多时流行更严重，低湿、排水不良等均能加重病害的发生，老种植园、病原菌密度大的温室发病重。尤其是夏季土壤温度骤升，幼苗茎基部常被灼伤，给病菌侵入提供了条件，病菌即从灼伤处侵入，引起发病。

2.1.1.4 叶斑病

【别名】多肉黑斑病

【英文名】Succulent black spot

【病原】半知菌亚门（Deuteromycotina）链格孢属（*Alternaria*）的交链格孢菌（*Alternaria alternata*）。

【病原形态特征】病原菌属致病真菌，培养基上观察：菌落平铺，厚3～5mm，由于大量孢子生成而呈粉质，菌丝黑色质密。显微镜下观察：菌丝及分生孢子梗褐绿色，具横隔；分生孢子倒棒状，表面具横隔和纵隔，成壁砖状结构，横隔较粗，多数为3个，末端喙短，排成较长的直链或斜链，褐绿色，大小较一致，（35～42）μm×（6～20）μm。

【分类地位】真菌侵染性病害。

【发病症状】主要为害叶片。叶片染病初期为多角状水渍状小点，逐渐产生圆形或不规则形黑褐色病斑（块），不久之后病斑扩大，接着叶片会枯萎或者化水，轻轻一碰就掉，慢慢所有叶片开始长黑斑，迅速化水，发病速度很快，3～4d叶片掉完，只剩茎秆。

【发病规律】病原菌在叶片的病组织内（主要在引起黑斑的病斑内）越冬。翌年春季气温升高，潜伏在病组织内的孢子开始活动，子囊孢子为主要侵染源。随着病斑表皮破裂，孢子溢出，通过自身向外弹射传播，孢子弹射出1～2cm后经气流飘动到叶片上，随后孢子萌发产生侵染钉侵染叶片表皮，也可以依附于雨水飞溅和昆虫携带传播，由叶片的气孔侵入内部组织。病菌若以菌丝潜伏于受侵染叶片的表皮组织内，则潜伏期为3～12个月。发病后期，分生孢子器产生于叶片和病死枝梢表面，分生孢子自孔口涌出，孔口上分泌出黏液使孢子聚集成团，再通过水流、雨水、昆虫进行短距离的二次传播侵染。温暖、多雨或重雾的天气易造成病害流行，广东、福建等省病菌常在7月底至8月初开始出现症状，8月下旬至10月上旬为发病高峰期，通风透光不良或偏施氮肥的多肉种植园发病较严重。

2.1.1.5　黑腐病

【别名】多肉黑霉病

【英文名】Succulent black rot

【病原】半知菌亚门（Deuteromycotina）棒孢属（Corynespora）的多主棒孢霉（Corynespora cassiicola）；镰刀菌属（Fusarium）的尖孢镰刀菌（Fusarium oxysporum）。

【病原形态特征】病原菌属致病真菌，培养基上观察：菌落近圆形，较厚，气生菌丝发达，灰白色，呈浓密绒絮状，菌株分泌土黄色色素等性状。显微镜下观察：分生孢子梗淡褐色或褐色，大小为（80～230）μm×（6～9）μm，隔膜1～7个，顶端可膨大；分生孢子淡褐色或褐色，顶生、单生或串生，倒棍棒形至圆筒形，略弯曲，具假隔膜2～10个，大小为（32～220）μm×（7～22）μm，孢壁较厚。

【分类地位】真菌侵染性病害。

【发病症状】主要为害叶片及茎部。感病初期引起多肉叶片产生水渍状，随着病害的发展，病斑变成淡褐色圆形或不规则形，灰褐色，最后变成黑色，严重时病斑连片，叶片干枯。黑腐病与叶斑病的区别在于，黑腐病是整个植株遭殃，叶片连带根茎都会慢慢发黑烂掉；叶斑病则是部分叶片出现黑斑，慢慢化水烂掉。

【发病规律】病原菌以分生孢子器、子囊壳或菌丝体在多肉黑腐的病部组织内越冬。翌年随着春季气温的升高、遇雨或潮湿条件，病斑表皮破裂，孢子溢出，通过风雨、基质或昆虫进行传播，由幼苗嫩叶片的气孔侵入内部组织，实现初次侵染。病菌传至叶片、枝干及茎部上，遇雨后子囊孢子和分生孢子萌发，在叶片上潜育期为

7~8d，在枝干和茎部上潜育期为20d左右，发病后可进行多次再侵染。病菌生长适温为27~30℃，高温、高湿、多雨、重露有利于黑腐病的发生，暴风雨后往往会大发生，7—9月高温多雨适其流行。在福建等地一般6月下旬已有病害发生，管理粗放、肥水不足、虫害发生多的多肉种植园易发病。

2.1.1.6 白粉病

【别名】白背病

【英文名】Powdery mildew

【病原】子囊菌亚门（Ascomycotina）白粉菌科（Erysiphaceae）。

【病原形态特征】病原菌属致病真菌，培养基上观察：菌落近圆形，气生菌丝较发达，灰黑色，呈浓密绒絮状。显微镜下观察：菌丝透明具隔膜，有的菌丝肥大；分生孢子器基部具柄，椭圆形或卵形，黄褐色至黑褐色，表面具有明显的网纹，有时具有乳突，但无明显的孔口；分生孢子无色至极淡的褐色，单孢、壁薄、含油球，圆形或卵圆形。

【分类地位】真菌侵染性病害。

【发病症状】主要为害叶片，属于外生性的真菌病害，只生长在叶片表面，形成灰白色菌斑，不会破坏大量细胞，而是用它的胚栓刺入叶面，一方面可以附着不坠，另一方面吸取植物养分，使植物细胞无法保持饱满，阻碍叶片成长，严重时会使多肉生长完全停止。

【发病规律】病原菌以菌丝和子囊孢子或芽孢子在叶片表面越冬。翌春环境适宜时，越冬菌丝产出分生孢子，通过气流传播，对多肉嫩叶进行初侵染，初侵染发病后又产生大量新的分生孢子，不断进行再侵染，使病情逐渐加重。病菌孢子最理想的繁殖环境是湿度高和不热不冷的中间温度，温度大都在20~27℃。降雨多时，病害发生多，反之，温暖少雨干燥，则发病较轻。施氮肥过多，枝叶组织柔嫩，易感白粉病。不同多肉品种对白粉病的抗性有差异。

2.1.1.7 锈病

【英文名】Rust disease

【病原】担子菌亚门（Basidiomycotina）胶锈菌属（*Gymnosporangium*）。

【病原形态特征】病原菌属致病真菌，显微镜下观察：锈孢子是较圆形的，直径28~36μm，内含物橙色，壁厚2.5~4μm，气孔隐藏。冬孢子堆半球形或垫状，直径1~3mm，橙棕色至浅黄褐色。冬孢子双胞，淡黄色，大小为（35~60）μm×（20~28）μm，每胞在靠近隔膜处只有1个气孔。

【分类地位】真菌侵染性病害。

【发病症状】主要发生在多肉植物表面，发生初期在叶片、茎部表皮产生肿状小点，中央呈黄色或赤褐色，之后慢慢向周围扩大，产生斑痕，斑痕下陷形成溃疡、组织发黑甚至死亡。

【发病规律】病原菌以菌丝体或冬孢子堆在多肉病株、病部组织处越冬，翌春冬孢子萌发产生大量的担孢子，担孢子随风雨传播，侵染多肉叶片。病菌侵染后经6~10d的潜育期，即可在叶片正面呈现橙黄色病斑，接着在病斑上长出性孢子器，在性孢子器内产生性孢子。在叶片背面形成锈孢子器，并产生锈孢子，锈孢子不再侵染当前多肉病株，而是借风传播到其余健株的嫩叶上，萌发侵入为害，并在其上越夏、越冬，到翌春再形成冬孢子角，冬孢子角上的冬孢子萌发产生的担孢子又借风雨传播为害。夏季高温、冬天寒冷的地方锈病一般不严重，四季温暖多雨、多雾的地方发生比较严重。多肉植物栽植过于密集、通风透光不良、排水不畅、施氮肥过多或缺肥、植株生长不健壮等都会加重锈病的发生。

2.1.1.8　煤烟病

【别名】多肉煤污病

【英文名】Succulent sooty mold

【病原】半知菌亚门（Deuteromycotina）枝孢属（*Cladosporium*）的多主枝孢（草本枝孢）（*Cladosporium herbarum*）；大孢枝孢（*Cladosporium macrocarpum*）。

【病原形态特征】病原菌属致病真菌，显微镜下观察：枝孢菌分生孢子梗直立，褐色或棕褐色，单枝或稍分枝，上部稍弯曲，顶生分生孢子呈短链状，椭圆形，1~3个隔膜，大小为（10~18）μm×（5~8）μm。大孢枝孢菌，菌丝铺展状，分生孢子梗褐色，微弯曲，分生孢子椭圆形，具2个或多个隔膜，淡褐色。

【分类地位】真菌侵染性病害。

【发病症状】主要在叶片及茎部表面发生为害。在发病初期，表面零星发生薄层暗褐色小霉斑，圆形或不规则形，后扩大布满全叶或蔓延整株，形成黑色或黑褐色黑粉被膜，好似黏附了一层煤烟。黑色煤烟一般用手擦不掉，严重时整个布满黑色霉层，影响光合作用，致使叶片提早凋落。

【发病规律】病原菌的菌丝、分生孢子和子囊孢子都能越冬，为翌年该病初侵染源。当枝叶表面有灰尘、蚜虫蜜露、介壳虫分泌物或植物渗出液时，分生孢子和子囊孢子即可在上面生长发育，菌丝和分生孢子可借气流、昆虫传播，进行重复侵染。病菌孢子可以害虫分泌物为营养，并随这些害虫的活动消长、传播与流行。该病具传染性，在南方，每年3—6月阴雨、光照弱的天气及8—9月高温高湿的环境是发病盛期，冬季温室密闭加温而导致空气不流通也成为该病发生的主要诱因。大棚内有蚜虫、介壳虫、粉虱为害的叶片和分泌物多的叶片上发生严重，通风向阳处大都发病不明显，但多肉植物的造型结构也就必然导致了其叶柄处通风不利且光照不佳，发病较重。

2.1.2　几种非侵染性病害

2.1.2.1　缺氮症

【英文名】Incorrect N

【分类地位】缺氮生理性病害。

【发病症状】植物缺氮时，整体生长受限，植株变得十分矮小，甚至是会停止生长。叶片没有旺盛生长的趋势，呈浅绿或黄绿，新叶弱小、色淡，老叶因营养不均衡，叶色随时间逐渐变淡绿，或变色呈红色、紫色，常提早脱落。茎弱，生长细瘦且短，根量少，有时还会发生早衰的情况。

【发病规律】一般发生在土壤瘠薄、管理粗放、施肥极少或偏重的多肉种植园，叶片含氮量小于2.6%时，即为缺氮。培养基质缺乏氮素，氮肥施用不足，施用未完全腐熟的有机肥，施用钾肥过量或酸性土壤施用石灰过多，均会影响氮素的吸收；温室或田间积水，生长期遇大雨，土壤氮素大量流失，土壤硝化作用不良，致使可给态氮减少或根群受伤害，吸收能力降低，这些情况均会引起缺氮症。

2.1.2.2　缺磷症

【英文名】Incorrect P

【分类地位】缺磷生理性病害。

【发病症状】植物缺磷时，植株生长迟缓，植株矮小，叶色暗绿或灰绿色，缺乏应有光泽。新叶弱小，老叶会在不同部位出现不规则形的枯死斑，严重时叶片枯死脱落，这些症状一般老叶先开始。幼芽及根的生长受到明显抑制，根细弱而长，幼芽成休眠状态或死亡。

【发病规律】一般发生在施氮过多、长期干旱以及长期不施磷肥的多肉种植园内，叶片含磷量小于0.1%时，即为缺磷。土壤或培养基质含磷量少或缺少有效磷，pH值过高，如含石灰质多或偏施氮肥，土壤及培养基质中的磷元素被固定不能被吸收，磷肥利用率降低，均易引起缺磷症。

2.1.2.3　缺钾症

【英文名】Incorrect K

【分类地位】缺钾生理性病害。

【发病症状】植物缺钾时，叶片出现黄化病症，新叶由叶端开始枯焦扩大到叶缘，逐渐褪绿，老叶呈青绿色，叶尖及叶缘先出现黄化，以后会因继续缺钾而使黄化区扩大，严重时叶片焦灼坏死、脱落。

【发病规律】一般发生在排水不良或过于干旱、土壤pH值过高或过低的多肉种植园，叶片含钾量低于1.0%时，即为缺钾。在南方土壤缺钾明显，沙质土、细沙土、酸性土及有机质少的土壤都会表现缺钾，特别是在有机质含量低的沙质土壤；同时，过量地施用氮、钙或镁，也会降低钾的有效性，从而引起缺钾。在轻度缺钾的培养基质中，偏施氮肥，易表现出缺钾症。

2.1.2.4 缺钙症

【英文名】Incorrect Ca

【分类地位】缺钙生理性病害。

【发病症状】植物缺钙时，植株生长缓慢、矮小萎缩，叶片生长停滞，嫩叶的叶端、叶缘干枯，老叶出现褐色斑点，不久斑点扩大，叶片小，导致整片叶枯死并脱落。根系数量变少，短粗弯曲。

【发病规律】一般发生在强酸性土壤或交换性钙低的盐碱土中，叶片含钙量低于1.0%时，即为缺钙。施肥时，有机肥施用量少、生理性酸性肥料施用过多，或在病虫害防治时施用过多的硫黄粉，均会促使土壤中可溶性钙流失，造成缺钙。

2.1.2.5 缺镁症

【英文名】Incorrect Mg

【分类地位】缺镁生理性病害。

【发病症状】植物缺镁时，植株生长衰弱，严重的会枯萎死亡。叶片出现大规模褪绿病状，新叶弱小，老叶先褪绿，然后产生不规则黄色斑块，之后黄色斑向两侧叶缘扩展，致使叶片大部分黄化。缺镁严重时，老叶黄化处呈水渍状，并形成黄褐色枯斑，叶片提早脱落，翌春枯死。

【发病规律】一般发生在基质使用质地粗的酸性土壤和含镁量低的红黄土壤，当叶片含镁量低于0.2%时，即为缺镁。基质使用温暖湿润高度淋溶的轻质土壤或大量施用石灰、过量施用钾肥以及偏施铵态氮肥等易诱发缺镁症。缺镁周年皆可发生，但在夏末时发生最为严重，老叶易表现出明显的缺镁症状。

2.1.2.6 缺硼症

【英文名】Incorrect B

【分类地位】缺硼生理性病害。

【发病症状】植物缺硼时，植株生长不良，新叶生长受到影响，变形或变小。老叶呈畸形，变厚、易碎或皱缩。茎营养器官发育受阻，茎部增厚变短粗，伴有裂痕，或有水渍状病斑。

【发病规律】一般发生在酸性土或沙土上，叶片含硼量低于0.2%时，即为缺硼，常与缺镁症同时发生。基质施用石灰质较多，土壤中的硼被钙元素固定；或施用氮、磷、钙肥过量；高温干旱季节或降雨过多，都会影响硼元素的保留，降低根系对硼的吸收，从而引起缺硼。

2.1.2.7 缺铁症

【别名】多肉黄叶症

【英文名】Incorrect Fe

【分类地位】缺铁生理性病害。

【发病症状】植物缺铁时，刚开始叶片变薄，叶片从上到下出现黄白化、黄化到黄绿相间的叶片，层次非常清楚，发病严重时，整株叶片均变为橙黄色。病株茎秆变弱，茎秆上的幼叶容易脱落，常仅存稀疏的叶片，叶片脱落后，顶枝逐渐枯死，最终植株死亡。

【发病规律】一种较常见的缺素症，发生在偏碱或盐碱重的土壤上，当叶片含铁量低于0.6%时，即为缺铁。基质施用铁肥料不足，铁元素供给跟不上多肉生长速度；或多雨季节及浇水过多导致铁离子被大量淋溶，土壤中的铁离子浓度明显降低，都有可能引起缺铁症。

2.1.2.8 日灼症

【别名】多肉日烧病、多肉叶灼病

【英文名】Succulent sunscald

【分类地位】日灼生理性病害。

【发病症状】此病由受高温灼伤或过度阳光照射而引起，主要发生在多肉叶片上，在多肉新叶生长时，日照面初生淡紫红色或淡褐色病斑，较柔软，或出现黄褐色、焦灼干疤，坚硬表面粗糙，破坏叶片表面组织。后期多肉老叶受害部位中间凹陷，暗褐色，较硬，病部易发生褐腐病。

【发病规律】在高温季节、气候干燥、日照强烈时容易发生该病，一般从7月开始，8—9月发生最多，尤其是在日照直射时长较多的多肉种植区，因长期暴露在阳光下，导致受害程度最重。该病通常由降雨后又迅速晴天高温所致，受害严重的多肉叶片一般都暴露在阳光直射的地方，从分布上来说多在东南面和南面。

2.2　多肉植物几种主要病害的研究

2.2.1　几种病原菌的分离与鉴定

2.2.1.1　红心莲炭疽病病原菌

红心莲（*Echeveria* 'Perle von Nürnberg'），又名紫珍珠，是景天科（Crassulaceae）石莲花属（*Echeveria*）多肉植物中的重要商业化品种。2018年6月，在福建漳州九湖镇、程溪镇和官浔镇3个主要红心莲多肉种植基地，发现了大量疑似感染炭疽病的病株，幼嫩叶片受害严重，发病初期出现近圆形水渍状、褐色或黑褐色小斑，后期病斑逐步扩展，并呈湿腐状，中心下凹，边缘稍微隆起，叶片逐渐腐烂；湿度大时可见病斑面上散生波浪形分布的黑色小点，严重影响了红心莲多肉的观赏与经济价值。目前，国内外均未见红心莲多肉炭疽病病原菌的相关研究报道，急需对该病原菌进行准确鉴定，以便制定最佳的控害技术措施。为此，Yao等（2020）从福建漳州3个主要红心莲种植基地采集典型发病株，分离并纯化病原菌，采用形态学、分子生物学和致病性测定相结合的方法，对红心莲多肉炭疽病病原菌进行鉴定，明确其病原菌种类，为科学监测和防控红心莲等多肉植物炭疽病提供依据。

（1）材料与方法。

①试验材料。

供试病原及植物：2018年6月，分别在福建漳州九湖镇、程溪镇和官浔镇3个红心莲多肉种植基地采集疑似感染炭疽病的典型发病株（彩图2-1A），室内采用组织分离法获得36株形态特征相似的病原菌株。

供试多肉植物：从九湖镇红心莲多肉种植基地挑选培育期约1年、株高15～20cm的健康盆栽植株运回实验室，用无菌水轻洗红心莲叶片，自然恢复后用于病原菌致病性测定。

②试验方法。

病原菌分离纯化：从分离获得36株病原菌株中，选取2株在菌落、分生孢子及菌丝上具有典型特征的代表性菌株，编号为FJCD-23和FJCD-36，进行单孢纯化备用。

病原菌形态学观察：将纯化后的2株菌株接种到PDA平板上，置于（28±

0.5）℃、光周期12L：12D的GZX-250BSH-Ⅲ光照培养箱（上海新苗医疗器械制造有限公司）中培养6d，观察菌落形态、颜色及菌丝生长情况；在CX51型光学显微镜（Olympus）下观察分生孢子形态特征，每视野20个孢子，共观察5个视野。

病原菌分子鉴定：用D2300-50T真菌基因组DNA提取试剂盒（北京索莱宝科技有限公司）分别提取2株纯化病原菌株的基因组DNA。采用rDNA-ITS基因通用引物ITS1/ITS4、actin基因引物ACT-512F/ACT-783R和TUB2基因引物TUB2a/TUB2b，通过C1000 Thermal Cyclers型PCR仪（Bio-Rad）对病原菌基因组DNA进行扩增（表2-1），其rDNA-ITS PCR反应条件：94℃预变性5min；94℃变性1min，55℃退火1min，72℃延伸1.5min，35个循环；最后72℃延伸8min。actin和TUB2基因PCR反应程序的退火温度分别为58℃和56℃，其余反应条件与DNA-ITS相同。使用DYCP-31DN型琼脂糖水平电泳仪（北京六一生物科技有限公司）回收PCR扩增产物，送样至生工生物工程（上海）股份有限公司进行测序；对所测3个基因序列，先用BLAST进行同源性比对，再用Phylosuite1.1软件拼接，后用MEGA 6.0软件进行系统发育分析。

表2-1　炭疽病菌基因组DNA PCR扩增引物序列

引物	引物序列
ITS1	5′-TCCGTAGGTGAACCTGCGG-3′
ITS4	5′-TCCTCCGCTTATTGATATGC-3′
ACT-512F	5′-ATGTGCAAGGCCGGTTTCGC-3′
ACT-783R	5′-TACGAGTCCTTCTGGCCCAT-3′
TUB2a	5′-GGTAACCAAATCGGTGCTGCTTTC-3′
TUB2b	5′-ACCCTCAGTGTAGTGACCCTTGGC-3′

病原菌致病性测定：对FJCD-23和FJCD-36菌株进行致病性测定。在红心莲多肉植株偏下部随机选取3张健叶，用无菌针头轻轻刺伤叶片上表皮，在叶片伤口处敷上0.5cm×0.5cm待测菌株的菌丝块，以无菌PDA琼脂块接种作阴性对照，再用无菌水浸湿的棉花包裹接种部位保湿，每处理接种5株，重复3次。将接种的红心莲多肉植株置于温度（28±0.5）℃、光周期12L：12D的DRX-400型冷光源植物气候箱（宁波赛福实验仪器有限公司）中培养7d，每天定时观察寄主植物发病情况，对典型发病寄主再次进行病原菌分离纯化、形态学观察及分子鉴定。

（2）结果与分析。

①病原菌形态特征。观察FJCD-23和FJCD-36菌株的菌落颜色、菌丝生长情况及分生孢子形态特征，发现它们在PDA上，菌落生长速度较快，近圆形，气生菌丝发达，菌落浓密，灰褐色，呈絮状（彩图2-1B）；分生孢子梗分枝或不分枝，生于分生孢子盘基部，无色；分生孢子长椭圆形，无色，单胞，表面光滑，两端钝圆，有的有油球，大小（12.0~18.0）μm×（3.5~5.0）μm（彩图2-1C），附着孢黑色，形状差异大，有的不规则形，有的近圆形（彩图2-1D），分生孢子盘生大量黑色针状刚毛（彩图2-1E）。参考有关分类，2株病原菌初步鉴定为毁灭炭疽菌（*Colletotrichum destructivum*）。

②病原菌基因序列。对FJCD-23和FJCD-36菌株的基因组DNA进行ITS、actin和TUB2扩增，分别获得约550bp、250bp和600bp的序列片段，经比对，它们的相关基因序列完全相同，2株菌株为同一种病原真菌。将2株菌株测序得到的3种基因序列提交到NCBI/GenBank（www.ncbi.nlm.nih.gov/genbank/），获得登录号为：FJCD-23（Accession No. MN151373，MN151368，MN138460）和FJCD-36（Accession No. MN151374，MN151369，MN138461）。在NCBI/BLAST（blast.ncbi.nlm.nih.gov/Blast.cgi）上对2株菌株3种基因序列进行比对，发现它们与毁灭炭疽菌模式菌株序列（Accession No. JX625169，KC843544，GU935894）相似性分别达99.45%、98.84%和97.85%（表2-2）。从NCBI/GenBank中选取近源菌株rDNA-ITS、actin和TUB2基因序列串联，再通过NJ法建立多基因联合系统发育树（图2-1），发现FJCD-23和FJCD-36菌株与毁灭炭疽菌聚为一枝，其自展值为98。

表2-2　基于rDNA-ITS、actin和TUB2基因系统发育树登录序列

序号	菌株	ITS	ACT	TUB2
1	FJCD-23	MN151373	MN151368	MN138460
2	FJCD-36	MN151374	MN151369	MN138461
3	*Colletotrichum destructivum*	JX625169	KC843544	GU935894
4	*Colletotrichum panacicola*	GU935869	GU944757	GU935888
5	*Colletotrichum higginsianum*	KF550281	MK118048	GU935892
6	*Colletotrichum ocimi*	KU498272	KM105432	KM105502
7	*Colletotrichum gloeosporioides*	HQ645076	MK784769	DQ084518
8	*Colletotrichum fuscum*	MF992186	KM105389	KM105459
9	*Colletotrichum lini*	EU400148	MF563540	KM105520

（续表）

序号	菌株	ITS	ACT	TUB2
10	*Colletotrichum linicola*	AB046609	JQ005828	KJ556347
11	*Colletotrichum tabaci*	KM105206	KM105414	KM105486
12	*Colletotrichum vignae*	KM105183	KM105392	KM105463
13	*Colletotrichum americae-borealis*	MF805737	KM105434.	MH632716
14	*Colletotrichum lentis*	MH864629	KY241670	KM105521
15	*Colletotrichum spaethianum*	MH453905	MH985157	GU228101
16	*Colletotrichum guizhouensis*	JX625170	KC843538	JX625199
17	*Colletotrichum coccodes*	AJ301984	GQ856787	MH800202
18	*Fusarium oxysporum*	MK962470	MH511658	MH888083

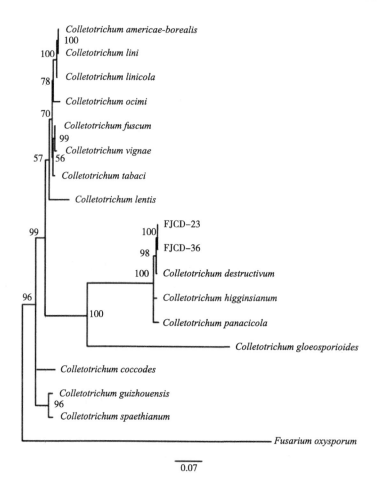

图2-1　基于rDNA-ITS、ACT和TUB2基因序列采用邻接法构建的系统发育树

③病原菌的致病性测定。在红心莲健康叶片上接种FJCD-23和FJCD-36菌株，2d后在接种部位出现近圆形水渍状、褐色或黑褐色小斑，之后病斑逐步扩展，5d后病斑呈湿腐状，中心下凹，边缘稍微隆起，有时散生黑色小点，叶片逐渐腐烂，与自然发病症状完全相同（彩图2-1F）；而对照叶片5d后仍健康且富有光泽。对典型发病寄主再次进行病原菌分离纯化、形态学观察及分子鉴定，发现再分离菌株的种类与接种菌株完全一致，据此最终确定红心莲炭疽病的致病菌为毁灭炭疽病。

（3）小结。通过对福建省多肉植物红心莲主要种植基地的炭疽病菌进行分离纯化、形态学观察、分子鉴定和致病性测定，彼此相互印证，最终确定该病害是由毁灭炭疽病（*Colletotrichum destructivum*）侵染引起。这是毁灭炭疽病引起的红心莲炭疽病在国内外属首次报道。

毁灭炭疽菌是一种寄主范围广泛的世界性植物病原菌，主要为害叶片，可经昆虫或者修剪伤口等物理损伤部位和自然孔口侵入，遇适宜条件则迅速扩展，严重时导致植株死亡。由毁灭炭疽菌引发的炭疽病，目前已成为福建漳州地区红心莲种植基地的主要病害，且有扩大侵染到其他多肉品种的趋势，影响了多肉植物的规模种植及产品品质。病害提早预防是控制红心莲炭疽病发生发展的关键，因此正确鉴定其病原菌种类对于科学有效防治红心莲病害具有重要指导意义。

2.2.1.2 翡翠景天黑腐病病原菌

翡翠景天（*Sedum morganianum*）属景天科（Crassulaceae）景天属（*Sedum*），是福建漳州地区种植的主要多肉植物品种，但近年来该植物黑腐病发生严重，已成为基地生产的主要病害，影响了多肉植物翡翠景天的种植规模及产品品质，且有扩大侵染到其他多肉品种的趋势。翡翠景天黑腐病在植株感病初期，叶片出现黑褐色斑点，随着病情加重，病斑逐渐扩大成水渍状大病斑并相互交叠融合，后期叶片腐烂脱落，直至茎秆干枯倒伏，植株死亡。目前，国内外尚未见翡翠景天黑腐病病原菌的相关研究报道，急需对该病原菌进行准确鉴定，以便制定最佳的控害技术措施。为此，姚锦爱等（2020）从福建漳州九湖镇、程溪镇和官浔镇3个翡翠景天种植基地采集典型病株，分离纯化病原菌，采用形态学观察及rDNA-ITS、actin、EF-1α基因序列分析和致病性测定相结合的方法，对翡翠景天黑腐病病原菌进行准确鉴定，为多肉植物翡翠景天黑腐病控害技术措施的制定提供科学依据。

（1）材料与方法。

①试验材料。

供试病原菌：2018年6月，分别在福建漳州九湖镇、程溪镇和官浔镇的3个翡翠景天种植基地采集30份黑腐病典型病样（彩图2-2A），室内采用组织分离法获得45株形态特征相似的病原菌株。

供试多肉植物：从九湖镇翡翠景天种植基地挑选培育期约1年、株高15～20cm的健康盆栽植株运回实验室，用无菌水轻洗翡翠景天茎叶，自然恢复后用于病原菌致病性测定。

②试验方法。

病原菌分离纯化：从分离获得45株病原菌株中，选取菌落、分生孢子及菌丝具典型特征的代表性菌株2株，编号为FJSD-3和FJSD-5，进行单孢纯化备用。

病原菌形态学观察：将纯化后的2株菌株接种到PDA平板上，置于（28±0.5）℃、光周期12L：12D的GZX-250BSH-Ⅲ光照培养箱（上海新苗医疗器械制造有限公司）中培养7d，观察菌落形态、颜色及菌丝生长情况；培养15d后，在CX51型光学显微镜（Olympus）下观察分生孢子形态特征，每视野20个孢子，共观察5个视野。

病原菌分子鉴定：用D2300-50T真菌基因组DNA提取试剂盒（北京索莱宝科技有限公司）分别提取2株纯化病原菌株的基因组DNA。采用rDNA-ITS基因通用引物ITS1/ITS4、actin基因引物ACT-512F/ACT-783R和Elongation factor-1α（EF-1α）基因引物EF1-728F/EF1-986R，通过C1000 Thermal Cyclers型PCR仪（Bio-Rad）对病原菌基因组DNA进行扩增（表2-3），其rDNA-ITS PCR反应条件：94℃预变性5min；94℃变性1min，55℃退火1min，72℃延伸1.5min，35个循环，最后72℃延伸8min；actin和EF-1α基因PCR反应程序的退火温度分别为58℃和56℃，其余反应条件与rDNA-ITS相同。使用DYCP-31DN型琼脂糖水平电泳仪（北京六一生物科技有限公司）回收PCR扩增产物，送样至生工生物工程（上海）股份有限公司进行测序；对所测3个基因序列，先用BLAST进行同源性比对，再用Phylosuite1.1软件拼接，后用MEGA 6.0软件进行系统发育分析。

表2-3　翡翠景天黑腐病病原菌基因组DNA PCR扩增引物

引物	引物序列
ITS1	5′-TCCGTAGGTGAACCTGCGG-3′
ITS4	5′-TCCTCCGCTTATTGATATGC-3′
ACT-512F	5′-ATGTGCAAGGCCGGTTTCGC-3′
ACT-783R	5′-TACGAGTCCTTCTGGCCCAT-3′
EF1-728F	5′-CATCGAGAAGTTCGAGAAGG-3′
EF1-986R	5′-TACTTGAAGGAACCCTTACC-3′

病原菌致病性测定：选取FJSD-3和FJSD-5纯化病原菌株进行致病性测定，采用创伤和无创伤接种法接种病原菌。创伤接种法：在翡翠景天植株偏下部选取3个健叶，用无菌针头轻轻刺伤叶片上表皮，在叶片伤口处敷上0.5cm×0.5cm待测菌株的菌丝块，以无菌PDA琼脂块接种作阴性对照，再用无菌水浸湿的棉花包裹接种部位保湿；无创伤接种法：将待测菌株的菌丝块和无菌PDA琼脂块直接敷在叶片上，再用无菌水浸湿的棉花包裹。2种接种方法均接种寄主植物10株，重复3次。将接种的翡翠景天植株置于温度（28±0.5）℃、光周期12L：12D的DRX-400型冷光源植物气候箱（宁波赛福实验仪器有限公司），10d内每天定时观察寄主植物发病情况，对典型发病寄主再次进行病原菌分离纯化、形态学观察及分子鉴定。

（2）结果与分析。

①病原菌形态特征。观察FJSD-3和FJSD-5菌株的菌落颜色、菌丝生长情况及分生孢子形态特征，发现它们在PDA上，生长速度较快，气生菌丝土黄色发达、浓密；菌落近圆形、绒絮状，灰白中带有少许土黄色（彩图2-2B）；分生孢子梗淡褐色或褐色，大小为（80～230）μm×（6～9）μm，具1～7个隔膜，顶端膨大，分生孢子梗层出式延伸（彩图2-2C）；分生孢子淡褐色或褐色，顶生、单生，倒棍棒形至圆筒形，略弯曲，大小为（32～220）μm×（7～22）μm，具2～10个假隔膜，孢壁较厚（彩图2-2D）。参照有关描述，2株病原菌的形态描述符合棒孢属（*Corynespora*）的属级特征。

②病原菌基因序列。对FJSD-3和FJSD-5菌株的基因组DNA进行ITS、actin和EF-1α扩增，分别获得大小约500bp、300bp和300bp的序列片段，经比对，2株病原菌的相关基因序列完全相同，应为同一种病原菌。将2株菌株测序得到的3种基因序列提交至NCBI/GenBank（www.ncbi.nlm.nih.gov/genbank/），获得登录号为：FJSD-3（Accession No. MG825181、MH511655、MK895952）和FJSD-5（Accession No. MG825182、MH511656、MK895953）。在NCBI/BLAST（blast.ncbi.nlm.nih.gov/Blast.cgi）上对2株菌株3种基因序列进行比对，发现它们与山扁豆生棒孢（*Corynespora cassiicola*）模式菌株序列（Accession No.KX458107、AB539435、KC748008）相似度分别达100%、99%和99%（表2-4）。从NCBI/GenBank中选取近源菌株rDNA-ITS、actin和EF-1α基因序列构建系统发育树（图2-2），发现FJSD-3和FJSD-5菌株均为山扁豆生棒孢。

表2-4 基于rDNA-ITS、actin和EF-1α基因系统发育树登录序列

序号	菌株	基因序列登录号		
		ITS	ACT	EF1-alpha
1	FJSD-3	MG825181	MH511655	MK895952
2	FJSD-5	MG825182	MH511656	MK895953
3	*Corynespora cassiicola*	KX458107	AB539435	KC748008
4	*Corynespora leucadendri*	KF251150	—	KF253110
5	*Corynespora pseudocassiicola*	NR_159833	MH327864	MH327877
6	*Corynespora smithii*	KY984300	AB539439	KY984436
7	*Corynespora thailandica*	MK047455	—	MK047567
8	*Corynespora olivacea*	MH860855	FJ853022	GU349014
9	*Corynespora cambrensis*	MF428394	MF428253	—
10	*Corynespora ligustri*	MF428395	MF428254	—
11	*Fusarium oxysporum*	MH151128	KY798318	KX253985

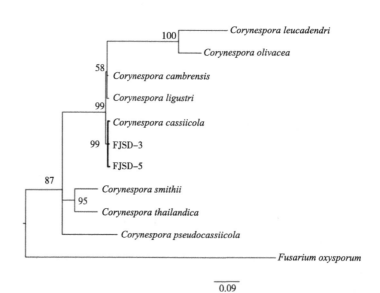

图2-2 基于rDNA-ITS、ACT和EF-1α基因序列采用邻接法构建的系统发育树

③病原菌致病性测定。创伤和无创伤接种FJSD-3和FJSD-5菌株（彩图2-2E）。结果表明创伤接种法和无创伤接种法均可使翡翠景天叶片发病，但经不同接种法的叶片，发病潜育期有所不同；经创伤接种的叶片，2d后在接种部位出现黑褐色斑点，无

创伤接种的叶片发病稍迟1~2d，接种第3~4天产生病斑；接种5~7d病斑逐渐扩大成水渍状大病斑并相互交叠融合（彩图2-2F），随后叶片腐烂脱落、茎秆干枯倒伏，甚至植株死亡，与自然发病症状完全相同。对典型发病寄主再次进行病原菌分离纯化、形态学观察及分子鉴定，发现再分离菌株的种类与接种菌株完全一致，据此界定翡翠景天黑腐病的致病菌为山扁豆生棒孢。

（3）小结。通过对福建漳州九湖镇、程溪镇和官浔镇的3个翡翠景天种植基地的黑腐病病原菌进行分离纯化、形态学观察、分子鉴定和致病性测定，彼此相互印证，最终确定该病害由山扁豆生棒孢（*Corynespora cassiicola*）侵染引起。该菌引起多肉植物翡翠景天黑腐病为国内外首次报道。

山扁豆生棒孢寄主范围广，可侵染黄瓜、橡胶、烟草等作物，为世界性植物病原菌，主要为害寄主叶片或果实，偶尔为害根或茎，可经昆虫或者修剪伤口等物理损伤部位和自然孔口侵入，遇适宜条件则迅速扩展，严重时可导致植株死亡。由山扁豆生棒孢引发的黑腐病，目前已成为福建漳州地区翡翠景天种植基地的主要病害，且有扩大侵染到其他多肉品种的趋势，影响了多肉植物的种植规模及产品品质。因此，正确鉴定其病原菌种类对于科学有效防治翡翠景天黑腐病具有重要指导意义。

此外，景天科拟石莲属多肉植物——彩虹（*Echeveria* 'rainbow'），近几年在全国范围内广泛种植。黑腐病是彩虹种植过程中为害最严重的病害，感染后全株迅速变黑腐烂。为明确彩虹黑腐病病原菌的种类，有学者在观察病原菌的培养性状、分生孢子的基础上，以核糖体内转录间隔区、转录延伸因子的测序分析对病原菌进行鉴定，并利用回接法检测病原菌的致病性。形态学结果观察表明，该菌在PDA上菌落为白色圆形。分生孢子主要是小型分生孢子，无色透明，椭圆形；大型分生孢子镰刀形，多数具3隔，大小为（21.8~32.0）μm×（3.3~4.0）μm（平均值26.8μm×3.7μm）。通过对ITS和EF-1α序列分析表明，该菌为尖孢镰刀菌（*Fusarium oxysporum*），并具有致病性。结合形态学观察和分子鉴定结果，将该菌鉴定为尖孢镰刀菌。

2.2.1.3 红心莲茎腐病病原菌

红心莲是景天科石莲花属多肉植物中的重要商业化品种。病害是红心莲等多肉植物种植的最大威胁因素之一，简易棚室栽培、高温高湿、通风不畅等情况下病害会经常发生。2017年6月、8月和2018年4月、6月、11月在福建漳州九湖镇、程溪镇和官浔镇等多个红心莲多肉种植基地，发现部分红心莲多肉植株茎秆出现灰褐色病斑，近邻叶片脱落或茎秆腐烂干枯倒伏，严重的整个茎秆完全腐烂干枯，对红心莲多肉的商业化生产造成威胁，经田间判定为镰刀菌（*Fusarium* spp.）引发的红心莲茎腐病。然而，具体的亚种及其宿主感染过程在很大程度上仍然未知。

镰刀菌是一种世界广泛分布的植物病原真菌，无性时期属半知菌亚门（Deuteromycotina）瘤座菌目（Tuberculariales），有性时期属子囊菌亚门（Ascomycotion），有性态常为赤霉属（Gibberella）。目前镰刀菌鉴定仍是难题，在国际上有10多种不同分类系统，受普遍欢迎的是率先采用分生孢子梗形态和瓶梗类型作为分类依据的Booth（1971）分类系统，将镰刀菌划分为12组44种7变种，其中常见产毒霉菌有13种：禾谷镰刀菌（*F. graminearum*）、串珠镰刀菌（*F. moniliforme*）、三线镰刀菌（*F. tricinctum*）、雪腐镰刀菌（*F. nivale*）、梨孢镰刀菌（*F. poae*）、拟枝孢镰刀菌（*F. sporotricoides*）、木贼镰刀菌（*F. equiseti*）、茄类镰刀菌（*F. solani*）、尖孢镰刀菌（*F. oxysporum*）、轮状镰刀菌（*F. verticillioides*）、黄色镰刀菌（*F. culmorum*）、层出镰刀菌（*F.proliferatum*）和燕麦镰刀菌（*F.avenaceum*）。红心莲茎腐病是由何种产毒霉菌侵入寄主造成的未见报道，因此准确鉴定其为害的镰刀菌种类有着重要意义。

镰刀菌种类鉴定是一项系统工程，传统的形态学鉴定是必须的，菌落（如培养物及分生孢子座颜色、气生菌丝有无）、分生孢子（如大型分生孢子有无及形态、足细胞和顶细胞的形状）、厚垣孢子（如形态及着生方式）和分生孢子梗（如产孢细胞类型及长度）等形态学特征均可作为镰刀菌的分类依据。但镰刀菌种类多且个体多态性明显，极易受外围环境影响而发生变异，单凭形态学特征鉴定镰刀菌比较容易出现差错，产生不确定结果而影响后续研究工作开展。随着分子生物学技术的发展，分子标记技术被应用于镰刀菌种类鉴定，目前常用的DNA片段有ITS（Intra transcription spacer）基因序列、IGS（Intragenic spacer）基因序列、肌动蛋白（Actin）基因序列、翻译延伸因子EF-1α（Elongation factor-1α）基因序列等，它们可作为区分物种、变种、地理株的有效手段，为镰刀菌准确鉴定进一步提供了科学方法。因此，采用形态学和分子生物学相结合的鉴定技术，彼此相互印证，使镰刀菌的鉴定变得快速且更加科学可靠。为此，笔者从福建漳州3个镇的红心莲多肉种植基地采集由镰刀菌引发的茎腐病病样，采用形态学和分子生物学相结合的鉴定技术，确定红心莲茎腐病病原菌镰刀菌的种类，为具有该类结构的多肉植物茎腐病的防治方案制定提供科学依据。

（1）材料与方法。

①试验材料。

供试病原菌：2017年6月、8月，2018年4月、6月和11月在福建漳州九湖镇、程溪镇和官浔镇3个红心莲多肉种植基地调查病害发病率并采集75份茎腐病病样（表2-5、彩图2-3A），采用组织分离法获得105株形态特征相似的病原菌株（表2-6）。

表2-5 红心莲多肉种植基地茎腐病发病情况调查

调查地点	2017年6月			2017年8月			2018年4月			2018年6月			2018年11月		
	调查株数	发病株数	发病率(%)	调查株数	发病株数	发病率(%)	调查株数	发病株数	发病率(%)	调查株数	发病株数	发病率(%)	调查株数	发病株数	发病率(%)
九湖镇	1 000	312	31.2	1 000	361	36.1	1 000	365	36.5	1 000	389	38.9	1 000	381	38.1
程溪镇	1 000	288	28.8	1 000	347	34.7	1 000	349	34.9	1 000	366	36.6	1 000	363	36.3
官浔镇	1 000	293	29.3	1 000	351	35.1	1 000	353	35.3	1 000	374	37.4	1 000	369	36.9

表2-6 红心莲茎腐病病样采集及病原菌分离

采集地点	2017年6月		2017年8月		2018年4月		2018年6月		2018年11月	
	采集病样份数	获得病菌株数	采集病样份数	获得病菌株数	采集病样份数	获得病菌株数	采集病样份数	获得病菌株数	采集病样份数	获得病菌株数
九湖镇	5	7	5	8	5	6	5	7	5	7
程溪镇	5	7	5	8	5	6	5	8	5	8
官浔镇	5	6	5	7	5	7	5	6	5	7

供试多肉植物：从九湖镇红心莲多肉种植基地挑选一年生叶片平展且茎秆无伤的健康植株，连培植袋一起运回实验室，用无菌水轻洗红心莲茎叶，自然恢复后用于病原菌致病性测定和侵染寄主过程观察。

②试验方法。

病原菌纯化：从分离获得105株病原菌株中，依年份及基地随机选取9株在菌落、分生孢子及菌丝上具有典型特征的代表性菌株，重新编号为FJVP-1至FJVP-9，进行单孢纯化备用。

病原菌形态学观察：将纯化后的菌株接种到PDA平板上，置于（28±0.5）℃、光周期12L：12D的生化培养箱中培养7d，观察菌落颜色及菌丝生长情况；培养15d后，在CX51型光学显微镜（Olympus）下观察分生孢子形态特征，每视野20个孢子，共观察5个视野。

病原菌分子鉴定：分别提取9株纯化病原菌株的基因组DNA。采用rDNA-ITS基因通用引物ITS1/ITS4、actin基因引物ACT-512F/ACT-783R和EF-1α基因引物EF1/EF2对病原菌基因组DNA进行PCR扩增（表2-7）。rDNA-ITS PCR反应条件：94℃预变性5min；94℃变性1min，55℃退火1min，72℃延伸1.5min，30个循环；最后72℃延伸8min。actin和EF-1α基因PCR反应程序的退火温度分别为58℃和56℃，其余反应条件与rDNA-ITS相同；将PCR扩增产物回收、转化大肠杆菌，提取质粒，挑选阳性克隆进行测序，应用BLAST和MEGA 6.0软件对测序结果进行同源性和系统发育分析。

病原菌致病性测定：随机选取FJVP-6和FJVP-9纯化病原菌株进行致病性测定，采用创伤和无创伤接种法接种病原菌，以无菌PDA琼脂块接种作对照，每处理接种寄主植物10株，重复3次；接种后7d内，每天定时观察寄主植物茎秆的发病情况，对典型发病寄主再次进行病原菌分离纯化、形态学观察及分子鉴定。

表2-7 红心莲茎腐病病原菌基因组DNA PCR扩增引物序列

引物名称	引物序列
ITS1	5′-TCCGTAGGTGAACCTGCGG-3′
ITS4	5′-TCCTCCGCTTATTGATATGC-3′
ACT-512F	5′-ATGTGCAAGGCCGGTTTCGC-3′
ACT-783R	5′-TACGAGTCCTTCTGGCCCAT-3′
EF1	5′-ATGGGTAAGGA（A/G）GACAAGAC-3′
EF2	5′-GGA（G/A）GTACCAGT（G/C）ATCATGTT-3′

（2）结果与分析。

①病原菌形态特征。观察FJVP-1至FJVP-9等9株代表性菌株的菌落颜色、菌丝生长情况及分生孢子形态特征，发现它们在PDA培养基上，生长速度较快，培养7d菌落直径可达83.6~85.4mm，气生菌丝发达、浓密，菌落呈絮状、紫白或淡紫白色（彩图2-3B、表2-8）。培养15d后，发现菌株产生大型分生孢子、小型分生孢子和厚垣孢子，其中大型分生孢子镰刀形，少许弯曲，2~6个分隔，大小为（12.6~39.4）μm×（3.5~5.0）μm（彩图2-3C）；小型分生孢子着生于单生瓶梗上，常在瓶梗顶端聚成球团，单胞，卵形，大小为（3~12）μm×（2~3.5）μm（彩图2-3D）；厚垣孢子尖生或顶生，表面光滑，壁厚，球形，大小为（4.2~14.3）μm×（4.4~11.7）μm（彩图2-3E）。依据Booth（1971）分类系统，上述3种类型的分生孢子形态特征与尖孢镰刀菌（*Fusarium oxysporum*）相似，与镰刀菌属（*Fusarium*）的其他种有所不同。

表2-8　红心莲茎腐病病原菌代表性菌株生长情况

菌株编号	菌落直径（mm）	菌落颜色	菌丝生长情况
FJVP 1	83.7	淡紫白	浓密、发达
FJVP 2	83.9	紫白	浓密、发达
FJVP 3	85.0	淡紫白	浓密、发达
FJVP 4	84.5	紫白	浓密、发达
FJVP 5	84.8	淡紫白	浓密、发达
FJVP 6	85.4	紫白	浓密、发达
FJVP 7	83.6	淡紫白	浓密、发达
FJVP 8	84.1	淡紫白	浓密、发达
FJVP 9	85.2	紫白	浓密、发达

②病原菌基因序列。对纯化病原菌株的基因组DNA进行提取，采用rDNA-ITS基因通用引物ITS1/ITS4、actin基因引物ACT-512F/ACT-783R和EF-1α基因引物EF1/EF2对9株纯化病原菌的基因组DNA进行PCR扩增，分别获得大小均为500bp、250bp和700bp左右的序列片段，经比对它们的相关基因序列完全相同，9株代表性菌株为同一种病原真菌。将FJVP-6和FJVP-9菌株的rDNA-ITS、actin和EF-1α基因序列提交到NCBI/GenBank（www.ncbi.nlm.nih.gov/genbank/），获得登录号为FJVP-6（Accession No. MG825179、MH511658和MK810784）和FJVP-9（Accession No.

MG825180、MH511657和MK810785）。在NCBI/BLAST（blast.ncbi.nlm.nih.gov/
Blast.cgi）上对2株菌株rDNA-ITS、actin和EF-1α基因序列进行比对，发现它们
与尖孢镰刀菌的ITS基因序列（Accession No. MK416124、MK250067）和actin基
因序列（Accession No. MK001023、LR131915）的相似性为100%；与EF-1α基因
序列（Accession No. KF574851、LT970767）的相似性分别为99.85%和99.42%，
其中与LT970767菌株只有4个碱基不同（183位T→C、252位C→T、322位碱基缺
失→T、676位C→G），与KF574851菌株仅有1个碱基不同（676位碱基缺失→T）。
从NCBI/GenBank中选取近源菌株rDNA-ITS、actin和EF-1α基因序列建立系统发育树
（表2-9、图2-3），发现FJVP-6和FJVP-9菌株均归属于尖孢镰刀菌。

从NCBI/GenBank中选取近源菌株rDNA-ITS、actin和EF-1α基因序列串联，再通
过NJ法建立多基因联合系统发育树（表2-9、图2-3），发现FJVP-6和FJVP-9菌株与
尖孢镰刀菌聚为一枝，其自展值为分枝前面的数值。

表2-9　红心莲茎腐病病原菌及其近源菌株在NCBI/GenBank上的登录序列

序号	菌株	基因序列登录号		
		ITS	ACT	EF1-alpha
1	FJVP-6	MG825179	MH511658	MK810784
2	FJVP-9	MG825180	MH511657	MK810785
3	*Fusarium oxysporum*	MK416124	MK001023	KF574851
4	*Fusarium subglutinans*	KY318486	KU603821	KF467375
5	*Fusarium solani*	KY318489	KM231194	KY123913
6	*Fusarium verticillioides*	KX385055	KU603765	KF467376
7	*Fusarium fujikuroi*	KX385058	KU603840	KY123914
8	*Fusarium sambucinum*	DQ132833	KM231213	KM231941
9	*Fusarum verrucosum*	KM231812	KM231212	KM231940
10	*Fusarium proliferatum*	GU074010	KM231217	KF467371
11	*Fusarium circinatum*	MH862654	KM231215	KM231943
12	*Fusarium illudens*	KM231806	KM231202	KM231934
13	*Neocosmospora rubicola*	KU323637	KM231197	KM231928

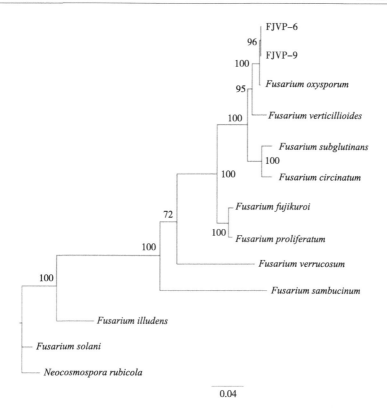

图2-3 基于rDNA-ITS、ACT和EF-1α基因序列构建的系统发育树

③病原菌致病性。创伤和无创伤接种FJVP-6和FJVP-9菌株（彩图2-3K）。结果表明，创伤接种的红心莲多肉植株，2d后在接种茎秆部位部分表皮开始破裂，产生灰褐色圆形或不规则形病斑，无创伤接种的植株发病稍迟1d，接种第3天产生病斑；接种5d，寄主茎秆病斑变大，近邻叶片也受侵染逐渐脱落（彩图2-3G、彩图2-3H）；接种7d，寄主髓心受损，茎秆灰褐色病斑持续延伸扩大，茎秆干枯并倒伏，叶片大量脱落，与田间自然发病植株的症状完全相同（彩图2-3I）；而接种PDA琼脂块的对照红心莲多肉植株不发病。对典型发病寄主再次进行病原菌分离纯化、形态学观察及分子鉴定，发现再分离菌株的种类与接种菌株完全一致，据此最终确定红心莲茎腐病的致病菌为尖孢镰刀菌（*F. oxysporum*）。

（3）小结。近年红心莲多肉在规模化种植过程中，茎腐病发生越来越严重，其发病快、传染性强，已成为红心莲重要病害之一，急需做好该病的防控工作。镰刀菌是一种世界广泛分布的植物病原真菌，种类复杂、个体多态性明显、侵染致病能力各异且极易受外围环境影响而发生变异，其准确鉴定仍是大难题。姚锦爱、余德亿等（2021）通过对红心莲茎腐病病原菌进行分离纯化、形态学观察、分子鉴定和致病性测定，彼此相互印证，最终确定该病害由尖孢镰刀菌（*F. oxysporum*）侵染引起。由尖孢镰刀菌引起的红心莲茎腐病属首次报道，可为红心莲茎腐病有效防控技术方案的制定提供科学依据。

2.2.1.4 月影之宵细菌性褐腐病病原菌

2017年，从韩国进口的多肉植物月影之宵（*Echeveria elegans* 'kesselringiana'）在青岛口岸入境时被发现个别植株叶片有褐色腐烂病斑，为有效防止有害生物随国际贸易的传播，厉艳等（2017）为明确其病原，对病变叶片进行了细菌的分离鉴定，并对该病害进行描述，以期有效防止有害生物随国际贸易的传播。

（1）材料与方法。

①试验材料。

供试多肉：韩国进口多肉植物，品名为月影之宵（*Echeveria elegans* 'kesselring iana'）。

供试试剂：Biolog Gen Ⅲ全自动微生物鉴定系统（美国Biolog公司）；细菌基因组DNA提取试剂盒（天根生化科技有限公司）；革兰氏染色试剂盒（北京陆桥技术有限责任公司）。

②试验方法。

病原细菌分离和纯培养：采用平板划线分离法进行。挑取有明显褐斑症状的多肉叶片，先用酒精棉擦拭进行表面消毒，采用无菌镊子将病叶表皮撕去露出叶肉，取无菌接种针刺入叶肉后，在普通营养琼脂（NA）培养基上划线，28℃培养2~3d。待长出明显可见斑后，挑取少许菌脓划线，接种在新鲜的NA培养基平板，作纯化培养后进行培养性状观察。

致病性测定与病原菌的重新分离：选取健康的多肉植物品种——月影之宵为病菌回接植物。挑取固体培养基上生长的新鲜细菌，加灭菌水配成菌悬液作为接种物，浓度为$10^7 \sim 10^8$cfu/mL，用接种针刺破健康的多肉叶片表皮，再将蘸有分离菌液的棉花团覆盖在伤口处，28℃保湿培养3d，再对发病植株进行病菌的分离纯化，对照是用蘸有无菌水的棉花团覆盖在针刺处。

病原细菌鉴定——生理生化试验：将分离菌株在NA培养基上培养24h后，用革兰氏染色试剂盒进行常规革兰氏染色试验，显微镜观察菌体形态。参考有关方法，对分离菌株进行生理生化试验，作出属、种的鉴定。

病原细菌鉴定——全自动微生物鉴定仪鉴定：使用Biolog Gen Ⅲ鉴定系统，用Biolog Gen Ⅲ微孔板进行鉴定。将活化好的细菌接种于Biolog专用细菌鉴定培养基（BUG培养基）上，28℃培养。24h后用相应接种液悬浮细菌至吸光度为90%~98%，吸取细菌悬浮液于Biolog微生物鉴定板上，33℃保湿培养。16~24h后，第1次读数；25~48h后，第2次读数；分别记录读数结果。

病原细菌鉴定——16S序列测定：采用细菌基因组DNA提取试剂盒提取分离菌基因组DNA，用细菌16S通用引物PF：5′-AGAGTTTGATCATGGCTCAG-3′和PR：5′-ACGGTTACCTTGTTACGACTT-3′进行PCR扩增。PCR反应体系为25μL：10×PCR缓冲液（含Mg^{2+}）2.5μL、2.5mmol/L dNTP 1μL、5U/μL Taq DNA酶0.2μL、5mmol/L正反向引物各1μL、DNA模板1μL，双蒸水补足至25μL。PCR扩增程序为：94℃ 2min；94℃ 45s，57℃ 45s，72℃ 2min，30个循环；72℃ 10min。扩增产物经纯化后，由青岛擎科生物公司测序，双向测序，引物分别为PF和PR。将测得的基因序列与GenBank中核酸数据库进行序列比对分析。

（2）结果与分析。

①革兰氏染色及形态特征。分离菌株革兰氏染色阴性，菌体直杆状，周生鞭毛运动，无芽孢，大小为（0.5~1.0）μm×（1.0~3.0）μm。

②培养性状及生理生化特征。分离菌在NA培养基平面上单菌落圆形淡黄色，边缘整齐。细菌生长最适生长温度为27~30℃。不积累聚-β-羟丁酸，氧化酶反应阴性，接触酶阳性，能分别利用甘油、D-阿拉伯糖、山梨醇、纤维二糖、乳糖、熊果苷、柳醇、棉籽糖产酸，不能利用D-松二糖和D-岩糖产酸，不能利用丙二酸、苯丙氨酸脱氨酶。

③致病性反应。分离菌回接健康的多肉植物叶片后引起的病害症状与进境的多肉植物叶片症状相似，接种点起初呈现水浸状，渐渐发展为褐色软腐，直至整片叶片腐烂。

④微生物鉴定仪鉴定结果。经Biolog Gen Ⅲ全自动微生物鉴定系统碳源分析后，分离菌株与标准菌株*Pantoea ananatis*的相似性（SIM）值为0.659，可能性（Prob）值为0.659，仪器分析显示鉴定结果为*Pantoea ananatis*。此结果与该菌形态特征观察及生理生化测定结果相符。

⑤16S序列测定及BLAST比对结果。以分离菌的基因组DNA为模板进行16S rDNA PCR，获得一条1.4kb左右的特异性片段。PCR产物测序，将序列与GenBank中序列进行BLAST比对发现，其序列与已发表的*Pantoea ananatis*（GenBank：NC.13956.2）的16S rDNA序列相似性最高，达到99%。

（3）小结。经形态鉴定、培养特征、生理生化、致病性测定及16S rDNA序列分析，确认引起该多肉植物发生褐腐病的病原是菠萝泛菌（*Pantoea ananatis*）。菠萝泛菌属于肠杆菌科的泛菌属，泛菌可广泛存在于植株表面、土壤、种子、水以及人体与动物体中，在分类地位上原属于欧文氏菌属，1989年由Beji等和Gavini等经DNA/DNA杂交试验后，提出成立泛菌属。目前泛菌属包括7个种，分别是菠萝泛菌、斯氏泛菌、成团泛菌、分散泛菌、柠檬泛菌、斑点泛菌和土壤泛菌。菠萝泛菌是一种植物病原菌，最先从巴西菠萝中分离出来，可侵染多种植物，可以引起菠萝果腐病、水稻黑米病、桉树叶疫病，还可以引起洋葱病害，使洋葱腐烂。菠萝泛菌还引起哈密瓜的产后病害，在哈密瓜表面形成褐色斑点，降低果实品质。国内有菠萝泛菌作为腐败菌引起低温贮藏椰肉品质变化的报道，此次从青岛口岸入境的韩国多肉植物中截获该种植物病原细菌，尚属第一次报道，而该致病菌是否存在区域性差异，还有待于进一步研究。

近年来，多肉植物越来越受到广大消费者的关注和喜爱。许多商家发现多肉植物广阔的市场前景而开始大面积繁殖，尤其是从韩国引进的多肉植物新品种也层出不穷，具有较高的市场需求率。但表面萌萌的多肉植物也存在着传播植物疫情的风险，多肉植物有害生物多有发生的报道，这些病虫害极易随着多肉植物的繁殖与买卖进行传播蔓延。此外有大批的多肉爱好者还会进行海淘，即从跨境电商购买多肉植物新品种寄回国内，无疑这又大大增加了外来有害生物传播入境的概率。此次疫情的截获，及时有效阻止了该病菌的远距离传播，保护了国内农业生产安全。

2.2.2 几种病原菌的发病机理探讨

2.2.2.1 红心莲茎腐病病原菌侵染寄主过程观察

红心莲是景天科石莲花属多肉植物中的重要商业化品种，原产地墨西哥。2017—2018年在福建漳州九湖镇、程溪镇和官浔镇等多个红心莲多肉种植基地，发现部分红心莲植株茎秆出现灰褐色病斑，近邻叶片脱落或茎秆腐烂干枯倒伏，严重的整个茎秆完全腐烂干枯，田间断定了红心莲茎腐病。经姚锦爱、余德亿等对该病病原菌进行分离纯化、形态学观察、分子鉴定和致病性测定，最终确定红心莲茎腐病是由尖孢镰刀菌（*Fusarium oxysporum*）侵染引起的。

镰刀菌是植物维管束系统的寄生菌，不但破坏寄主的输导组织维管束，而且在菌体生长发育代谢过程中产生毒素为害寄主，造成寄主萎蔫死亡，影响产量和品质，是生产中最难防治的重要病害之一。为了控制红心莲茎腐病，人们不断增加农药的喷洒剂量和喷洒种类，对病菌的变异提供了强大的选择压力，同时带来农药残留、污染环境等种种问题；通过育种提高植物的抗病性是防治病害最有效、环保的方式，但目前尚无良好的抗病品种，并且选用抗病品种同样会促进病菌产生抗性及变异，增加了防控的难度。因此，提早预防和防控是控制该病害发生发展的关键，要想精准把握预防及防控时间并采取恰当的农事操作，就必须准确了解镰刀菌对寄主的侵染致病过程，但通过肉眼一般难以观察到镰刀菌的附着、萌发、侵染及扩展等过程，因此有必要探讨一种简单、直观且有效的实时动态跟踪技术，以便完整观察镰刀菌的侵染致病过程。

绿色荧光蛋白（Green fluorescent protein，GFP）是种良好标记物，片段小，易于与多种不同蛋白N端或C端融合，表达后对寄主细胞无副作用且能自发产生荧光蛋白，可作为报告基因进行定位与定性检测，目前已广泛应用于植物病原菌的侵染致病过程研究。现阶段GFP基因已成功标记了香蕉、甜瓜和康乃馨等寄主植物上的尖孢镰刀菌。但上述寄主均为草本植物，它们组织结构特点是：茎外层是纤维含量高且坚韧的机械组织，维管束间充斥大量排列紧密的薄壁细胞；然而红心莲植株组织结构特点与上述草本植物极不相同，其特殊在于表皮鲜嫩，根、茎、叶肥厚多汁，可储藏大量水分，有发达的维管束组织，却没有坚韧的机械组织，薄壁细胞排列疏松。因此，GFP基因能否成功标记红心莲这类有特殊结构寄主植物上的镰刀菌侵染规律和特征还有待揭示。

为此，笔者在上述茎腐病病原菌鉴定的基础上，探讨利用GFP基因标记侵染红心莲寄主的镰刀菌，直观揭示镰刀菌在红心莲这类有特殊结构寄主植物上的附着、萌发、侵染及扩展等过程，解析红心莲茎腐病病原菌的致病规律和特征，为具有该类结构的多肉植物茎腐病的防治方案制定提供科学依据。

（1）材料与方法。

①试验材料。

供试菌株：从福建漳州红心莲多肉种植基地采集并分离获得，编号为FJVP-6，归属于尖孢镰刀菌（*Fusarium oxysporum*）。

供试多肉植物：从九湖镇红心莲多肉种植基地挑选一年生叶片平展且茎秆无伤的健康植株，连培植袋一起运回实验室，用无菌水轻洗红心莲茎叶，自然恢复后用于病原菌侵染寄主过程观察。

转GFP的相关材料：转化载体pCAMBIA1300-ptrpC-hph-gfp和转化介体农杆菌AGL-1，来源于福建省农业科学院农业生物资源研究所。各种抗生素（潮霉素B、卡那霉素、特美汀）购自美国Sigma公司。储存液及MM（Minimal medium）液体培养基、IM（Induction medium）液体培养基、CM（Complete medium）固体培养基等参照Yao等（2019）配制。

②试验方法。

病原菌GFP转化和培养：随机选取纯化菌株FJVP-6，参照Yao等（2019）的方法进行GFP转化和培养，获得25个病原菌转化子。

转化子遗传稳定性及致病性测定：随机挑取6个经单孢纯化的转化子，参照Yao等（2019）的方法进行遗传稳定性测定。选取第10代转化子菌株，采用创伤和无创伤接种法接种，以野生型FJVP-6为对照，每处理接种寄主植物10株，重复3次；接种后

10d内，每天定时观察寄主植物茎秆的发病过程及症状，对典型发病寄主进行病原菌分离纯化及形态学观察，统计发病率。

病原菌侵染寄主过程观察：选取第10代转化子菌株，分别采用创伤和无创伤接种法接种寄主植物30株，接种后1d、2d、3d、5d、7d随机选取各处理寄主植物3株，从茎基部向上横切0.5cm茎段分别用于切片，每个茎段切片在IX73型荧光显微镜（Olympus）下选取观察效果佳的玻片，使用TCS SP5型激光共聚焦扫描显微镜（Leica）进行观察及拍照，探明病原菌侵染寄主植物的过程。

（2）结果与分析。

①病原菌GFP转化和培养。通过农杆菌介导的遗传转化，25个病原菌转化子的菌丝及分生孢子在480nm波长蓝色激发光下均能发出稳定的绿色荧光（彩图2-4），GFP基因被成功转入红心莲茎腐病病原菌尖孢镰刀菌FJVP-6菌株中并获得表达。

②转化子遗传稳定性及致病性。6个经单孢纯化后的转化子经10代继代培养，其第10代转化子在PDA固体培养基（含质量浓度100μg/mL潮霉素B和200μg/mL特美汀）中生长良好，菌落形态和菌丝生长速度与野生型菌株FJVP-6无明显差异，菌丝生长浓密发达，也呈紫白色或淡紫白色，转化子的潮霉素抗性稳定；在荧光显微镜下，第10代转化子的菌丝和分生孢子均能稳定散发出均一的绿色荧光，GFP基因被成功转入红心莲茎腐病病原菌尖孢镰刀菌FJVP-6菌株中，具有很强的遗传稳定性。接种第10代转化子菌株和野生型FJVP-6菌株的红心莲植株，产生相似的茎腐病发病过程和典型症状，茎秆出现灰褐色病斑，近邻叶片相续脱落，茎秆逐渐干枯并倒伏（彩图2-5），寄主发病率均为100%；从接种第10代转化子植株中重新分离的病原菌，与野生型FJVP-6菌株的形态特征完全一致，经GFP标记的红心莲茎腐病病原菌（*F. oxysporum*）保持了与野生型菌株相似的致病性。说明GFP基因被成功转入FJVP-6菌株后，遗传特性稳定且完全不影响其侵染能力，因此可利用该标记的菌株进一步研究病原菌侵染寄主的机制和过程。

③病原菌侵染寄主植物的过程。横切接种第10代转化子的红心莲植株茎段（彩图2-6A、彩图2-6B），用激光共聚焦显微镜观察经GFP标记的茎腐病病原菌（*F. oxysporum*）侵染寄主植物的过程发现，接种1d，病原菌分生孢子在寄主茎部表皮附着；接种2d，创伤接种植株茎部可以看到大量萌发的菌丝集中在伤口周围，优先扩展形成菌网，萌发菌丝由植株伤口处侵入到寄主皮层，皮层组织受到明显破坏（彩图2-6C）；无创伤接种侵染稍慢些，茎部表皮萌发的菌丝刚开始侵入细胞间隙（彩图2-6D）；接种3d，无创伤接种植株茎部表皮萌发的菌丝优先在茎叶交界处扩展形成菌网，菌丝由茎叶交界处侵入到寄主皮层（彩图2-6Ee），菌体在皮层内旺盛生长，皮层组织受到严重破坏，表皮和皮层分离形成空腔，部分表皮开始破裂

（彩图2-6Ff）；接种5d，扩繁菌丝已侵入到维管柱，在维管束和薄壁细胞的间隙中大量繁殖，产生众多分支，部分菌丝分支侵入维管束，在维管组织内重复孢子的侵染过程，维管系统受到严重破坏（彩图2-6Gg、彩图2-6Hh）；接种7d，菌体在寄主体内持续大量繁殖，菌丝不断进行横向和纵向扩展（彩图2-6Ii、彩图2-6Jj），其优先沿维管束和薄壁细胞的间隙向生长锥方向拓展，寄主髓心受损（彩图2-6Kk）。

（3）小结。近年红心莲多肉在规模化种植过程中，茎腐病发生越来越严重，其发病快、传染性强，已成为红心莲重要病害之一，急需做好该病的防控工作。由尖孢镰刀菌（*F. oxysporum*）引起的红心莲茎腐病属首次报道，因此有必要进一步明确该病原菌的侵染致病过程，解析其致病规律和特征，为制定有效防控技术方案供科学依据。

尖孢镰刀菌是植物维管束系统的寄生菌，可在感病植株体内繁殖、蔓延，破坏寄主组织结构，详细探明病原菌侵染寄主的起始以及扩展过程，准确把握病原菌侵染的关键时间点，对预防和控制该病原菌引起的红心莲茎腐病极为关键。然而在实际生产中尖孢镰刀菌侵染红心莲的关键时间点很难通过肉眼来确认，主要由于红心莲植株肥厚多汁，不易发生失水萎蔫症状，常常掩盖发病初期的症状，待到发现植株出现叶片脱落和倒伏等症状时，已经到了发病晚期，防治为时已晚。因此，有必要探讨一种简单、直观且有效的实时动态跟踪技术，以便完整观察尖孢镰刀菌的侵染致病过程。GFP是种良好标记物，目前已广泛应用于香蕉、甜瓜、亚麻和康乃馨等寄主植物上标记尖孢镰刀菌的侵染致病过程，但是否能成功用于标记红心莲这类有特殊结构的寄主植物还有待揭示。笔者利用GFP标记侵染红心莲寄主的尖孢镰刀菌，发现经标记的尖孢镰刀菌具有很强的遗传稳定性，且保持了与野生型菌株相似的生长特性和致病性，首次证实了GFP基因标记也能用于观察尖孢镰刀菌对红心莲这类寄主植物的侵染致病过程，可直观揭示尖孢镰刀菌在红心莲植株上的侵染节点和路径，这对正确预防和控制红心莲这类具有特殊结构多肉植物的茎腐病具有重要意义。

以往研究表明，尖孢镰刀菌对植株的侵染速度相对较慢。例如，尖孢镰刀菌可侵染百合、建兰、仙客来、一品红、菊花、洋桔梗、康乃馨等多种花卉，这些寄主均为草本植物，从侵染到植株死亡至少需要30d甚至2～3个月。而姚锦爱、余德亿等发现，尖孢镰刀菌对红心莲多肉的侵染速度明显快于其对草本植物的侵染，接种2～3d即可从伤口或茎叶交界处侵入寄主皮层并大量繁殖，5～7d后病原菌就已侵入维管束和寄主髓心造成寄主大量落叶甚至倒伏，这主要可能是和寄主植物的茎秆结构有关。草本植物茎外层是坚韧的机械组织，维管束间的薄壁细胞排列紧密，水分含量相对较少，极大限制了尖孢镰刀菌在植株体内的生长、繁殖和扩散；而红心莲为多肉植物，植物组织结构与草本植物不同，茎部组织结构比较特殊，有发达的维管束组织，却没有坚韧的机械组织，表皮鲜嫩、组织肥厚多汁，可储藏大量水分，尖孢镰刀菌不仅能在植株皮层旺盛生长，还能快速在维管束和薄壁细胞的间隙中大量繁殖并扩散。

综上，笔者首次证实了GFP基因标记可直观揭示尖孢镰刀菌对红心莲这类寄主植物的侵染致病过程，发现该病原菌对红心莲多肉的侵染速度明显快于其对草本植物的侵染，2~3d病原菌即可从伤口或茎叶交界处侵入寄主皮层并大量繁殖，5~7d后病原菌就已侵入维管束和寄主髓心造成寄主大量落叶甚至倒伏，同时也发现病原菌对红心莲多肉侵染的关键部位为茎秆伤口和茎叶交界处，这些工作可为红心莲这类具有特殊结构多肉植物茎腐病的诊断及防治提供科学依据。

2.2.2.2 多肉黑腐病病原菌及其拮抗菌互作

景天科多肉植物是一种新兴的经济植物，其种植市场在不断扩大、繁荣。黑腐病是景天科多肉植物最常见的一种疾病，传染性极强，若不及时采取措施，会造成非常大的损失。植物根际促生菌（PGPR）能够促进植物生长、提高植物品质、抑制病虫害等，使用PGPR菌株来防治多肉黑腐病害是目前生物防治的研究热点，具有良好的应用前景。因此，王贝贝（2018）针对景天科多肉植物根际微生物展开工作，分离得到黑腐病病原菌（*Fusarium inflexum*），并筛选出几株效果较好的拮抗细菌，对其中一株拮抗细菌进行全基因组测序，探讨多肉黑腐病病原菌及其拮抗菌的互作，以期更好地培养利用拮抗细菌来防控景天科多肉黑腐病病原菌。

（1）材料与方法。

①试验材料。采集10盆不同景天科多肉植物盆景，拔出其根，抖落大土块，将其根际细土抖落在下方保鲜袋中，采集10盆共100片景天科多肉植物的健康叶片，采集10盆共100片感染黑腐病的景天科多肉植物叶片，放入冰箱保存备用。

②试验方法。

a. PGPR菌株的分离。称取所保存土壤或叶片10g，加入90mL无菌水，37℃，180r/min，摇床培养30min，梯度稀释后，分别取0.1mL菌液涂布于LB培养基、高氏一号培养基，培养后得单菌落。挑取单菌落三区划线来纯化菌种。纯化后的菌株进行编号，甘油管保藏法保存于-20℃冰箱。

b. 拮抗菌的筛选。

景天黑腐病病原菌的鉴定：分别切取5mm左右病、健组织，用70%酒精浸泡2~3s，然后在0.1%升汞消毒液中浸泡3~5min，用无菌水换洗3次，每次2~3min；最后将病、健组织移至PDA培养基平板上，28℃培养3~5d；待菌丝或孢子长出后，将其移接于PDA斜面上，28℃培养3~5d，4℃冰箱保存，备用。为确定分离病原菌是否为多肉植物黑腐病的致病菌，用血球计数法将病原菌配成1.0×10^8cfu/mL的菌悬液，针刺法接种于景天科雪莲叶柄处，以无菌水为对照，正常管理，每个处理接种5

株，观察发病情况。

黑腐病拮抗菌的筛选：病原菌活化，将保存在斜面上的病原菌采用三区划线接种于PDA平板，28℃培养至长满平板。拮抗菌活化，吸取保存在−20℃的菌液1mL，接种于LB培养基中，在37℃培养箱中培养。平板对峙法，用灭菌镊子（或打孔器）取直径5mm左右的病原菌块，置于PDA平板中央，28℃培养，至病原菌直径约为2cm；在距离病原菌边缘约1.5cm处接种拮抗菌，28℃培养2~5d，观察是否有抑菌带出现。

c.拮抗盆栽试验。

材料：景天品种为粉月影（易感品种）。病原菌为叶片上筛选得到的黑腐病病原菌。拮抗菌15株，编号为：JTJK1、JTJK2、JTJK3、JTJK4、JTJK5、JTJK6、JTJK7、JTJK8、JTJK9、JTJK10、JTJK13、JTYP1、JTYP2、JTYP3、JTYP5。

方法：设16个处理，每个处理5个重复。选择长势一致、生长健壮的景天叶片，共80片。用剪叶法接种病原菌。用灭菌的剪刀蘸取病原菌液，在完全展开的叶片生长点（叶插出芽的地方）垂直方向剪0.5~1cm伤口，每剪一次蘸取一次菌液。24h后蘸取拮抗菌发酵液。对照蘸取豆芽汁液体培养基。在对照开始发病时，调查记录各处理发病株数和病级；计算发病率、病情指数和防效。

发病率（%）=发病株数/调查株数。

病情指数=[Σ（病级数×该病级发病叶片数）/（最高发病级数×总调查叶片数）]×100

病情分级标准 0级：无病症；

      1级：叶片生长点处有黑色枯死点，无扩展；

      3级：病斑从叶片生长点向外扩展，占叶面积5%以下；

      5级：病斑从叶片生长点向外扩展，占叶面积5%~25%；

      7级：病斑从叶片生长点向外扩展，占叶面积25%~50%；

      9级：病斑从叶片生长点向外扩展，占叶面积50%以上。

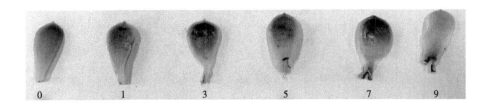

抗病性归类标准 免疫（I）：病情指数0.00；

      高抗（HR）：病情指数0.01~11.11；

      抗病（R）：病情指数11.12~33.33；

      耐病（T）：病情指数33.34~55.55；

感病（S）：病情指数55.56~77.77；

高感（HS）：病情指数77.78~100。

d. 菌株分子生物学鉴定。PCR扩增体系为25μL，成分如下：Mix 12.5μL、引物（20μmol/L）27F 0.5μL、引物（20μmol/L）1492R 0.5μL、模板1μL、Depc H$_2$O 10.5μL。

引物序列：27F：5′-AGAGTTTGATCCTGGCTCAG-3′；

1492R：5′-GGTTACCTTGTTACGACTT-3′。

PCR反应条件：95℃ 5min；94℃ 1min，56℃ 1min，72℃ 1.5min，共30个循环；72℃ 10min。PCR产物用1%的琼脂糖凝胶电泳检测，测序工作由上海铂尚生物技术有限公司完成。测序结果提交Genbank获得菌株序列号，并进行BLAST分析，用MEGA 5.05最大似然法，扩展值为100，构建系统发育树。

e. 基因组测序分析。按天根血液/细胞/组织基因组DNA试剂盒提取JTYP2的DNA样品，进行检测。样品委托苏州金唯智生物科技有限公司进行全基因组序列测定、基因组组装、非编码RNA预测、重复序列分析、编码基因预测、基因功能注释、GO数据库注释、KEGG数据库注释、COG数据库注释、基因组圈图工作。

使用组装软件smrtlink（version 4.1）对PacBio下机数据进行组装，得到组装结果。

使用RepeatModeler（version 1.0.8）软件对基因组中的重复序列进行从头预测。

使用软件prodigal（version 2.6.3）进行基因预测。

将基因组与GO数据库进行比对。

对基因在KEGG生物通路数据库上进行注释分析。

使用BLAST分析软件，将氨基酸序列与CAZy数据库进行比对，预测其相关酶系家族各蛋白的数量。

使用antiSMASH程序对JTYP2的次级代谢基因簇进行分析。

使用circos软件，绘制JTYP2的基因组圈图，在圈图上展示基因、ncRNA、GC含量、重复序列信息。

将JTYP2基因组中能编码蛋白的基因与COG进行比对，得到JTYP2的COG功能数据分析结果。

JTYP2与Bacillus velezensis 9912D（CP017775.1），Bacillus velezensis M75（CP016395.1），Bacillus velezensis G341（CP011686.1）进行共线性分析、共有特有基因分析。

（2）结果与分析。

①拮抗菌的筛选。

景天黑腐病病原菌的鉴定：从发病叶片的病健部位筛选得到一株病原真菌，经鉴定为*Fusarium inflexum*，通过回接试验验证这株真菌可以引起景天黑腐病。

黑腐病拮抗菌的筛选：经初步筛选并反复验证（彩图2-7），从景天根际土壤样品和叶片样品中共筛选得到拮抗菌33株，选取效果稳定、显著的15株拮抗菌（编号为：JTJK1、JTJK2、JTJK3、JTJK4、JTJK5、JTJK6、JTJK7、JTJK8、JTJK9、JTJK10、JTJK13、JTYP1、JTYP2、JTYP3、JTYP5）进行后续拮抗盆栽试验。

②菌株拮抗效果。由于活体植株的发病时间慢，统计时间长，后期统计时可能由于植株生长，发病叶片会自然衰败，从而对病情统计有所影响；而离体叶片面积小，容易控制，且由于没有供给养分来源，发病时间也较活体植株快，同时也能较好的反映抗性，统计时间短。离体叶片拮抗试验结果见表2-10，JTJK5、JTJK9、JTYP1、JTYP2、JTYP3处理后叶片的发病率与对照相比有所降低，其中，JTYP1和JTYP3的发病率下降到20%。与对照相比，JTJK8、JTJK9、JTYP1、JTYP2和JTYP3处理后病情指数降低，JTJK9、JTYP1、JTYP2和JTYP3的抗性归类均为R（抗病）。其余处理表现不佳，可能是由于采用离体叶片进行试验，各叶片之间的差异性被放大，最终影响了试验结果。综合来看，JTJK9、JTYP1、JTYP2、JTYP3这4种处理有较好的拮抗黑腐病病原菌的效果，能够降低黑腐病的发病率及病情指数，提高植株的抗性。

表2-10　离体叶片拮抗盆栽试验

处理	发病率（%）	病情指数	抗性
JTJK1	90	76.66	S
JTJK2	60	60	S
JTJK3	70	67.8	S
JTJK4	80	53.345	T
JTJK5	40	40	T
JTJK6	70	70	S
JTJK7	80	71.1	S
JTJK8	70	43.31	T
JTJK9	40	30.015	R
JTJK10	70	63.335	S
JTJK13	90	87.78	HS
JTYP1	20	20	R
JTYP2	40	28.245	R
JTYP3	20	20	R
JTYP5	60	53.35	T
CK	60	52.085	T

③菌株鉴定。

菌株形态学观察：JTJK9在LB培养基上菌落为不规则圆形，表面光滑，菌落呈白色，不透明。JTYP1在LB培养基上菌落为不规则圆形，表面光滑，菌落呈淡黄色，不透明。JTYP2在LB培养基上菌落为规则圆形，表面皱缩，菌落呈白色，不透明。JTYP3在LB培养基上菌落为规则圆形，表面光滑，菌落呈白色，不透明。在显微镜下观察，JTJK9菌体大小为1.0～2.0μm，细胞呈直杆状；JTYP1菌体大小为2.0～3.0μm，细胞呈直杆状；JTYP2菌体大小为2.0～2.5μm，细胞呈短杆状；JTYP3菌体大小为3.0～4.0μm，细胞呈直杆状。

菌株生理生化特征：从表2-11可知，JTYP1接触酶阳性，V-P试验阳性，D-葡萄糖阳性，L-阿拉伯糖阳性，乳糖阴性，D-甘露醇阳性，水解淀粉阳性，硝酸盐还原阳性，柠檬酸盐利用阴性，硫化氢产生阴性，革兰氏染色阳性。JTYP2接触酶阳性，与*Bacillus velezensis*相同V-P试验阳性，D-葡萄糖阳性，L-阿拉伯糖阴性，乳糖阴性，与*B. velezensis*相同，D-甘露醇阴性，水解淀粉阳性，与*B. velezensis*相同，硝酸盐还原阳性，与*B. velezensis*相同，柠檬酸盐利用阳性，硫化氢产生阴性，革兰氏染色阳性，与*B. velezensis*相同。JTYP3接触酶阳性，V-P试验阳性，D-葡萄糖阳性，L-阿拉伯糖阳性，乳糖阴性，D-甘露醇阳性，水解淀粉阳性，硝酸盐还原阳性，柠檬酸盐利用阴性，硫化氢产生阴性，革兰氏染色阳性。JTJK9V-P试验阴性，D-葡萄糖阳性，与*Bacillus subtilis*相同，乳糖阴性，D-甘露醇阴性，硝酸盐还原阳性，与*B. subtilis*相同，柠檬酸盐利用阳性，与*B. subtilis*相同，硫化氢产生阴性，革兰氏染色阳性，与*B. subtilis*相同。

表2-11　菌株生理生化特征

特征	JTYP1	JTYP2	JTYP3	JTJK9	*B. subtilis*	*B. velezensis*
接触酶	+	+	+	ND	+	+
V-P试验	+	+	+	−	+	−
D-葡萄糖	+	+	+	+	+	ND
L-阿拉伯糖	+	−	+	ND	+	+
乳糖	−	−	−	−	ND	−
D-甘露醇	+	−	+	−	+	+
水解淀粉	+	+	+	ND	+	+
硝酸盐还原	+	+	+	+	+	+

（续表）

特征	JTYP1	JTYP2	JTYP3	JTJK9	*B. subtilis*	*B. velezensis*
柠檬酸盐利用	−	+	−	+	+	−
硫化氢产生	−	−	−	−	ND	ND
革兰氏染色	+	+	+	+	+	+

菌株分子生物学鉴定：将JTJK9、JTYP1、JTYP2、JTYP3的16S rRNA基因序列提交Genbank，所得收录号分别为MH134484、MH134485、MH134486、MH134487。构建系统发育树如图2-4所示，可知，JTJK9与JTYP2在系统发育树上与*Bacillus siamensis*（KT781674.1）进化距离最近，但通过生理生化鉴定，将JTJK9鉴定为*B. subtilis*，通过全基因组测序，将JTYP2鉴定为*B. velezensis*。将JTYP2全基因组序列上传NCBI得到收录号为CP020375.1。JTYP1和JTYP3与*Bacillus glycinifermentans*（KT005408.1）同处于最小的一个分支，进化距离最近，将JTYP1和JTYP3鉴定为*B. glycinifermentans*。

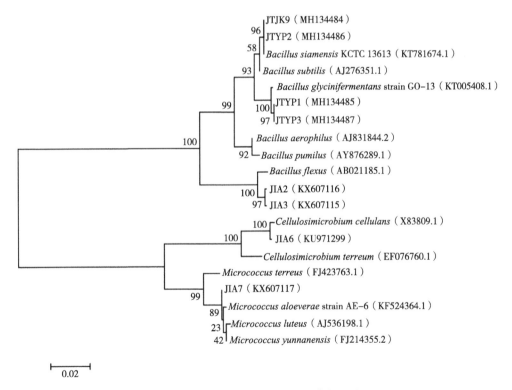

图2-4　菌株16S rRNA基因系统发育树

79

④基因组测序分析。

a. JTYP2基因组测序与分析。第三代测序中的PacBio单分子实时（SMRT）DNA测序可以实现超过99.999%（QV50）的高度精确测序，且不受DNA序列中GC和AT含量的影响。使用组装软件smrtlink（version 4.1）对PacBio下机数据进行组装，得到组装结果。组装序列的统计结果表明，JTYP2基因组长度3 929 789bp，GC含量46.5%，JTYP2全部非编码RNA数目为259个，其中rRNA 90个，tRNA 86个，其他非编码RNA 83个。

b. 重复序列分析及编码基因预测。基因组中的重复序列依据其序列特征分成串联重复（Tandem repeats）和散在分布于基因组中的重复序列（Interspersed repeats）两类，其中第二类主要是Transposable elements（TEs）。使用RepeatModeler（version 1.0.8）软件对基因组中的重复序列进行从头预测，如表2-12所示，得出JTYP2中短分散重复序列7个，长分散重复序列25个，长末端重复序列3个，DNA转座子13个，小RNA 46个，简单重复87个，低复杂度序列15个。

表2-12　JTYP2基因组重复序列统计

类型	预测结果
短分散重复序列	7
长分散重复序列	25
长末端重复序列	3
DNA转座子	13
小RNA	46
简单重复	87
低复杂度序列	15

使用软件prodigal（version 2.6.3）进行基因预测，如表2-13所示，JTYP2预测编码基因3 656个，预测编码基因总长度3 420 846bp，平均长度935.68bp。N50表示按照序列长度由长到短相加，达到基因组长度50%时那条序列的长度。（C+G）%为所有基因的GC碱基含量。Ns%为不确定碱基占基因组总长的百分比。

表2-13　JTYP2编码基因预测结果统计

类型	预测结果
预测编码基因数目	3 656
预测编码基因的总长度	3 420 846

（续表）

类型	预测结果
预测编码基因最短长度	81
预测编码基因最长长度	16 299
预测编码基因的平均长度	935.68
N50	1 161
（C+G）%	47.39
Ns%	0.00

c. 基因注释。

GO数据库注释：基因在不同GO term分布图可直观的反映出二级水平的GO term上目标基因的分布情况。如彩图2-8所示，纵坐标为GO term分类；横坐标的左侧显示GO term包含被注释到子集GO term个数，右侧为注释到该GO term或子集GO term的基因个数；不同颜色用来区分生物过程、细胞组分和分子功能。按照GO数据库的分类方式，JTYP2的基因组功能被分为30类，其中有11个与分子功能相关，有10个与生物过程相关，有9个与细胞组分相关。

KEGG数据库注释：通过对基因在KEGG生物通路数据库上进行注释分析，可以查看这些基因参与哪些生物通路，体现出了哪些重要的生物功能。KEGG将JTYP2编码基因分为35类，35类基因又与不同的代谢通路相关，分为6类。统计二级分类中生物通路上的基因数目，用图形的方式展示如彩图2-9。

将JTYP2基因组中能编码蛋白的基因与KEGG进行比对，得到JTYP2的KEGG功能数据分析结果如表2-14所示。JTYP2的KEGG注释结果如下：参与新陈代谢的基因被分为12类，其中，参与全局和总览的共288个基因，参与碳水化合物代谢共397个基因，参与辅因子和维生素代谢共151个基因，参与其他次生代谢产物生物合成的共36个基因，参与多糖生物合成和代谢共26个基因，参与氨基酸代谢共265个基因，参与多酮类和萜类化合物的代谢共52个基因，参与能量代谢共142个基因，参与核苷酸代谢共110个基因，参与脂质代谢共103个基因，参与外源性物质降解和代谢共53个基因，参与其他氨基酸代谢共54个基因；参与遗传信息处理的基因被分为4类，其中，参与折叠、分拣和降解有48个基因，参与转录有5个基因，参与翻译有88个基因，参与复制和修复有76个基因；与人类疾病相关的基因被分为8类，其中，癌症特定类型2个基因，免疫疾病1个基因，细菌性传染病29个基因，寄生性传染病1个基因，耐药性31个基因，神经退行性疾病10个基因，内分泌及代谢疾病2个基因，癌症总览18个基因；参与环境信息处理的基因被分为5类，其中信号转导137个基因，内分泌系统19个基因，环境适应3个基因，消化系统1个基因，膜运输153个基因；与生物系统相关的基因被分为4类，包括免疫系统4个基因，神经系统6个基因，排泄系统2个基因，运输和分解代谢12个基因；参与细胞过程的基因被分为2类，其中，细胞生长和死亡共14个基因，细胞活性共56个基因。

表2-14　JTYP2的KEGG功能数据

功能	基因数量	分类
全局和总览图 Global and overview maps	288	
碳水化合物代谢 Carbohydrate metabolism	397	
辅因子和维生素的代谢 Metabolism of cofactors and vitamins	151	
其它次生代谢产物的生物合成 Biosynthesis of other secondary metabolites	36	
多糖生物合成和代谢 Glycan biosynthesis and metabolism	26	
氨基酸代谢 Amino acid metabolism	265	新陈代谢
萜类和多酮类代谢 Metabolism of terpenoids and polyketides	52	Metabolism
能量代谢 Energy metabolism	142	
核苷酸代谢 Nucleotide metabolism	110	
脂类代谢 Lipid metabolism	103	
外源性物质降解和代谢 Xenobiotics biodegradation and metabolism	53	
其他氨基酸代谢 Metabolism of other amino acids	54	
折叠、分拣和降解 Folding，sorting and degradation	48	
转录 Transcription	5	遗传信息处理
翻译 Translation	88	Genetic Information Processing
复制和修复 Replication and repair	76	
癌症：特定类型 Cancers：Specific types	2	
免疫疾病 Immune diseases	1	
细菌性传染病 Infectious diseases：Bacterial	29	人类疾病 Human Diseases
寄生性传染病 Infectious diseases： arasitic	1	
耐药性 Drug resistance	31	

（续表）

功能	基因数量	分类
神经退行性疾病 Neurodegenerative diseases	10	人类疾病 Human Diseases
内分泌及代谢疾病 Endocrine and metabolic diseases	2	
癌症：总览 Cancers：Overview	18	
信号传导 Signal transduction	137	环境信息处理 Environmental Information Processing
内分泌系统 Endocrine system	19	
环境适应 Environmental adaptation	3	
消化系统 Digestive system	1	
膜运输 Membrane transport	153	
免疫系统 Immune system	4	生物系统 Organismal Systems
神经系统 Nervous system	6	
排泄系统 Excretory system	2	
运输和分解代谢 Transport and catabolism	12	
细胞生长和死亡 Cell growth and death	14	细胞过程 Cellular Processes
细胞活性 Cell motility	56	

COG数据库：将JTYP2基因组中能编码蛋白的基因与COG进行比对，得到JTYP2的COG功能数据分析结果如表2-15所示。COG数据库按照功能分类统计结果如图2-5所示。可知，JTYP2有20 059个基因可以在COG数据库中找到分类信息，包含COG数据库功能的23类，其中有16 547个是有明确蛋白功能分类的编码基因，有3 512个功能未知的蛋白编码基因。

表2-15　JTYP2 COG功能数据

功能分类	基因数量
染色质结构与动力学 Chromatin structure and dynamics	10
氨基酸运输和代谢 Amino acid transport and metabolism	1 365
无机离子运输和代谢 Inorganic ion transport and metabolism	1 154
核苷酸运输和代谢 Nucleotide transport and metabolism	594

（续表）

功能分类	基因数量
翻译，核糖体结构和生物转化 Translation, ribosomal structure and biogenesis	636
蛋白质转译后的修改，蛋白质转换，分子伴侣 Posttranslational modification, protein turnover, chaperones	797
细胞壁/膜/包膜生物发生 Cell wall/membrane/envelope biogenesis	1 363
转录 Transcription	1 434
信号转导机制 Signal transduction mechanisms	1 242
脂质运输和代谢 Lipid transport and metabolism	646
能源生产和转换 Energy production and conversion	1 213
细胞活性 Cell motility	400
细胞外结构 Extracellular structures	14
辅酶运输和代谢 Coenzyme transport and metabolism	952
细胞周期控制、细胞分裂、染色体分区 Cell cycle control, cell division, chromosome partitioning	400
防御机制 Defense mechanisms	590
次生代谢产物生物合成、运输和分解代谢 Secondary metabolites biosynthesis, transport and catabolism	783
复制、重组和修复 Replication, recombination and repair	983
细胞骨架 Cytoskeleton	79
细胞内运输、分泌和膜泡运输 Intracellular trafficking, secretion, and vesicular transport	603
RNA 加工和修改 RNA processing and modification	2
碳水化合物的运输和代谢 Carbohydrate transport and metabolism	1 287
功能未知 Function unknown	3 512

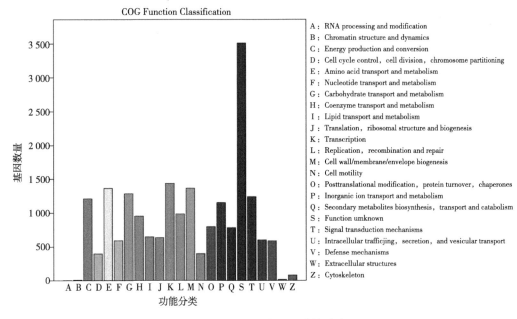

COG Function Classification

A：RNA processing and modification
B：Chromatin structure and dynamics
C：Energy production and conversion
D：Cell cycle control，cell division，chromosome partitioning
E：Amino acid transport and metabolism
F：Nucleotide transport and metabolism
G：Carbohydrate transport and metabolism
H：Coenzyme transport and metabolism
I：Lipid transport and metabolism
J：Translation，ribosomal structure and biogenesis
K：Transcription
L：Replication，recombination and repair
M：Cell wall/membrane/envelope biogenesis
N：Cell motility
O：Posttranslational modification，protein turnover，chaperones
P：Inorganic ion transport and metabolism
Q：Secondary metabolites biosynthesis，transport and catabolism
S：Function umknown
T：Signal transduction mechanisms
U：Intracellular trafficjing，secretion，and vesicular transport
V：Defense mechanisms
W：Extracellular structures
Z：Cytoskeleton

图2-5　JTYP2的COG功能分类

d. 特定功能注释结果分析。

碳水化合物活性酶（CAZy）注释分析：使用BLAST分析软件，将氨基酸序列与CAZy数据库进行比对，预测其相关酶系家族各蛋白的数量，预测结果如表2-16和图2-6所示。在注释结果中，糖基转移酶（GT）数量最多，为636个，其次为碳水化合物结合结构域（CBM）和糖苷水解酶（GH），分别为495个和491个，再次为糖类酯解酶（CE）、氧化还原酶（AA），最少为多糖裂解酶（PL），为16个。

表2-16　JTYP2碳水化合物酶分类注释结果

类型	预测基因数量
糖类酯解酶（CE）	161
碳水化合物结合结构域（CBM）	495
糖基转移酶（GT）	636
多糖裂解酶（PL）	16
糖苷水解酶（GH）	491
氧化还原酶（AA）	101

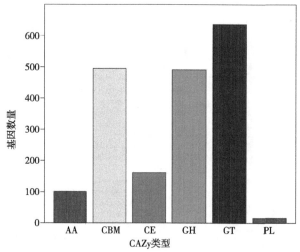

AA：Auxiliary Activities
CBM：Carbohydrate–Binding Modules
CE：Carbohydrate Esterases
GH：Glycoside Hydrolases
GT：Glycosyl Transferases
PL：Polysaccharide Lyases

图2-6　JTYP2的CAZy注释分析

次级代谢基因簇分析：使用antiSMASH程序对JTYP2的次级代谢基因簇进行分析，得到的预测结果如表2-17所示。分析得到，JTYP2的12条次级代谢基因簇中，有6条与前人报道的基因簇存在高度相似性，其中一条为Transatpks，其基因位点分别为BAJT_07230-BAJT_07470、BAJT_11035-BAJT_11300，分别与Macrolactin和Difficidin的生物合成基因簇相似性为100%。一条为Transatpks-Nrps，其基因位点分别为BAJT_08580-BAJT_08825、BAJT_09170-BAJT_09505，分别与Bacillaene和Fengycin的生物合成基因簇相似性为100%。一条为Bacteriocin-Nrps，其基因位点为BAJT_14725-BAJT_15045，与Bacillibactin的生物合成基因簇相似性为100%。最后一条为Other，其基因位点为BAJT_17730-BAJT_17945，与Bacilysin的生物合成基因簇相似性为100%。

表2-17　次级代谢基因簇预测结果

类型	数量	位置	最相似的已知簇	相似度（%）
Nrps	1	BAJT_01760-BAJT_01975	Surfactin biosynthetic gene cluster	86
Otherks	1	BAJT_04800-BAJT_05005	Butirosin biosynthetic gene cluster	7
Terpene	2	BAJT_05420-BAJT_05545		
		BAJT_09645-BAJT_09755		
Lantipeptide	1	BAJT_06210-BAJT_06350		
Transatpks	2	BAJT_07230-BAJT_07470	Macrolactin biosynthetic gene cluster	100
		BAJT_11035-BAJT_11300	Difficidin biosynthetic gene cluster	100

（续表）

类型	数量	位置	最相似的已知簇	相似度（%）
Transatpks-Nrps	2	BAJT_08580-BAJT_08825	Bacillaene biosynthetic gene cluster	100
		BAJT_09170-BAJT_09505	Fengycin biosynthetic gene cluster	100
T3pks	1	BAJT_10150-BAJT_10395	Bacillibactin biosynthetic gene cluster	100
Bacteriocin-Nrps	1	BAJT_14725-BAJT_15045		
Other	1	BAJT_17730-BAJT_17945	Bacilysin biosynthetic gene cluster	100

e. 基因组圈图。使用circos软件，绘制JTYP2的基因组圈图，在圈图上展示基因、ncRNA、GC含量、重复序列信息。圈图展示五圈信息，从外至内，第一圈是基因组，第二圈是编码基因（红色标注的是正链上的基因，绿色标注的是负链上的基因），第三圈是ncRNA信息，第四圈是GC含量信息，第五圈标注的是基因组内长片段重复序列信息（彩图2-10）。

f. 比较分析。比较基因组学是生物学研究的一个领域，比较不同生物体的基因组特征，例如基因组DNA序列、基因序列、基因顺序、调节序列和其他基因组结构等。通过比较基因组研究生物的相似性和差异，进一步探讨物种间进化的关系。选择 *B. velezensis* G341（CP011686.1）、*B. velezensis* M75（CP016395.1）、*B. velezensis* 9912D（CP017775.1）作为JTYP2的比较基因组分析的参考序列，进行共线性分析、共有特有基因分析。

共线性分析：物种间的共线性程度可以用作衡量物种间的进化距离，基于共线性分析可以知道物种间的亲缘关系。彩图2-11为共线性结果展示图，上方是比较的基因组，下方是参考基因组，红色部分表示正向匹配，蓝色部分表示反向匹配。

共有特有基因分析：所有样本中均存在的同源基因被称为共有基因（Core gene），去掉共有基因后，得到非共有基因（Pan gene），特有基因（Specific gene）是该样本特异拥有的基因。所有非共有基因和共有基因合并称为泛基因。共有基因和特有基因很可能与样品的共性和特性相对应，可以作为样本间功能差异的研究依据。表2-18展示的是共有基因的数量和类型，如图2-7所示，共有特有基因簇类数目花瓣图，中间圈表示的是各个样本共有基因簇类的数目，每个椭圆上表示的是各样本包含的基因簇类的数目。JTYP2与*B. velezensis* 9912D，*B. velezensis* M75，*B. velezensis* G341共有基因聚类簇数目为3 347个，非共有基因1 147个，特有基因451个，表明不同种型的*B. velezensis*存在差异。

表2-18　共有基因统计

基因类型	聚类簇数目（个）	基因数目（个）	基因总长度（bp）
共有基因	3 347	13 723	12 668 819
特有基因	1 147	1 180	813 000
非共有基因	451	1 208	1 065 110

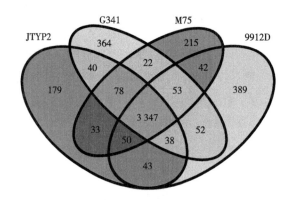

图2-7　共有特有基因簇类数目韦恩

（3）小结。黑腐病是景天科多肉植物最常见的一种疾病，其病原菌经鉴定为*Fusarium inflexum*镰刀菌属真菌。使用PGPR菌株来防治多肉黑腐病害是目前生物防治的研究热点，具有良好的应用前景。为此，从采集的景天科多肉植物的根际土壤样品中，筛选得到拮抗菌33株，其中JTJK9、JTYP1、JTYP2、JTYP3有较好的拮抗黑腐病病原菌的效果，能够降低黑腐病的发病率及病情指数。对这4株拮抗菌进行鉴定分析，将JTJK9鉴定为*Bacillus subtilis*，JTYP2鉴定为*B. velezensis*，将JTYP1和JTYP3鉴定为*B. glycinifermentans*。鉴于*B. velezensis*对棉花黄萎病病原菌大丽轮（*Verticillium dahliae*）有较强的抑制作用、对白菜黑斑病致病菌（*Alternaria brassicae*）田间防效达到79.07%、对番茄灰霉病灰葡萄孢菌*Botrytis cinerea*有拮抗作用，期盼能将JTYP2菌株更好应用到景天科多肉植物黑腐病病害的防控中，分析JTYP2菌株的基因组学，探讨JTYP2菌株与多肉黑腐病病原菌间的互作。为此，提取JTYP2的DNA样品，使用组装软件smrtlink（version 4.1）对PacBio下机数据进行组装，组装序列的统计结果表明，JTYP2基因组长度3 929 789bp，预测编码基因3 656个，GC含量46.5%，JTYP2全部非编码RNA数目为259个，其中rRNA 90个、tRNA 86个、非编码RNA 83个。JTYP2的12条次级代谢基因簇中，有6条与前人报道的基因簇存在高度相似性。将JTYP2与*B. velezensis* 9912D（CP017775.1）、*B. velezensis* M75（CP016395.1）、*B.*

velezensis G341（CP011686.1）进行共线性分析、共有特有基因分析，表明不同种型的*Bacillus velezensis*存在差异。

2.2.3 几种病原菌的综合防治技术

2.2.3.1 病原菌快速检测

红心莲是景天科石莲花属的重要商业化品种。近年来，在漳州多肉植物种植基地发现红心莲植株出现叶片黄化、红紫、脱落等病症，经调查发现其茎部有褐色病斑，维管束和髓部变色；严重时，茎基部腐烂缩缢，植株倒伏死亡，对多肉植物产业造成威胁。经对发病部位切片镜检发现，该病是由尖孢镰刀菌（*Fusarium oxysporum*）引起的红心莲茎腐病。尖孢镰刀菌是重要的植物土传病原真菌，潜伏期长，侵染初期在植株外观上通常未显症，待表现症状后再采取防控措施，为时已晚。为有效防控尖孢镰刀菌引起的红心莲茎腐病为害，生产上迫切需要建立一种快速、准确检测红心莲等景天科多肉植物尖孢镰刀菌的方法。

环介导等温扩增技术（Loop-mediated isothermal amplification，LAMP）是一种简便、快速、精确、经济的检测方法，其检测时间与常规PCR法相比大大缩短（通常1h内）且特异性更高，此外LAMP法还可通过添加SYBR Green I、calcein、溴酚蓝等DNA染料，实现检测结果的直观可视化。目前该检测技术已成功应用于炭疽菌属（*Colletotrichum* spp.）、镰刀菌属（*Fusarium* spp.）、疫霉菌属（*Phytophthora* spp.）等植物病原真菌的快速检测。其中镰刀菌属LAMP检测涉及的寄主植物包括大豆、黄瓜、水稻、鹰嘴豆、玉米、小麦等，未见应用于多肉植物镰刀菌属病原菌的相关报道。为此，姚锦爱等（2020）以红心莲茎腐病菌尖孢镰刀菌EF-1α（Elongation factor-1α）基因序列为靶序列，设计一套特异性引物，建立一种LAMP可视化检测方法，以期在红心莲茎腐病发生初期实现病原菌的快速准确检测，为病害的早期防控提供依据。

（1）材料与方法。

①材料及DNA提取。供试菌株见表2-19，包括17株镰刀菌属病原菌（其中10株为尖孢镰刀菌）和10株其他菌属病原菌（其中3株寄主为多肉植物）。病原菌在装有100mL马铃薯—葡萄糖肉汤（每升蒸馏水中含200g马铃薯，20g葡萄糖）的250mL三角烧瓶中培养，在26℃恒温摇床150r/min培养5～6d；真空过滤收集各菌株菌丝，后冻干48h，用DNA提取试剂盒（天根生物技术有限公司）提取各菌株基因组DNA，DNA浓度使用NanoDrop 2000C分光光度计测定（Thermo Fischer Scientific），DNA作为LAMP检测的模板用无菌双蒸馏水按要求稀释。

表2-19 用于LAMP试验的菌株

菌株	寄主	菌株数量	采集地	LAMP反应
Fusarium oxysporum	*Echeveria* 'Perle Von Nürnberg'	5	福建	+
Fusarium oxysporum	*Echeveria* 'Perle Von Nürnberg'	3	云南	+
Fusarium oxysporum	*Cymbidium ensifolium*	1	福建	+
Fusarium oxysporum	*Citrullus lanatus*	1	福建	+
colletotrichum destructivum	*Echeveria* 'Perle Von Nürnberg'	1	福建	−
Corynespora cassiicola	*Sedum morganianum*	1	福建	−
Alternaria alternata	*Echeveria* spp.	1	福建	−
Fusarium sporotrichioides	*Pisum sativum*	1	福建	−
Fusarium solani	*Solanum lycopersicum*	1	福建	−
Fusarium moniliforme	*Oryza sativa*	1	江苏	−
Fusarium nivale	*Triticum aestivum*	1	江苏	−
Fusarium sambucinum	*Solanum tuberosum*	1	黑龙江	−
Fusarium acuminatum	*Medicago sativa*	1	甘肃	−
Fusarium avenaceum	*Avena sativa*	1	甘肃	−
Botryosphaeria rhodina	*Psidium guajava*	1	福建	−
Verticillium dahliae	*Solanum melongena*	1	福建	−
Colletotrichum gloeosporioides	*Cymbidium ensifolium*	1	福建	−
Alternaria kikuchiana	*Pyrus pyrifolia*	1	福建	−
Alternaria alternata	*Cymbidium ensifolium*	1	福建	−
Phomopsis asparagi	*Asparagus officinalis*	1	福建	−
Magnaporche oryzae	*Oryza sativa*	1	福建	−

注：+表示LAMP反应阳性，−表示LAMP反应阴性。

②引物设计及合成。比对红心莲尖孢镰刀菌和GenBank中的其他7株镰刀菌属病原菌的EF-1α基因序列，利用在线LAMP引物设计软件Primer software Explorer V4（http://primerexplorer. jp/elamp4.0.0/index.html；Eiken Chemical Co.，Japan）设计一套红心莲尖孢镰刀菌特异性LAMP引物组，由1对外侧引物F3/B3和1对内侧引物FIP/BIP组成（图2-8）；利用软件primer 5设计一对PCR引物。LAMP及PCR引物序列见

表2-20，由上海生工生物技术有限公司合成。

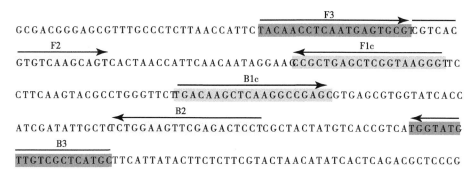

图2-8 红心莲尖孢镰刀菌LAMP引物设计

表2-20 红心莲尖孢镰刀菌LAMP及PCR检测引物

引物	序列
F3	CACAACCTCAATGAGTGCGT
B3	GCATGAGCGACAACATACCA
FIP	ACCCTTACCGAGCTCAGCGG−CGTCACGTGTCAAGCAGT
BIP	TGACAAGCTCAAGGCCGAGC−AGGAGTCTCGAACTTCCAGA
PCR	F−CTCTTGGTTCTGGCATCG R−GTTCAGCGGGTATTCCTA

③LAMP反应体系优化。建立红心莲茎腐病菌LAMP（25μL）反应体系。

LAMP反应温度及时间优化：将底物、引物、红心莲尖孢镰刀菌样本DNA依次加入PCR管混匀，无菌双蒸水补至25μL，分成2组。1组采用最佳温度梯度试验，反应设60℃、61℃、62℃、63℃、64℃、65℃、66℃ 7个温度梯度，反应时间为60min；另1组取前1组中最佳反应温度，后设30min、45min、60min、75min、90min 5个时间梯度。两组试验反应最后分别于80℃加热10min，最后在冰上终止反应，试验设3次重复。

LAMP扩增结果的判定：反应前在PCR管盖内侧加入2μL的1 000×SYBR Green Ⅰ，反应后瞬时离心将1 000×SYBR Green Ⅰ离心至管底与LAMP反应产物混匀，观察LAMP反应产物颜色判定扩增结果。

LAMP检测结果可靠性验证：以红心莲尖孢镰刀菌DNA为阳性对照、无菌双蒸水为阴性对照，采用建立的红心莲尖孢镰刀菌LAMP（25μL）反应体系及琼脂糖凝胶电泳法进行验证。

④LAMP特异性检测及灵敏度验证。

特异性验证：对27株供试菌株进行LAMP检测，通过观察LAMP产物颜色判定扩增结果；后从反应菌株中挑选1株从红心莲上分离的*F. oxysporum*，3株从多肉植物上分离的*Colletotrichum destructivum*、*Corynespora cassiicola*和*Alternaria alternata*，3株从其他寄主植物上分离的镰刀菌属菌株*F. moniliforme*、*F. solani*和*F. sporotrichioides*，共7株菌株进行琼脂糖凝胶电泳，以无菌双蒸水为阴性对照，通过判定电泳梯形条带的有无验证LAMP检测的特异性，试验设3次重复。

灵敏度验证：将红心莲尖孢镰刀菌样本DNA按10倍浓度梯度依次稀释为10ng/μL到1fg/μL 8个不同浓度，同时进行LAMP检测和PCR检测，比对2种检测方法的灵敏度差异，试验设3次重复。

⑤田间发病样品的LAMP检测。将建立的LAMP检测方法对采自福建（10份样本）及云南（5份样本）自然感染的红心莲茎腐病发病样本进行检测，同时通过PCR方法和组织分离法进行检测验证。LAMP和PCR检测样本DNA参照Lan等（2018）方法提取；组织分离法参照Yao等（2018）的方法进行，略加改动。

（2）结果与分析。

LAMP检测方法建立：LAMP反应温度及时间优化结果显示，在7个温度梯度中，当反应温度62℃时，有梯形条带出现，但条带弱，随着反应温度提高，条带变亮，当反应温度达65℃、66℃时，条带扩增效果较好且无明显差异（图2-9a），确定最佳反应温度为65℃；在5个时间梯度中，反应时间45min时，出现梯形条带，但条带弱，随着反应时间延长，条带变亮，在60min、75min、90min时扩增效果好，但效果差异不明显（图2-9b），为提高LAMP检测效率，确定最佳反应时间为60min。并依此建立红心莲尖孢镰刀菌LAMP（25μL）最优反应体系，底物为20mM Tris-HCl、10mM（NH$_4$）$_2$SO$_4$、6.0mM MgSO$_4$、50mM KCl、0.8mM甜菜碱、1.4mM dNTPs和8U *Bst* DNA聚合酶，引物为0.2μM外侧引物F3/B3和1.6μM内侧引物FIP/BIP，1μL样本DNA（50ng），无菌双蒸水补足25μL；LAMP反应温度及时间分别为65℃和60min；后置于80℃加热10.0min，最后在冰上终止反应。反应前在PCR管盖内侧加入2μL的1 000×SYBR Green Ⅰ，反应后瞬时离心，观察产物颜色，阳性呈绿色，阴性呈黄绿色。

LAMP检测结果可靠性验证表明，阳性对照呈现绿色，对应的琼脂糖凝胶电泳扩增出梯形条带；阴性对照呈现黄绿色，琼脂糖凝胶电泳无梯形条带（图2-10）。表明建立的LAMP检测方法可行，能可靠检测到红心莲尖孢镰刀菌（*F. oxysporum*）。

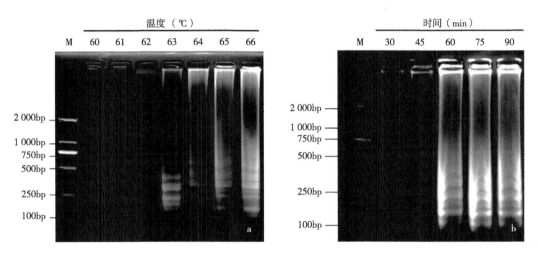

图2-9 LAMP反应最佳温度及时间筛选

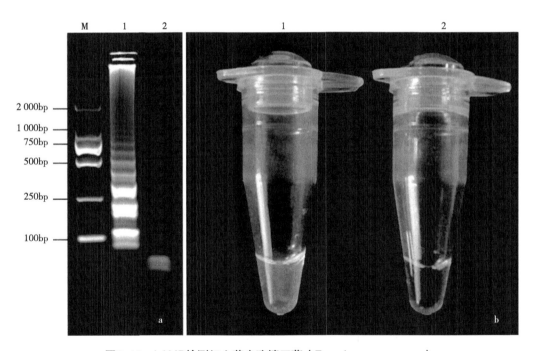

图2-10 LAMP检测红心莲尖孢镰刀菌（Fusarium oxysporum）

a. LAMP产物凝胶电泳；b. LAMP产物颜色反应

　　LAMP特异性检测及灵敏度验证：特异性检测结果显示，27供试菌株（表2-19）中仅有尖孢镰刀菌菌株的LAMP反应管呈阳性反应，其他菌株LAMP反应管均呈阴性反应。进行琼脂糖凝胶电泳的7株菌株，仅红心莲尖孢镰刀菌产生电脉梯形条带，其他6株菌株和阴性对照均没有产生条带（图2-11）。说明本研究建立的LAMP检测方法具特异性，仅能检出红心莲尖孢镰刀菌（*F. oxysporum*）。

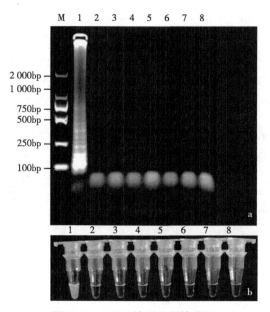

图2-11　LAMP检测特异性验证

a. LAMP产物2.0%凝胶电泳特异性检测（M：marker DL2000，泳道1：*Fusarium oxysporum*，泳道2：*Fusarium moniliforme*，泳道3：*Colletotrichum destructivum*，泳道4：*Colletotrichum gloeosporioides*，泳道5：*Alternaria alternate*，泳道6：*Fusarium sporotrichioides*，泳道7：*Fusarium solani*，泳道8：CK阴性对照）；b. LAMP产物特异性颜色反应（1~8试管病原菌样品顺序同a）

灵敏度验证结果显示，当红心莲尖孢镰刀菌（*F. oxysporum*）样本DNA浓度为10fg/μL时，LAMP产物呈绿色（图2-12a），发生阳性反应，对应的琼脂糖凝胶电泳扩增出梯形条带（图2-12b）；而PCR检测在DNA浓度为100fg/μL时条带开始变弱，DNA浓度为10fg/μL时已观察不到条带（图2-12c）。说明本研究建立的LAMP检测方法具更高的灵敏性，其灵敏度是PCR检测的10倍。

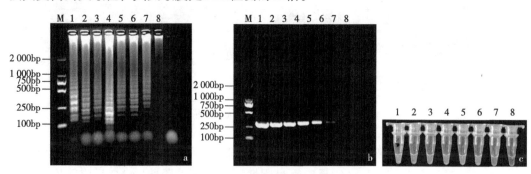

图2-12　LAMP灵敏度检测验证

a. LAMP产物琼脂糖凝胶电泳（M：marker DL2000，泳道1~8：DNA浓度分别为10ng/μL、1ng/μL、100pg/μL、10pg/μL、1pg/μL、100fg/μL、10fg/μL、1fg/μL）；b. PCR产物琼脂糖凝胶电泳；c. LAMP产物灵敏度颜色反应（1~8 PCR管DNA浓度顺序同a）

田间发病样品的LAMP检测：15份红心莲茎腐病田间发病样本检测结果表明，LAMP检测结果与PCR检测、组织分离法检测的结果一致，对田间红心莲茎腐病病原菌——尖孢镰刀菌的检出率均为100%（表2-21）。可见，建立的LAMP检测法可用于由尖孢镰刀菌引起红心莲茎腐病的田间快速检测。

表2-21 采用LAMP、PCR和传统组织分离法自然感染茎腐病菌的发病组织

来源	样品数	LAMP阳性	PCR阳性	组织分离法阳性
福建	10	10	10	10
云南	5	5	5	5
总计	15	15	15	15

（3）小结。LAMP检测技术是新兴的基因扩增技术，被广泛用于植物病原菌的快速检测，与PCR检测相比，其可在更短时间、简便地扩增到靶标病原菌。姚锦爱等（2020）根据红心莲尖孢镰刀菌的靶标基因序列EF-1α的6～8区域设计一套特异性LAMP引物组，通过体系优化，建立了红心莲尖孢镰刀菌LAMP快速检测方法，其对红心莲茎腐病发病样本的检测结果与PCR及组织分离法检测的结果一致，可用于由尖孢镰刀菌引起红心莲茎腐病的田间快速检测。

特异性是LAMP检测技术中的一个重要指标，国内外学者在尖孢镰刀菌及相关种的LAMP检测中利用不同靶标基因序列设计特异性引物，并根据这些特异性引物建立相应的LAMP检测体系。EF-1α基因序列信息丰富，有研究表明EF-1α基因在镰刀菌种间具有一定的保守性，与rDNA-ITS、RAPD、β-tubulin等基因相比更具特异性，此外有学者报道了以EF-1α基因为靶标设计LAMP引物检测 *F. oxysporum f. sp. ciceris*，说明EF-1α基因序列适用于尖孢镰刀菌LAMP引物的设计。姚锦爱等（2020）选择红心莲尖孢镰刀菌EF-1α作为靶标基因序列设计LAMP特异性引物，建立的LAMP检测体系只对尖孢镰刀菌呈绿色阳性反应，具有很强的特异性。

灵敏度是LAMP检测技术中的另一个重要指标，众多研究表明LAMP检测灵敏度一般高于相应的PCR检测。笔者建立的LAMP方法DNA检测最小浓度为10fg/μL，而PCR检测为100fg/μL，LAMP检测灵敏度提高了10倍。但随着灵敏度的提高，易导致开盖形成气溶胶污染，造成假阳性。为避免假阳性出现，检测以SYBR Green I作显色剂，反应前直接涂于PCR管盖内侧，反应后可通过肉眼直接观察反应物颜色以判定检测结果，实现了检测结果的可视化。

笔者建立的红心莲尖孢镰刀菌LAMP快速检测技术体系，不仅特异性强、灵敏度高，而且检测结果可视、假阳性低，在田间能快速检测出由尖孢镰刀菌引起的红心莲

茎腐病，具有很好的应用推广前景。今后，可对各种尖孢镰刀菌专化型的靶标基因序列进行探究，建立更加特异、灵敏的尖孢镰刀菌专化型LAMP快速检测技术体系。

2.2.3.2　不同药剂防效筛选

近年，随着多肉植物的广泛应用，多肉植物的生产和繁殖规模越来越大。然而不规范的管理和引种栽培导致多肉植物发生各种病害，不仅影响了多肉植物的观赏性，也给多肉植物的繁殖带来危害。目前，关于多肉植物病害研究的报道较少，尚未有关于多肉植物病害药剂筛选的研究。为此，王芳等（2020）采用6种常见药剂对3种多肉植物的2种病害进行药剂试验，旨在筛选出较好的药剂，为多肉植物病害的防治提供依据。

（1）材料与方法。

①试验材料。

供试材料：黑腐病病株和炭疽病病株由宿迁学院园林实验室提供，均分离于景天科多肉植物雪莲（*Echeveria laui* Moran & Meyrán）；药剂试验多肉植物品种为景天科雪莲、蒂亚和黄丽。

供试药剂：50%多菌灵可湿性粉剂（江苏蓝丰生物化工股份有限公司）1 500g/hm²；80%代森锰锌可湿性粉剂［陶氏益农农业科技（中国）有限公司］1 500g/hm²；40%氟硅唑乳油（陕西恒田生物农业有限公司）100mL/hm²；4%噻呋酰胺颗粒剂（河北博嘉农业有限公司）400g/hm²；40%多·酮可湿性粉剂（江苏建农植物保护有限公司）1 200g/hm²；43%戊唑醇悬浮剂［拜耳作物科学（中国）有限公司生产］75mL/hm²。

②试验方法。

培养基的配制：将上述药剂按浓度配好。取配好的药剂1mL，加入49mL冷却至50℃的PDA培养基中，制成含药培养基，将含药培养基倒入3个灭菌的培养皿中，冷却备用。另外，加1mL灭菌水的PDA培养基作为对照（CK）。

室内毒力测定：把已经培养了3d的黑腐病菌和炭疽病菌分别用打孔器打成直径为0.5cm的菌饼，接种到含药培养基上，置于26℃恒温培养箱中培养。第6天量取菌落2个方向直径，取平均值作为该菌落直径。根据测得的菌落直径，计算抑菌率。抑菌率公式为：

抑菌率（%）=［（对照菌落直径-0.5）-（处理菌落直径-0.5）］/（对照菌落直径-0.5）×100

盆栽多肉植物黑腐病和炭疽病防治效果测定：选用健康的多肉植物雪莲、蒂亚和黄丽各1 260盆，均分为2组，1组用于黑腐病药剂防治试验，1组用于炭疽病药剂防治试验。于2018年5月25日开始第1次喷药，每隔10d喷药1次，连续喷药3次，以喷清水作对照。2种病害各7个处理，每个处理30盆，3次重复。第3次喷药后10d调查病株率，防效公式为：

防治效果（%）=（对照病株率−处理病株率）/对照病株率×100

（2）结果与分析。

①不同药剂对黑腐病菌菌丝的抑制效果。从表2-22可知，CK菌落直径最大为6.54cm，显著大于其他处理组的菌落直径；4%噻呋酰胺颗粒剂处理组的菌落直径最小为0.96cm，抑菌率最高为92.33%，显著高于其他处理组；40%氟硅唑乳油和50%多菌灵可湿性粉剂处理组的菌落直径较小，抑菌率较大，在85.00%～87.00%；43%戊唑醇悬浮剂、80%代森锰锌可湿性粉剂和40%多·酮可湿性粉剂的菌落直径较大，抑菌率较小，在75.00%～80.00%。

表2-22 不同药剂对黑腐病菌菌丝的抑制效果

药剂	菌落直径（cm）	抑菌率（%）
4%噻呋酰胺颗粒剂	0.96e	92.33a
40%氟硅唑乳油	1.32d	86.37b
50%多菌灵可湿性粉剂	1.39d	85.32b
43%戊唑醇悬浮剂	1.73c	79.64c
80%代森锰锌可湿性粉剂	1.81c	78.26c
40%多·酮可湿性粉剂	2.00b	75.11d
CK	6.54a	

②不同药剂对炭疽病菌菌丝的抑制效果。从表2-23可知，CK的菌落直径最大为7.87cm，显著大于其他药剂处理组；43%戊唑醇悬浮剂、4%噻呋酰胺颗粒剂和80%代森锰锌可湿性粉剂处理组的菌落直径较大，在2.00～3.00cm，其抑菌率较低，在70.00%～80.00%；40%氟硅唑乳油和50%多菌灵可湿性粉剂处理组的菌落直径较小，在1.00～1.20cm，其抑菌率较好，均高于90.00%。

③不同药剂对盆栽多肉植物黑腐病的防治效果。从表2-24可知，4%噻呋酰胺颗粒剂和40%氟硅唑乳油对多肉植物雪莲的防治效果较好，分别为81.25%和78.13%；50%多菌灵可湿性粉剂和43%戊唑醇悬浮剂对雪莲的防效一致，均为71.88%；80%代森锰锌可湿性粉剂和40%多·酮可湿性粉剂的防效较低，分别为65.63%和68.75%。从对蒂亚的防治效果看，4%噻呋酰胺颗粒剂的防效最好，为86.84%；40%氟硅唑乳油和50%多菌灵可湿性粉剂的防效一致，均为81.58%；80%代森锰锌可湿性粉剂的

多肉植物病虫害研究及绿色防控技术应用

防效最差，为68.42%；从对黄丽的防治效果看，4%噻呋酰胺颗粒剂的防效最好，为84.62%；40%氟硅唑乳油和50%多菌灵可湿性粉剂的防效一致，均为80.77%；40%多·酮可湿性粉剂的防效最低，为69.23%。

表2-23　不同药剂对炭疽病菌菌丝的抑制效果

药剂	菌落直径（cm）	抑菌率（%）
4%噻呋酰胺颗粒剂	2.27c	76.03c
40%氟硅唑乳油	1.20e	90.64a
50%多菌灵可湿性粉剂	1.04f	92.63a
43%戊唑醇悬浮剂	2.54b	72.27d
80%代森锰锌可湿性粉剂	2.20c	76.93c
40%多·酮可湿性粉剂	1.67d	84.12b
CK	7.87a	

表2-24　不同药剂对盆栽多肉植物黑腐病的防治效果

药剂	防治效果（%）		
	雪莲	蒂亚	黄丽
4%噻呋酰胺颗粒剂	81.25a	86.84a	84.62a
40%氟硅唑乳油	78.13a	81.58ab	80.77a
50%多菌灵可湿性粉剂	71.88ab	81.58ab	80.77a
43%戊唑醇悬浮剂	71.88ab	78.95abc	76.92ab
80%代森锰锌可湿性粉剂	65.63bc	68.42b	73.08b
40%多·酮可湿性粉剂	68.75b	73.68bc	69.23b

④不同药剂对盆栽多肉植物炭疽病的防治效果。从表2-25可知，40%氟硅唑乳油和50%多菌灵可湿性粉剂的防效最好，均为84.21%；其次为40%多·酮可湿性粉剂和80%代森锰锌可湿性粉剂，防效分别为78.95%和73.68%；43%戊唑醇悬浮剂和4%噻呋酰胺颗粒剂的防效较差，分别为68.42%和63.16%。从对蒂亚的防治效果看，50%多菌灵可湿性粉剂、40%氟硅唑乳油和80%代森锰锌可湿性粉剂防效均较好，均大于80%；43%戊唑醇悬浮剂的防效较差，为69.57%。从对黄丽的防治效果看，50%多菌灵可湿性粉剂、40%氟硅唑乳油和80%代森锰锌可湿性粉剂防效均较好，也均大于

98

80%；4%噻呋酰胺颗粒剂的防效较差，为66.66%。

表2-25 不同药剂对盆栽多肉植物炭疽病的防治效果

药剂	防治效果（%）		
	雪莲	蒂亚	黄丽
4%噻呋酰胺颗粒剂	63.16c	73.92bc	66.66b
40%氟硅唑乳油	84.21a	82.61ab	85.71a
50%多菌灵可湿性粉剂	84.21a	86.96a	80.95a
43%戊唑醇悬浮剂	68.42bc	69.57c	71.42b
80%代森锰锌可湿性粉剂	73.68ab	82.61ab	80.95a
40%多·酮可湿性粉剂	78.95ab	78.95ab	78.95ab

（3）小结。王芳等（2020）采用6种杀菌剂对分离自多肉植物雪莲上的黑腐病菌和炭疽病菌进行室内药剂抑菌试验，并对雪莲、蒂亚和黄丽3种多肉植物的黑腐病和炭疽病进行了盆栽防效试验。结果表明，所选的6种药剂对黑腐病菌和炭疽病菌的抑制效果均在70%以上；4%噻呋酰胺颗粒剂、40%氟硅唑乳油和50%多菌灵可湿性粉剂对黑腐病菌的抑制效果较好，均大于80%；40%氟硅唑乳油、50%多菌灵可湿性粉剂和40%多·酮可湿性粉剂对炭疽病菌的抑制效果较好，均大于80%。4%噻呋酰胺颗粒剂、40%氟硅唑乳油和50%多菌灵可湿性粉剂对盆栽蒂亚和黄丽的黑腐病防治效果较好，均大于80.00%，4%噻呋酰胺颗粒剂对雪莲黑腐病的防效也大于80.00%；40%氟硅唑乳油、50%多菌灵可湿性粉剂和80%代森锰锌可湿性粉剂对蒂亚和黄丽的防效均大于80.00%，40%氟硅唑乳油和50%多菌灵可湿性粉剂对雪莲的防效也均大于80.00%。

多肉植物病害的发生与环境条件和养护管理密切相关，部分耐旱品种30d仅需浇水2~3次，适宜生长温度在10~30℃。浇水过多或频繁浇水会造成根部积水腐烂，同时导致病害的发生，浇水沿盆钵边缘浇水，以防病菌随水流传播。棚室栽培多肉植物，注意棚室内的温度和湿度，定时通风透气，降低湿度，以防病菌在高湿条件下大量繁殖。蚜虫等害虫不但给多肉植物造成虫害，还会传播病害，所以需要病虫兼治。重复利用的多肉栽培基质中含有大量的病菌和虫卵等有害生物，需要对基质进行消毒处理才能有效地预防病虫的发生。对已发病的多肉植物叶片要彻底消灭，不能留在棚室内以防成为侵染源。

2.2.3.3 综合防治技术探讨

酒瓶兰 [*Beaucarnea recurvata*（Lem.）Hemsley] 属龙舌兰科（Agavaceae）酒瓶兰属（*Beaucarnea*）多肉植物。其大型植株是近年来各大植物园和园林绿地不可缺少的绿化种类，小型植株也是普通百姓家中案头、几架上常见的、健康的观赏盆栽。然而，由于它的体内富含水分，植株在移栽和管理的过程中极其容易受到病菌的感染，细菌性软腐病是它致命的病害，且破坏速度之快，一旦受到侵染要及时治疗，避免造成难以挽回的损失，让众多的绿化工作者望而却步。为此，朱洪武等（2011）从酒瓶兰的生长环境、生长习性着手，分析其细菌性软腐病的诱因，并对其综合防治技术进行了有效探讨。

（1）酒瓶兰的生长环境与生长习性。

①生长环境。酒瓶兰原产墨西哥及美国南部热带雨林的干热地区，喜欢温暖湿润和阳光充足的环境，据观察，在50℃的环境里生长近30d依然生长旺盛，可耐高温45℃以上，生长适宜温度在16～28℃，10℃以下停止生长，5℃以下可以安全过冬，在控制水分的情况下，可耐低温至0℃。

②生长习性。酒瓶兰属于茎秆多肉植物，叶片的表皮具有一层厚厚的角质层，在原产地，年平均气温为25～28℃，春秋季节是旺盛生长期，每年的生长期，有一段时间非常炎热和干旱，为了抵御炎热保存体内的水分，酒瓶兰和当地的仙人掌一样具有自己独特的生存方式，它们白天关闭叶片上的气孔，吸收热能，使养分在体内储藏，为了保存体内的水分不很快的消耗，不进行气体交换，等到晚上再张开气孔进行气体交换，表现出释放的氧气多于呼吸作用产生的二氧化碳气体，这也就是著名的"景天酸代谢途径"，这类植物也是人们喜爱的景天酸代谢植物。

（2）诱病的因子分析。

①诱病的因子。酒瓶兰细菌性软腐病的发病原因主要有三方面：一是具有观赏价值的酒瓶兰，通常块茎都在1m左右，植株的体积和重量都很大，往往都要通过机械操作，在挖掘、包装、运输、定植的过程中，难免会有碰伤，处理不慎就会造成局部腐烂；二是由于环境的改变，造成植株生长势衰弱，再加上其体内富含水分，极易受到昆虫等有害生物的侵袭，致使遭到病菌的感染；三是新定植好的植株都要浇一次充足的定根水，但是，多肉多浆植物却是特别的一类，这类植物移栽的过程中修剪受伤的根系后，还要晾晒至根系的伤口干燥，才可以移栽，如果没有这个过程，那一定要在修剪的伤口处涂抹杀菌剂，且定植后不能立即浇水，10～15d后伤口愈合才可以浇定根水，植株不会缺水，因为其体内含有大量的水分可以维持它的生命体征。

②酒瓶兰的储水功能。酒瓶兰属于茎多肉植物，茎的基部是主要的观赏部位，它

的皮层细胞外壁特别厚，表皮层角质膜发达，内侧有数层细胞内的大液泡，由大量储水细胞组成，里面储满了水和营养物质。也正是因为这种原因，才注定了它的肉质疏松，容易遭受到病菌的感染。这种储藏水分的功能是酒瓶兰在特定的环境下长期演化的结果，在原产地美洲的干热地区，年降水量不足100mm，每当雨季来临时，它会吸收大量的水分储藏在体内，用来维持漫长的干旱季节。

③临床症状。南京中山植物园有1株2007年从国外引进的直径1.5m的酒瓶兰，由于体积和重量都较大，运输途中受到碰撞，导致细菌感染，患病初期表皮层局部呈现不规则褐色斑块，病灶部位产生水渍状病斑，组织软腐，如果不及时救治，很快会蔓延至全株，整个植株很快萎蔫死亡，一旦发现，要立即采取治疗措施。

（3）防治措施。

①治疗时机。在移栽的过程中或养护管理不慎碰伤酒瓶兰的表皮时，一定要认真处理伤口和根系，千万不要有侥幸的心理。根系和伤口都要经过多菌灵消毒处理之后，用1：5的比例将多菌灵和生石灰调成糊状涂抹伤口后晾干再做定植；治疗的时机很关键，酒瓶兰细菌性软腐病由欧氏杆菌引起，伤口部位是病菌切入的途径，染病初期呈现黑色水渍样坏死斑，要及时治疗。以南京植物园1株直径1.5m的酒瓶兰2008年患病时治疗记录为例，从表2-26中能够清楚的看出酒瓶兰病灶蔓延的速度。

表2-26 2008年6月22日酒瓶兰病灶蔓延的速度

时间	病灶直径（cm）	环境温度（℃）	环境湿度（%）	处理情况
8：30	1.0	25	69	观察
12：00	1.5	28	67	观察
2：40	2.0	28	68	观察
4：30	3.0	24	65	观察
4：35	3.0	24	65	切除病灶

②治疗方法。因酒瓶兰体内含有大量的水分，植株的病灶部位首先呈现水迹和腐烂，清除病灶部位是关键。首先准备1把快刀、酒精、高锰酸钾、电吹风、生石灰、小型喷雾器等。用酒精消过毒的快刀剔除病灶部位，将腐烂变色的部分清除干净，使用1.5%的高锰酸钾溶液喷洒创伤部位，高锰酸钾不但具有抑制病菌的作用，还具有杀菌消毒的作用，之后用电吹风的冷风吹干伤口，再在伤口上撒上生石灰，以吸收水分，预防伤口处遇到潮湿后再次造成腐烂，观察15~20d，伤口处不变色、没有水迹渗出，说明病灶部位已经愈合。

③预防措施。酒瓶兰膨大的茎部是高度肉质化的部位，具有储藏水分和矿物质的功能，内部肉质疏松，含有大量的水分，当干旱的季节，这部分水分会供给植株继续生长。所以移栽换盆的时候，为了防止植株腐烂，根系都要经过晾晒后才上盆栽培；每年的4月用敌克松600～800倍液浇灌病株根部周围的土壤，抑制病菌的发生；增施磷钾肥，加强通风透光性能，提高植株抵抗病害的能力。

（4）小结。酒瓶兰是近年来发展起来的人们喜爱的多肉植物中的观赏精品，小型植株可以家庭居家绿化，适宜摆放茶几、案头，大型植株是园林绿化和休闲绿地的首选，植株膨大的颈部是主要的观赏部位，然而，植株越大越不容易移栽，在移栽的过程中极易受到损伤，损伤的部位受到有害物质感染后会导致细菌性软腐病的发生，患病的植株要及时治疗，治疗时间非常关键，治疗的越早，病灶面积越小，剔除的部分也就越小。处理好后的创伤要保持干燥，保持不会再次被病菌感染，伤口部分会很快愈合，30d后进行正常的肥水管理，植株会很快恢复生长状态。

3 植物虫害基础知识

3.1 昆虫概述及形态结构

3.1.1 昆虫概述

地球上对植物构成为害的有害动物，绝大多数是昆虫。昆虫属于动物界节肢动物门昆虫纲，是动物界中最大的类群。昆虫种类繁多，形态各异，但在成虫阶段有其共同的特征。了解昆虫的形态特征，是防控害虫、保护利用益虫的基础。

3.1.1.1 昆虫的特征

所有的昆虫组成了节肢动物门下的一个纲——昆虫纲，具有节肢动物的共同特征：身体左右对称；整个体躯被有几丁质的外骨骼；身体由一系列体节组成，有些体节具有分节的附肢；体腔就是血腔，循环系统位于身体背面，神经系统位于身体腹面。

除此之外，科学意义上的昆虫在成虫期还应具有下列特征：体躯分为头、胸、腹3个体段；头部有口器和1对触角，通常还有复眼和单眼；胸部由3个体节组成，有3对胸足，一般有2对翅；腹部大多由9～11个体节组成，末端具有外生殖器，有的还有1对尾须；中后胸及腹部1～8节两侧各有1对气门，是昆虫呼吸器官在体外的开口；虫体被一层坚硬的体壁所包围，形成"外骨骼"；由卵变为成虫，要经历一系列内部器官和外部形态的变化过程，即变态。

具有上述特征的节肢动物都是昆虫。昆虫与其他节肢动物门的区别见表3-1。

表3-1 节肢动物门主要纲的区别

纲名	体躯分段	眼	触角	足	翅	生活环境	代表种类
昆虫纲 （Insecta）	头、胸、腹3段	复眼2对， 单眼0～3个	1对	3对	1～2对	陆生或水生	蝴蝶
甲壳纲 （Crustacea）	头胸部和腹部2段	复眼1对	2对	至少5对	无	水生 （少数陆生）	虾、蟹

（续表）

纲名	体躯分段	眼	触角	足	翅	生活环境	代表种类
蛛形纲（Arachnida）	头胸部和腹部2段	单眼2～6对	无	2～4对	无	陆生	蜘蛛、螨
唇形纲（Chilopoda）	头、体2部	复眼1对	1对	每体节1对	无	陆生	蜈蚣
重足纲（Diplopoda）	头、体2部	复眼1对	1对	每体节2对	无	陆生	马陆

3.1.1.2 昆虫的特点

种类多：昆虫是动物界中种类最多的一个类群，估计地球上的昆虫可能有1 000多万种，目前已知100万种左右，占动物界已知种类的2/3。

繁殖快：昆虫中每雌产卵在100粒以上的种类十分常见，多的可达1 000粒，如群栖性昆虫白蚁的部分种类，蚁后每天可产卵15 000多粒，并能维持数量很少间断。昆虫不仅产卵量大，而且发育快，大多数昆虫一年内就能完成一代、几代，甚至十几代，如蚜虫在我国南方一年可发生二三十代。

数量大：一窝蚂蚁可多达50万个个体，一株苹果树可聚积10万多只蚜虫。

分布广：从赤道到两极，从海边到内陆，高至世界之巅珠穆朗玛峰，低至山谷沟壑，以及几米深的土壤，都有昆虫的存在。

3.1.2 昆虫的形态结构

3.1.2.1 外部形态

昆虫虽千姿百态、种类繁多，但在它们的成虫阶段都具有共同的基本外部形态特征。了解昆虫的外部形态、结构特征是识别害虫和利用益虫的基础。

（1）昆虫的头部。头部是昆虫体躯的第一个体段，以膜质与胸部相连，头壳坚硬呈半球型。头部通常着生1对触角，1对复眼，1～3个单眼和口器，是感觉和取食的中心。

①触角。着生于两复眼之间的触角窝内，是昆虫的主要感觉器官，其存在有利于昆虫觅食、避敌、求偶和寻找产卵场所。触角基部第一节称为柄节，第二节称为梗节，以后各节统称为鞭节。

昆虫种类、性别不同，常具有不同的触角类型。常见的昆虫触角有以下几类：线状（丝状）、刚毛状、念珠状（串珠状）、锯齿状、栉齿状、棒状（球杆状）、羽毛状（双栉状）、肘状（膝状）、锤状、环毛状、具芒状、鳃叶状。人们可以根据触角的类型辨别昆虫的种类和性别，为害虫的测报和防控提供依据。

②眼。昆虫视觉器官，在取食、栖息、群集、避敌、决定行动方向等活动中起着重要的作用。昆虫的眼有复眼和单眼之分。

复眼：1对，位于头顶两侧，由很多小眼组成。其主要分辨物体的形象和颜色。

单眼：成虫的单眼多为3个，位于两复眼之间，呈倒三角形排列。其主要分辨光线的强弱和方向。单眼的有无、数目、排列和着生的位置是识别昆虫的重要特征。

③口器。昆虫的取食器官。鉴于昆虫取食方式和食物的性质不同，形成了各种不同的口器类型，但基本类型为咀嚼式和吸收式两大类。吸收式又因吸收方式不同分为刺吸式，如蝉类；虹吸式，如蝶蛾类；舐吸式，如蝇类；锉吸式，如蓟马；嚼吸式，如蜜蜂等。

咀嚼式口器：由上唇、上颚、下颚、下唇、舌5个部分组成。为害植物时，常造成孔洞、缺刻，甚至吃光叶片。有的取食叶片，有的在果实或种子内钻蛀取食，如蝗虫及多种蝶、蛾类幼虫。防控这类害虫，常用胃毒剂喷洒在植物表面或制成固体毒饵，害虫取食时，将食物与杀虫剂同时摄入体内，发挥杀虫作用。

刺吸式口器：由咀嚼式口器演化而来。上唇退化成三角形小片，下唇延长成管状的喙，上、下颚特化为口针。取食时，上、下颚口针交替刺入植物组织内吸取植物汁液，使植物出现斑点、卷曲、皱缩、虫瘿等现象，如蚜虫、叶蝉、飞虱等。对于这类口器的害虫，选用内吸性杀虫剂喷洒在植物表面，药剂被植物吸收并输送至体内各部，害虫取食植物汁液时连同药剂一起吸入体内，发挥杀虫作用。

昆虫的口器除了咀嚼式口器和刺吸式口器外，还有虹吸式、舐吸式、刮吸式、嚼吸式、锉吸式、捕吸式口器等。其中虹吸式口器为蛾、蝶类昆虫所特有，在外观可见到一条细长且能弯曲和伸展的喙；舐吸式口器为蝇类所具有的口器，在外观可见一条短粗的喙；刮吸式口器为蝇类幼虫具有的口器，在外观只见到一对口钩；嚼吸式口器是既能咀嚼固体食物，又能吮吸液体食物的口器，如蜜蜂的口器；锉吸式口器为蓟马的口器，用口针刮破植物组织，汁液流出后吸入消化道。另外，将草蛉幼虫具有的捕食性刺吸式口器称为捕吸式口器。

（2）昆虫的胸部。昆虫的第二个体段，由3个体节组成，依次称为前胸、中胸和后胸。每个胸节的侧下方各有1对分节的足，分别称为前足、中足和后足。多数昆虫在中胸和后胸侧上方还各有1对翅，依次称为前翅和后翅。足和翅都是昆虫的运动器官，故胸部是昆虫运动的中心。

①胸足。由基部向端部依次称为基节、转节、腿节、胫节、跗节和前跗节。一般

前跗节由爪和中垫组成。

由于昆虫的生活环境和活动方式不同，胸足的形态和功能发生了相应的变化，形成了不同的类型。常见的类型有以下几种：步行足、跳跃足、携粉足、游泳足、捕捉足、抱握足、开掘足和攀握足等。了解昆虫胸足的构造和类型，对于识别昆虫的种类，寻找昆虫的栖息场所，了解昆虫的生活习性和为害方式，防控害虫，保护、利用益虫都有重要意义。

②翅。昆虫的飞行器官，一般为膜质，翅上有纵脉、横脉等翅脉和翅室。翅有3条边、3个角、3条褶，把翅划分为4个区，如臀前区、臀区、腋区和轭区等。

昆虫由于长期适应特殊生活环境的需要，使得翅的质地、形状和功能发生相应变化，形成了不同的类型。常见的类型有膜翅、鳞翅、缨翅、覆翅、鞘翅、半鞘翅（半翅）和棒翅（平衡棒）等。不同类型的翅，可以用来鉴别昆虫，是昆虫分目的重要特征。

（3）昆虫的腹部。昆虫体躯的第三个体段，通常由9~11个体节组成。腹部1~8体节两侧有气门，腹腔内着生有内部器官，末端有尾须和外生殖器。腹部是昆虫新陈代谢和生殖的中心。

①外生殖器。雌性外生殖器就是产卵器，位于第8~9节的腹面，主要由背产卵瓣、腹产卵瓣、内产卵瓣组成。雄性外生殖器就是交尾器，位于第9节腹面，主要由阳具和抱握器组成。了解昆虫外生殖器的形态和构造是识别昆虫种类和性别的重要依据。

②尾须。有些昆虫有1对尾须，为着生在腹部第11节两侧的1对须状构造，分节或不分节，具有感觉作用。

（4）昆虫的体壁。体壁是昆虫骨化了的皮肤，包被于虫体之外，类似于高等动物的骨骼。其主要功能是支撑身体，着生肌肉，保护内脏，防止体内水分过度蒸发和外部水分、微生物及有害物质的侵入。此外，体壁还能接受外界刺激，分泌各种化合物，调节昆虫的行为。

①体壁的构造。昆虫的体壁由底膜、皮细胞层和表皮层3部分组成。皮细胞层是活细胞层；底膜为一层紧贴皮细胞层下的薄膜；表皮层由外向内分为上表皮、外表皮和内表皮。体壁具有延展性、坚韧性、不透性等特性。

②体壁的衍生物。昆虫体壁常向外突出，形成外长物，如刚毛、刺、距、鳞片等。体壁向内凹入，特化出各种腺体，如唾腺、丝腺、蜡腺、毒腺、臭腺等。

了解昆虫体壁的构造和特性，就可采取相应的措施来破坏体壁的结构，提高化学防控效果。如在杀虫剂中加入脂溶性化学物质，或在粉剂中加入惰性粉破坏体壁的不透性，可提高杀虫剂的防控效果。

3.1.2.2 内部构造

昆虫的内部器官位于体壁所包成的体腔内，主要包括消化、呼吸、生殖、神经、排泄、循环、肌肉、分泌八大系统。昆虫没有像高等动物一样的血管，血液充满体腔，故体腔又叫血腔，各个器官系统都浸浴在血液中。昆虫的生命活动和行为与内部器官的生理功能关系十分密切，了解昆虫的内部生理是科学地制定控害措施的基础。

（1）消化系统。

①构造和功能。昆虫的消化系统，包括消化道和唾腺2个部分。

消化道：是一根纵贯于体腔中央的管道，由前肠、中肠和后肠3部分组成。前肠从口开始，经过咽喉、食道、嗉囊，终止于前胃，内部以伸入中肠前端的贲门瓣与中肠分界，前肠具有摄食、磨碎和暂时贮存食物等作用。中肠又称胃，位于前肠之后，是昆虫消化食物和吸收营养的主要部分。为了增加消化吸收的面积，中肠前端往往向外突出，形成管状等各种形状的胃盲囊。后肠是消化道的最后部分，前端以马氏管着生处与中肠分界，后端开口于肛门，由结肠、回肠和直肠组成，主要功能是回收水分和无机盐，排出未经利用的食物残渣和代谢废物。

各种昆虫由于取食方式和食物种类的不同，消化道的构造也不相同。一般咀嚼式口器昆虫，取食固体食物，中肠结构往往比较简单，常呈均匀、粗壮的管状；而取食动植物汁液的吸收式口器昆虫，如蚜虫、介壳虫、粉虱等，中肠变得特别细长，而且中肠前端直接与后肠接触，并特化成"滤室结构"。食物中多余的水分和糖类及其他物质可不经过中肠，直接透过肠壁进入后肠排出体外，而蛋白质等主要营养物质浓缩于中肠便于消化吸收。这些昆虫，如蚜虫等的排泄物常常黏滞，并含有大量的糖分，称为"蜜露"，是蚂蚁喜食的食物，蚂蚁与蚜虫因此常常形成一种紧密的共生关系。另外，蜜露也是寄生真菌的营养基质，常引发植物的煤污病。

唾腺：是开口于口腔中的多细胞腺体，主要功能是分泌含有消化酶的唾液，用于润滑口器和溶解食物。

②与害虫防治的关系。昆虫将糖、蛋白、脂肪等大分子物质，在相应酶的作用下，分解成小分子的可溶性物质而加以吸收利用的过程，称为消化吸收。这个过程必须在稳定的酸碱度下进行，不同种类昆虫的中肠的酸碱度各不相同。如蝗虫、金龟子等中肠液偏酸性，用具碱性的砷酸钙农药，远比用砷酸铝的毒性作用大；而多数蛾、蝶类幼虫中肠液偏碱性，敌百虫农药在碱液中可生成毒性更强的敌敌畏；苏云金杆菌等微生物农药在虫体内产生的伴孢晶体，在碱性消化液中能形成毒蛋白，通过肠壁细胞进入体腔，引致昆虫发生败血病而死亡，故这些对蛾、蝶类幼虫具有较好的防治效果。同一种昆虫的不同虫态、不同龄期，其中肠液的酸碱度也常有变化。了解昆虫消

化器官的构造、功能，特别是中肠液的酸碱度对害虫综合防治和选择用药具有重要的意义。

（2）呼吸系统。

①构造和功能。昆虫的呼吸系统，由相互连接的纵向和横向的气管组成，这些气管相互沟通构成发达的网状结构，又称气管系统。其向内有许多逐渐变细的分支，最终形成微气管伸入各种组织细胞中，将氧气直接输送到身体各部位；向外以气门开口于身体两侧，作为空气进出气管的门户。昆虫的血液没有输氧功能，完全依靠气管系统将氧气输送到身体的各个部位。

气管是富有弹性的管状物，内壁由几丁质螺旋丝作螺旋状加厚，以保持气管扩张并增加弹性，有利于体内气体的流通。水生昆虫和飞行昆虫，部分气管膨大变粗，特化为气囊，以增加身体浮力，或在远距离飞行时，通过气囊的收缩，加速空气的流通来加强气体交换。气门是气管在体壁上的开口，一般呈圆形或椭圆形，有的具开闭机构或气门栅，以调节气体出入、防止水分散失和尘土侵入。一般成虫具气门10对，位于中、后胸和腹部第1~8节上；幼虫有气门9对，位于前胸和腹部第1~8节上，但不同昆虫气门的数目和位置常有一些变化。

②与害虫防治的关系。保证昆虫氧气的进入和二氧化碳的排除，称为呼吸作用或气体交换，以促进新陈代谢的正常进行。昆虫的呼吸作用通常是依靠体内外氧气和二氧化碳浓度的不同而形成的扩散作用和腹部收缩压缩气囊所形成的通风作用进行的。

昆虫呼吸作用的强度与环境温度和空气中二氧化碳的浓度有密切关系，用熏蒸剂防治害虫时可利用这一特点来提高防效。在一定温度范围内，温度与昆虫的活动、呼吸的快慢、气门开放的频率呈正相关，此时，适当提高环境温度，可促进熏蒸剂进入虫体的量。另外，由于昆虫气门的疏水性和亲油性，油剂以及一些辅助剂可以堵塞气门，使昆虫窒息而死。

（3）神经系统。

①构造和功能。昆虫神经系统是虫体传导各种刺激、保障各器官系统产生协调反应的结构。其最主要的是中枢神经系统，包括一个位于头部的脑和一条位于消化道腹面的腹神经索。脑与腹神经索之间，以围咽神经索相连。脑由前脑、中脑和后脑组成，腹神经索包括咽下神经节和胸、腹部的一系列神经元及连接前后神经节的神经索。

神经系统的基本单元是神经元，包括1个神经细胞和其生出的神经纤维。神经元按其功能可分为感觉神经元、运动神经元和联络神经元。神经节是神经细胞和神经纤维的集合体。

昆虫对外界的刺激，首先由感觉器接收，经感觉神经纤维将兴奋传导到中枢神经系统，再由运动神经纤维传导至反应器（肌肉或腺体）作出反应。神经冲动的传导依靠乙酰胆碱的释放与分解而实现。

②与害虫防治的关系。大多数杀虫剂都是神经毒剂，是通过阻断昆虫的神经传导来发挥作用的。如有机磷类和氨基甲酸酯类杀虫剂，可抑制乙酰胆碱酯酶的活性，使乙酰胆碱不能水解消失，从而在突触间结聚，害虫产生无休止的神经冲动，并处于长期的兴奋状态，导致虫体过度疲劳而死亡。由于人类和哺乳动物等的神经传导具有与昆虫相同的机理，防治害虫的一些神经毒剂对人、畜也是高毒的，在使用和保管时要特别注意防止人、畜中毒。

（4）生殖系统。

①构造和功能。生殖系统是昆虫产生生殖细胞、繁殖后代的器官，一般称为内生殖器官，位于腹部消化道的两侧或侧背面。雌性昆虫的内生殖器官主要由1对卵巢、1对侧输卵管、1根中输卵管（或称阴道），以及受精囊和附腺组成；雄性昆虫的内生殖器官主要由1对精巢、1对侧输精管、贮精囊，以及射精管组成。

昆虫繁殖后代一般要经过雌雄交配，精卵结合形成受精卵，再通过产卵来实现，常常包括交配和受精两个过程。交配是指雌雄两性的交合过程，可通过散发性外激素、雄虫群舞和鸣叫、雌性特殊的色彩和气味等来寻找配偶。受精是指精卵有机结合成受精卵的过程。交配和受精过程并不是同时完成的。昆虫受精通常发生于交配以后，产卵以前。当雄性的精子注入雌虫阴道或交尾囊后，经机械作用或化学刺激而贮于受精囊内，到排卵时受精囊内精子溢出，与卵结合成受精卵产出体外。

②与害虫防治的关系。了解昆虫生殖器官的构造及交配受精的特性，对于害虫防治和测报，具有重要的实用价值和科学意义。通过解剖雌性成虫的生殖系统，观察卵巢的发育级别和卵巢管内卵的数目，可作为预测害虫的发生期、防治适期、发生量等的依据。对于一生只交尾一次的昆虫，采用辐射不育剂、化学不育剂等绝育手段，可以使其不育，然后释放田间，使其与正常的个体交尾，便可造成害虫种群数量不断下降，甚至灭亡。

3.2　昆虫的生物学特性

昆虫的生活、繁殖和习性行为，是在长期演化过程中逐渐形成的。昆虫的种类不同，它们的生活和习性也不一样，了解其生活方式和习性行为，对于害虫可以找出它们生命活动中的薄弱环节予以控制，而对于益虫则可以进行人工保护、繁殖和利用。

3.2.1 昆虫的个体发育和变态

指昆虫从卵发育为成虫的全过程，可分为胚胎发育和胎后发育2个阶段。

3.2.1.1 胚胎发育

指昆虫在卵内的发育过程，一般是从受精卵开始到幼虫破卵壳孵化为止。它是昆虫个体发育的第一阶段。

（1）卵的结构。卵是一个大型细胞，由卵壳、原生质、卵黄及卵核等构成。最外面包着一层坚硬的卵壳，表面常有特殊的刻纹；其下为一层薄膜，称卵黄膜，里面包有大量的营养物质——原生质、卵黄和卵核。卵的顶端有一个至几个小孔，是精子进入卵子的通道，称为卵孔或精孔。成熟的卵核与精子结合，成为合核。然后合核又从卵的边缘向卵中央移动，并开始分裂，胚胎发育从此开始。

（2）卵的形状及产卵方式。各种昆虫的卵，其形状、大小、颜色各不相同。卵的形状一般为卵圆形、半球形、圆球形、椭圆形、肾脏形、桶形等；最小的卵直径只有0.02mm，最长的可达7mm。产卵方式和产卵场所也不同，有一粒一粒的散产，有的块产；有的卵块上还盖有毛、鳞片等保护物，或有特殊的卵囊、卵鞘。产卵的场所一般在植物上，但有的也产在植物组织内，或产在地面、土层内、水中及粪便等腐烂物内。了解昆虫卵的形状、产卵习性和产卵场所，对识别、调查及虫情估计等方面有十分重要的意义。如生产中可结合农事操作，摘除害虫卵块，就是一种有效的控制害虫措施。

（3）卵的孵化和卵期。胚胎发育完成后，幼虫从卵中破壳而出的过程称为孵化。孵化时幼虫用上颚或特殊的破卵器突破卵壳。一般卵从开始孵化到全部孵化结束，称为孵化期。有些种类的幼虫初孵化后有取食卵壳的习性。卵从母体产下到孵化为止，称为卵期。卵期长短因昆虫种类、季节及环境不同而异，短的只有1~2d，长的可达数月之久。对害虫来说，从卵孵化为幼虫就进入了为害期，因此消灭卵是一项重要的虫害防治措施。

3.2.1.2 胎后发育

指幼虫自卵中孵化出到成虫性成熟为止的发育过程。昆虫的胎后发育是胚胎发育的继续。胎后发育所需时间因昆虫种类的不同而不同，可以从几天到几年，甚至可长达十余年。但多数昆虫的胎后发育期为数周，遇有休眠或滞育的，才长达数月。

昆虫在生长发育过程中，从幼体状态转变为成虫状态，要经过一系列外部形态、内部构造以及生活习性上的变化，这种现象称为变态（Metamorphosis）。常见的变态可分为完全变态（Complete metamorphosis）和不完全变态（Incomplete metamorphosis）两大类。

（1）不完全变态。此类昆虫一生只经过卵期、幼虫期和成虫期3个阶段，翅在幼虫期体外发育，成虫的特征随着幼虫期虫态的生长发育而逐步显现，为有翅亚纲外翅部中除蜉蝣目以外的昆虫所具有的变态类型。其根据幼虫与成虫在形态特征和生活习性方面差异程度的不同，又可以分为渐变态、半变态和过渐变态3个亚型。

①渐变态（Paurometamorphosis）。幼虫期与成虫期在体形、生境、食性等方面非常相似，所不同的是翅和生殖器官没有发育完全，其幼虫期通称为若虫（Nymph）。直翅目、螳螂目和半翅目等陆栖昆虫均进行渐变态。

②半变态（Hemimetamorphosis）。幼虫期与成虫期生境不同，成虫期陆生，幼虫期水生，其体形、呼吸器官、取食器官、行动器官及行为等与成虫有明显的分化，其幼虫期通称为稚虫（Naiads）。蜻蜓目等进行半变态，其幼虫俗称水虿。

③过渐变态（Hyperpaurometamorphosis）。在幼虫转变为成虫前，有一个不取食又不太动的似蛹虫龄，这种变态介于不完全变态和完全变态之间。缨翅目、同翅目粉虱科与雄性介壳虫均进行过渐变态。

（2）完全变态。此类昆虫一生经过卵、幼虫、蛹、成虫4个不同虫态，为有翅亚纲内翅部昆虫所具有。

此类昆虫的幼虫在外部形态、内部器官、生活习性上与成虫差异很大。在形态方面，成虫的触角、口器、眼、翅、足、外生殖器等构造，幼虫以器官芽的形式隐藏在体壁下，同时还具有成虫所没有的附肢或附属物，如腹足、气管鳃、呼吸器等暂时性器官。在生活习性方面，如鳞翅目幼虫的口器是咀嚼式，取食植物，并以它们为栖息环境，而它们的成虫是虹吸式口器，吮吸花蜜等液体食物，有的完全不取食。又如双翅目、膜翅目中的大多数寄生性种类，幼虫寄生在寄主体内，成虫则营自由生活。因此，从幼虫到成虫必须经过一个将幼虫构造改为成虫构造的过渡虫期，即蛹期。

①幼虫期。大多数昆虫在胚胎发育完成后，幼虫即破卵壳而出，此过程称为孵化。昆虫孵化后即进入幼虫发育阶段。幼虫是昆虫个体发育的第二个阶段。昆虫从卵孵化出来后到出现成虫特征（不完全变态变成虫或完全变态化蛹）之前的整个发育阶段，称为幼虫期（或若虫期）。幼虫期是昆虫一生中的主要取食为害时期，也是防治的关键阶段。

a. 幼虫的蜕皮和虫龄。在幼虫期，若虫或幼虫均需要大量取食，以惊人的速度增大体积并蜕皮，才能转化为成虫或蛹。因为昆虫是外骨骼动物，体壁坚硬限制了它的生长，所以幼虫到一定程度必须将束缚过紧的旧表皮蜕去，重新形成新的表皮，才能继续生长，这种现象称为蜕皮（Moulting）。蜕下的旧皮称为虫蜕（Exuvia）。

昆虫在蜕皮前后不食不动，特别是刚蜕皮及新表皮未形成前，抵抗力很差，是利用药剂触杀的较好时机。幼虫每蜕皮1次，虫体的重量、体积都显著增大，食量也增加，形态上也发生相应的变化。从卵中孵化出来的幼虫，称为第1龄，经过第1次蜕皮后的幼虫称为第2龄，依此类推。相邻两次蜕皮之间所经历的时间，称为龄期（Stadium）。幼虫生长到最后一龄，称为老熟幼虫，若再蜕皮，就变成蛹（完全变态类）或成虫（不完全变态类）。这样的蜕皮并不伴随生长，而是同变态联系在一起。故称为变态蜕皮；而前面所述幼期伴随着生长的蜕皮，则称为生长蜕皮。

昆虫蜕皮的次数和龄期长短，因种类及环境条件不同而不同。一般幼虫蜕皮4次或5次。在3龄前，活动范围小，取食量很少，抗药能力很差；生长后期，则食量骤增，常暴食成灾，而且抗药力增强。所以，防治常要求将昆虫消灭在3龄前，此时可收到理想的防治效果。

b. 幼虫的类型。昆虫的幼虫可分为两大类，即若虫和幼虫。多数完成于胚胎发育寡足期的不完全变态类的幼虫称为若虫，其外形与成虫相似；完成于胚胎发育不同时期的完全变态类的幼虫称为（Larva）。

完全变态类昆虫占昆虫总种数的大部分，而且食性、习性、生活环境复杂，幼虫在形态上的变异很大。了解这些变异有助于识别其种类。根据足的数量及发育情况，可将完全变态昆虫的幼虫分为以下4种类型。

原足型（Protopod larva）：幼虫在胚胎发育早期孵化，头部和胸部的附肢不发达，腹部不分节，呼吸系统和神经系统简单，器官发育不全；幼虫不能独立生活，浸浴在寄主体液或卵黄中，通过体壁吸收寄主的营养继续发育。这一类型的代表是寄生性的膜翅目昆虫。

多足型（Polypod larva）：幼虫除具有3对胸足外，腹部还具有多对附肢，各节的两侧具有气门。又可分为蠋式：腹部第3～6节及第10节各有1对腹足，有时某些腹足退化，这些腹足端部都具有趾钩列，如蛾、蝶类幼虫；伪蠋式：除胸足外，还有6～8对腹足，腹足均无趾钩列，如膜翅目叶蜂类幼虫。

寡足型（Oligopod larva）：幼虫只具有胸足，没有腹足。常见于鞘翅目和部分脉翅目昆虫。典型的寡足型幼虫是捕食性的，通称为蛃型昆虫，如步甲幼虫。其他有蛴螬式幼虫，体粗壮，具3对胸足，无尾须，静止时体呈"C"形弯曲，如金龟子幼虫；蠕虫式幼虫，体细长，前后宽度相似，胸足较小，如叩头甲幼虫。

无足型（apod larva）：幼虫身上没有任何附肢，既无胸足，又无腹足。按头部发达或骨化程度，分为全头无足式（如天牛、吉丁虫幼虫），具有充分骨化的头部；半头无足式（如大蚊幼虫），头部仅前半部骨化，后半部缩入胸内；无头无足式，或称蛆式（如蝇类幼虫），头部完全退化，完全缩入胸部，或伸出口钩取食。

②蛹期。蛹（Pupa）是完全变态类昆虫由幼虫变为成虫时必须经历的一个过渡虫态。末龄幼虫蜕去最后一次皮变为蛹的过程称为化蛹。蛹表面不食不动，也很少主动移动，缺少防御和躲避敌害的能力，但其内部进行着分解旧器官，组成新器官的剧烈新陈代谢活动。要求相对稳定的环境来完成自身的转变过程，因此，老熟幼虫在化蛹前要寻找适当的庇护场所，如潜藏于树皮下、砖石缝内、土中、地被物下，或包被于丝茧内。所以，蛹期是昆虫生命活动中的薄弱环节，易受损害。了解这一生理特性，就可利用这个环节来消灭害虫和保护益虫。如耕翻土地、地面灌深水等都是有效的灭蛹措施。

根据各种昆虫蛹的形态不同，可将蛹分为离蛹、被蛹和围蛹3类。

a. 离蛹（Exarate pupa）。又称裸蛹。其特点是附肢和翅芽不贴附在身体上，可以活动，同时腹节间也可以自由活动，如鞘翅目昆虫的蛹。

b. 被蛹（Obtect pupa）。触角和附肢紧贴在蛹体上，不能活动，由坚硬而完全的蛹壳所包被，如鳞翅目蝶、蛾类的蛹。

c. 围蛹（Coarctate pupa）。蛹的本体为离蛹，但紧密包被于末龄幼虫的蜕皮壳内，即直接于末龄的皮壳内化蛹，如蝇类的蛹。

③成虫期。昆虫个体发育的最后一个阶段，其主要任务就是交配产卵及繁殖后代。感觉器官如复眼、触角等较幼虫期更为发达，便于感觉异性的形态和气味；翅已长成，便于飞行，寻找配偶；外生殖器已基本成熟，可进行交配和产卵。因此。成虫期本质上是昆虫的生殖期。到了成虫期，形态结构已经固定，不再发生变化，昆虫的分类和识别鉴定往往以成虫为主要依据。

a. 成虫羽化及补充营养。不完全变态昆虫的末龄若虫和完全变态昆虫的蛹，蜕去最后一次皮变为成虫的过程，称为羽化（Emergence）。有些老熟幼虫化蛹于植物茎秆中，往往在化蛹前先留下羽化孔，以利于成虫羽化后从此孔飞出；化蛹于土室内的则常常留有羽化道，以利于成虫由此道钻出。有些昆虫羽化后，性器官已经成熟，不需取食即可交尾、产卵，这类成虫的口器往往退化，寿命很短，只有几天，甚至几小时，如蜉蝣。这类成虫本身无为害性或为害不大。大多数昆虫羽化为成虫后，性器官并未同时成熟，需要继续取食，进行补充营养，使性器官成熟，才能交配与产卵，这种成虫期的营养称为补充营养。由于补充营养的需要，这类昆虫的成虫往往造成为害。有些昆虫性发育必须有一定的补充营养，如蝗虫、椿象等；有些成虫没有取得补充营养时，也可以交配产卵，但产卵量不高，而取得丰富的补充营养后，就可大大提高繁殖力，如黏虫、地老虎等。了解昆虫对补充营养的需要，对预测预报和设置诱集器等都是重要的依据。

b. 产卵前期及产卵期。成虫由羽化到产卵的间隔时期，称为产卵前期，各类昆虫的产卵前期常有一定的天数，但也受环境条件的影响。多数昆虫的产卵前期只有几天或十几天，诱杀成虫应在产卵前期进行，效果会比较好些。从成虫第一次产卵到产卵终止的时期称为产卵期。产卵期短的有几天，长的可达几个月。

c. 性二型及多型现象。一般昆虫的雌、雄个体外形相似，仅外生殖器不同，称为第一性征。有些昆虫雌、雄个体除第一性征外，在形态上还有很大的差异，称第二性征，这种现象称为雌、雄二型或性二型（Sexual dimorphism）。如介壳虫、枣尺蠖等的雄虫有翅，雌虫则无翅；鞘翅目锹形虫科雄虫的上颚远比雌虫发达；犀金龟科的独角仙，雄虫头部有突起，雌虫的则无突起。此外，有些同种昆虫具有两种以上不同类型的个体，不仅雌雄间有差别，而且同性间也不同，称为多型现象（Polymorphism），如蚜虫类，特别是蜜蜂、蚂蚁和白蚁等昆虫多型现象更为突出。了解成虫雌、雄形态上的变化，掌握雌、雄性比数量，在预测预报上很重要。

3.2.2 昆虫的繁殖方式

昆虫种类多，数量大，这与它的繁殖特点是分不开的。主要表现在繁殖方式的多样化、繁殖力强、生活史短和所需的营养少等方面。

（1）两性生殖（Sexual reproduction）。昆虫绝大多数是雌雄异体，通过两性交配后，精子与卵子结合，由雌性将受精卵产出体外，每粒卵发育为一个子代。这种繁殖方式称为两性卵生生殖，是昆虫繁殖后代最普遍且最常见的方式，如蝗虫、蝶类等。

（2）孤雌生殖（Parthenogenesis）。又称单性生殖，指的是卵不经过受精就能发育成新的个体。有些昆虫完全或基本上以孤雌生殖进行繁殖，这类昆虫一般没有雄虫或雄虫极少。另外，一些昆虫是两性生殖和孤雌生殖交替进行，故称异态（世代）交替（Heterogeny），如蚜虫的孤雌生殖和两性生殖随季节变化交替进行。孤雌生殖对昆虫的广泛分布起着重要作用，是昆虫对付恶劣环境和扩大分布的有利适应。

（3）卵胎生（Ovoviviparity）。指卵在母体内孵化，直接从母体产出幼虫或若虫的生殖方式。如蚜虫在进行孤雌生殖的同时又进行卵胎生，所以也被称为孤雌胎生生殖。卵胎生能对卵起保护作用。

（4）幼体生殖（Paedogenesis）。少数昆虫，母体尚未达到成虫阶段还处于幼虫时期，就进行生殖，这种生殖方式称为幼体生殖，又称为童体生殖，如瘿蚊、摇蚊等。凡进行幼体生殖的，产下的都不是卵，而是幼虫，故幼体生殖可以看成是卵胎生的一种方式。

（5）多胚生殖（Polyembryonic reproduction）。指由一个卵发育成两个到几百个甚至上千个胚胎，每个胚胎发育成一个新个体的生殖方式，这种生殖方式是一些内寄生蜂类所具有的。多胚生殖是对活体寄生的一种适应，可以利用少量的生活物质和较短的时间繁殖较多的后代个体。

除两性生殖外，孤雌生殖、卵胎生、幼体生殖和多胚生殖均属特异生殖。

3.2.3 昆虫的季节发育

昆虫在自然界中的生活是具有周期性节律的，即一种昆虫一年中总是在较适宜的温度及食物等外界条件下，才能生长、发育和繁殖。在不具备这些条件的时候如寒冷的冬季，就停止发育，并以一定的虫期度过不利的季节。翌年，当适合其发育的条件出现时，昆虫又开始了这一年的生长、发育和繁殖。这种生活周期的节律性是昆虫在长期的演化过程中，对环境条件和季节变化适应的结果。

3.2.3.1 世代及年生活史

（1）世代（Generation）。一个新个体（不论是卵或是幼虫）从离开母体发育到性成熟并产生后代为止的个体发育史，称为1个世代，简称1代。各种昆虫世代的长短和1年内世代数各不相同，有1年1代的，也有1年多代的，还有数年1代的。昆虫世代的长短和在1年内发生的世代数，受环境条件和种的遗传性影响。有些昆虫世代多少受气候（主要是温度）的影响，它的分布地区越向南，年发生的代数越多，如黏虫在华南1年发生6～8代，在华北发生3～4代，到东北北部则发生1～2代；有时同种昆虫在同一地区不同年份发生的世代数也可能不同，如东亚飞蝗在江苏、安徽一般1年发生2代，而1953年因秋后气温高则发生了3代；有些昆虫1年内世代的多少完全由遗传特性所决定，不受外界条件的影响，如天幕毛虫，不论南方、北方都是1年1代，即使气温再适合也不会发生第2代。

1年数代的昆虫，由于成虫发生期长和产卵先后不一，同一时期内，前后世代常混合发生，造成上、下世代间重叠的现象，称为世代重叠（Generation overlapping）。也有的昆虫在1年中的若干世代间，存在着生活方式甚至生活习性的明显差异，通常总是两性世代与若干代孤雌生殖世代相交替（如蚜虫），这种现象称为世代交替（Metagenesis）。

根据发生学的观点，计算昆虫世代以卵期为起点，1年发生多代的昆虫，依先后出现的次序称第1代、第2代……凡是上一年未完成生活周期，翌年继续发育为成虫的，都不能算是翌年的第1代，而是上年最后1代的继续，一般称为越冬代。由越冬代成虫产的卵称为第1代卵，由此发育的幼虫等虫态，分别称为第1代幼虫等，由第1代成虫产下的卵则称为第2代卵，其他各代依此类推。

（2）年生活史（Annual life history）。一种昆虫在1年内的发育史，或由当年的越冬虫态开始活动起，到翌年越冬结束为止的发育经过，称为年生活史，简称生活史。其基本内容包括：1年中发生的世代数，越冬、越夏虫态和栖息场所，越冬后开始活动的时间，各代各虫态发生的时间和历期，发生与寄主植物发育阶段的配合等。年生活史可用文字记载，也可用图解的方式加以说明。如黄杨绢野螟［*Diaphania perspectalis*（Walker）］年生活史表示如下（表3-2）。

表3-2　黄杨绢野螟年生活史

世代	4月 上	中	下	5月 上	中	下	6月 上	中	下	7月 上	中	下	8月 上	中	下	9月 上	中	下	10月至翌年3月 上	中	下
越冬代	(−)	(−)	(−)	△	△	△															
					+	+	+	+													
第1代					·	·	·		·												
					−	−	−	−													
							△	△	△												
							+	+	+												
第2代									·	·	·	·									
									−	−	−										
									△	△	△	△									
										+	+	+	+								
第3代														·	·						
													−	−	−	−	(−)	(−)	(−)		

注：·代表卵；−代表幼虫；（−）代表越冬幼虫；△代表蛹；+代表成虫。
引自汪廉敏等《黄杨绢野螟的为害及防治》，植物保护，1988年。

各种昆虫由于世代长短不同，各发育阶段的历期也有很大差异，同时其为害习性、栖息和越冬、越夏场所也都不一样。因此，它们在1年中所表现的活动规律各不相同。掌握昆虫详细的年生活史，就能清楚其来龙去脉和为害特点；分析和掌握其生活史中的薄弱环节，开展准确的防治；同样也可开展有效的益虫利用。因此，研究昆虫的年生活史，是实现"预防为主，综合防治"植保方针的基础。

3.2.3.2　昆虫的休眠与滞育

昆虫或螨类在1年生长发育过程中，常常有一段或长或短的不食不动、停止生长发育的时期，这种现象称为停育。根据停育的程度和解除停育所需的环境条件，可分为休眠和滞育两种状态。

（1）休眠（Dormancy）。很多昆虫都可以进行休眠。其是昆虫为了安全度过不良环境条件（主要是低温或高温）而处于不食不动、停止生长发育的一种状态。不良环境一旦解除，昆虫可以立即恢复正常的生长发育。

冬季的低温，使许多昆虫进入一个不食不动的停止生长发育的休眠状态，以安全度过寒冬，这种现象称为越冬（Overwintering）。昆虫越冬前往往做好越冬准备，以幼虫越冬为例，它们在冬季到来前就大量取食，积累体内脂肪和糖类，寻找合适的越冬场所，并常以抵抗力较强的虫态越冬，以减少过冬时体内能量的消耗。

夏季的高温引起某些昆虫的休眠，这种现象称为越夏（Oversummering）。如蝼蛄常在夏季蛰于深土层越夏。

（2）滞育（Dispause）。某些昆虫在不良环境条件远未到来之前就进入了停育状态，纵然给予最适宜的环境条件也不能解除，必须经过一定的环境条件（主要是一定时期的低温）的刺激才能打破停育状态，这种现象称为滞育。引起滞育的环境条件主要是光周期（Photoperiod）（指每24h内的光照时数），而不是温度。它反映了种的遗传特性。具有滞育特性的昆虫都有各自的固定滞育虫态，如天幕毛虫以卵滞育。

了解昆虫休眠和滞育的特性及害虫的越冬、越夏的虫态和场所，可以预测害虫的发生和为害时期，对开展害虫的越冬（夏）期防治有直接指导意义。也可见，多样的生活史是昆虫长期适应外界环境变化的产物，是昆虫抵御不良环境条件的重要生存对策之一。无论是世代重叠、局部世代，还是世代交替、休眠与滞育等，都对昆虫种群的繁盛与延续起着十分重要的作用。

3.2.4　昆虫的习性和行为

昆虫的习性（Habits）和行为（Behavior）是指种或种群的生物学特性，是昆虫对各种刺激所产生的反应活动。这些反应活动或有利于它们找到食物和配偶，或有利于它们避开敌害或不良环境等。了解害虫的习性，对于采取正确的防治方法是很重要的。

（1）趋性（Taxis）。指昆虫对外界因子（光、温度、湿度和某些化学物质等）刺激所产生的定向活动，其中趋向刺激源的称正趋性，背向刺激源的称负趋性。昆虫的趋性主要有趋光性、趋化性、趋温性等。

①趋光性（phototaxis）。昆虫对于光源的刺激，多数表现为正趋性，即正趋光性，如蛾类、蝶类等。另有些却表现为背光性，即负趋光性，如臭虫、米象等。不论趋光或背光，都是通过昆虫视觉器官（眼）而产生的反应。

很多昆虫，尤其是多数夜间活动的种类，如蛾类、蝼蛄以及叶蝉、飞虱等都有很强的趋光性。但各种昆虫对光波的长短、强弱反应不同，一般趋向于短光波，这就是利用黑光灯诱集昆虫的依据。

昆虫趋光性受环境因素的影响很大，如温度、雨量、风力、月光等。当低温或大风、大雨时，往往趋光性减低甚至消失；在月光很亮时，灯光诱集效果较好。

雌雄两性的趋光性往往也不同。有的雌性比雄性强些，有的雄性比雌性强些，还有的如大黑鳃金龟雄虫有趋光性，而雌虫则无趋光性。因此，利用黑光灯诱集昆虫统计性比，在估计诱集效果时应考虑这一情况。

②趋化性（Chemotaxis）。昆虫通过嗅觉器官对于化学物质的刺激所产生的反应，称为趋化性。昆虫对于化学物质的刺激，有趋也有避。这在昆虫的寻食、求偶、避敌、找产卵场所等方面表现明显，如菜粉蝶趋向于在含有芥籽油的十字花科蔬菜上产卵。利用昆虫的趋化性在害虫防治上有很大意义。根据害虫对化学物质的正负趋性，发明了诱集剂和忌避剂。对诱集剂应用，如利用糖醋毒液或谷子、麦麸作毒饵等诱杀害虫，国内外利用性引诱剂来诱杀异性害虫也获得了很大发展。对忌避剂应用，如大家熟知的利用樟脑球（萘）来驱除衣鱼、衣蛾等皮毛纺织品的害虫，用避蚊油来驱蚊等。

③趋温性（Thermotaxis）。因昆虫是变温动物，本身不能保持和调节体温，必须主动趋向于环境中的适宜温度，这就是趋温性的本质。如蝗蝻每天早晨要晒太阳，当体温升到适宜时才开始跳跃取食等活动。严冬酷暑对某些害虫来说就要寻找适宜场所来越冬、越夏，这是对温度的一种负趋性。

此外，昆虫还有趋湿性（Hygrotaxis）（如小地老虎、蝼蛄喜潮湿环境）、趋声性（Phonotaxis）（如雄虫发音引诱雌虫来交配，又如吸血的雌蚊听见雄蚊发出的特殊声音就立即逃走等）、趋磁性（Magnetotaxis）等趋性。但无论是哪一种趋性，往往都是相对的，昆虫对刺激的强度（浓度）有一定程度的可塑性，当刺激超过某一限度，正趋性有时也会转化为负趋性。如低浓度性引诱剂对昆虫可表现出较强的引诱作用，浓度过高不但起不到引诱作用，反而成为抑制剂。所以在利用趋性防治害虫时还要掌握一定的"度"。

（2）食性（Feeding habits）。昆虫在生长发育过程中，不断取食。它们在长期的演化过程中，形成了各自的特殊取食习性，通称为昆虫的食性。昆虫食性的分化，与昆虫的进化及种类繁多是密切相关的。

①按取食的对象分。可将昆虫食性分为植食性、肉食性、腐食性和杂食性4类。

植食性：以活的植物各个部位为食物的昆虫。昆虫中约有48.2%是属于此类，其中绝大多数是农林业害虫，也有少数种类对人类有益，如家蚕等。

肉食性：以活的动物体为食物的昆虫。昆虫中约有30.4%是属于此类，其中又分为捕食性（捕捉其他动物为食，约占昆虫种类的28%）和寄生性（寄生于其他动物体内或体外，约占昆虫种类的2.4%）2种。这类昆虫中有不少种类可以用来消灭害虫，它们是生物防治上的重要益虫，如捕食性的瓢虫、草蛉；寄生性的赤眼蜂、金小蜂等。但也有寄生于益虫或人、畜的，则归为害虫，如蚊、虱等。

腐食性：以死亡的动植物残体、腐败物及动物粪便为食的昆虫。昆虫中约有17.3%属于此类，如粪金龟等。

杂食性：以动、植物产品为食（如皮毛、标本、食品、粮食、书纸等）的昆虫。昆虫中约有4.1%是属于此类，如衣蛾、蜚蠊等。

②按取食的范围分。可将昆虫食性分为单食性、寡食性和多食性3类。

单食性：又称专食性。只以一种或近缘种动植物为食物的昆虫，如梨实蜂等。

寡食性：以一科或几种近缘科的动植物为食物的昆虫，如菜粉蝶取食十字花科植物；某些瓢虫捕食蚜虫、介壳虫等。

多食性：以多种非近缘科的动植物为食物的昆虫，如蝗虫、棉蚜、草蛉等。

了解昆虫的食性，能帮助我们区分害虫和益虫。对于害虫，了解其食性的广窄，在防治上可利用农业防治法，如对单食性害虫可用轮作来防治。在引进新的植物种类及品种时，应考虑本地区内多食性或寡食性害虫对其有无为害的可能，从而采取预防措施。

（3）群集性（Aggregation）。指同种昆虫的大量个体高密度地聚集在一起的习性。根据聚焦时间的长短，可将群集分为暂时性群集和永久性群集2种。

①暂时性群集。指一些昆虫的某一虫态或某一段时间群集在一起，过后就分散。如很多瓢虫，越冬时聚集在石块缝中、建筑物的隐蔽处或落叶层下，到春天则分散活动；斜纹夜蛾、茶毛虫等，初龄幼虫群集在一起，老龄时则分散为害。

②永久性群集。指有的昆虫个体群集后就不再分离，整个或几乎整个生命期都营群集生活，并常在体型、体色上发生变化。如蝗虫就属此类，当蝗蝻孵出后，就聚集成群，由小群变大群，个体间紧密地生活在一起，日晒取暖、跳跃、取食、转迁都是群体活动。这种群集受遗传基因控制，是个体间互相影响的结果，因为蝗虫粪便中含有一种叫做"蝗呱酚"的聚集外激素在吸引蝗虫群集。

了解昆虫的群集性，一方面为集中防治害虫提供了方便，另一方面对害虫测报工作提出了更高的要求。

（4）迁移性（Migration）。包括迁飞和扩散。迁飞是指某些昆虫在成虫期，有成群地从一个发生地长距离地迁飞到另一个发生地的特性。如黏虫，每年秋季飞到南方越冬，每年冬天又飞到北方为害，周而复始。扩散是指昆虫个体在一定时间内发生近距离空间变化。大多数昆虫在条件不适或营养恶化时，可在发生地向周围空间扩散，如菜蚜，在环境条件不适时常发有翅蚜向邻近地块扩散；黏虫幼虫在吃光一块地的植物后，就会向邻近地块成群转移为害。这是昆虫的一种适应性，有助于种群的延续生存。

了解害虫的迁飞特性，查明它们的来龙去脉及扩散、转移的时期，对害虫的测报与防治具有重大意义，应该注意消灭它们于转移迁飞为害之前。

（5）假死性（Death-feigning）。是指有一些昆虫在取食爬动时，受到外界突然震动惊扰后，立即蜷缩肢体，静止不动或从原停留处突然跌落下来呈"死亡"之状，稍停片刻即恢复常态而离去的现象。假死性是昆虫受到外界刺激后产生的一种抑制反应，许多昆虫凭借这一简单的反射来逃脱天敌的袭击，因为许多天敌通常不取食死亡的猎物。如金龟子、叶甲等许多甲虫的成虫和某些蝶、蛾的幼虫均具有假死性。根据此习性，我们可以利用触动或振落法采集标本或进行害虫的测报与防治等。

（6）拟态（Mimicry）和保护色（Protective color）。拟态是指有些昆虫在形态上模仿植物或其他动物，从而使自身获得保护的现象。如竹节虫和尺蛾的部分幼虫等的形态与植物枝条极为相似，再如没有防御能力的食蚜蝇外形与具有螫针的胡蜂极为相似。

保护色是指某些昆虫具有同它生活环境中的背景相似的颜色，有利于躲避捕食性动物的视线而达到保护自己的现象。如夏季的蚱蜢为草绿色，秋季则为枯黄色。相反，昆虫的体色与其生活环境中的背景对照强烈，借以威吓或惊吓袭击者保护自身的现象，则称为警戒色（Warning color）。这些都是昆虫在长期的进化过程中，在自然选择的作用下，使它们的外形特征向有利于其生存方向发展的结果。

（7）时辰节律（Circadian rhythm）。指绝大多数昆虫的活动，如飞翔、取食、交配、产卵、孵化、羽化等，都表现出一定时间节律的现象。时辰节律是昆虫种属的特性，是长期适应于昼夜变化而形成的一种有利于自身生存、繁育的生活习性。我们可把白昼活动的昆虫称为日出性昆虫。许多捕食性昆虫是日出性昆虫，如蜻蜓、虎甲等，这与它们的捕食对象的日出性有关；蝶类也是日出性的，这与大多数显花植物白天开花有关。夜间活动的昆虫多为夜出性昆虫，绝大多数的蛾类是夜出性的，取食、交配、产卵都在夜间。在黎明、黄昏等弱光下活动的昆虫称弱光性昆虫，如蚊子喜欢在黄昏时婚飞、交配，舞毒蛾的雄成虫多在傍晚时围绕树冠翩翩起舞。

由于自然界中昼夜长短是随季节变化的，故许多昆虫活动的时辰节律也有季节性。1年发生多代的昆虫，各世代对昼夜变化的反应也会不同，明显的反应表现在迁移、滞育、交配和产卵等方面。

昆虫活动的时辰节律除受光的影响外，还受温度的变化、食物成分的变化、异性释放外激素的生理条件的影响。

了解昆虫活动的时辰节律，对在哪一个时段采取防治措施，如施药、灯诱、性诱等具有重要的指导意义。

3.3 昆虫发生与环境条件的关系

昆虫的生长发育和消长规律不仅与其本身的生物学特性有关，而且与环境因素有着密切联系。所谓环境，就是指昆虫个体或群体以外的一切因素的总和，而构成环境的各个因素称为环境因子。在环境因子中，能对昆虫生长发育和分布有影响作用的因子称为生态因子，依其性质可分为非生物因子（包括气候因子、土壤因子）、生物因子（包括食物因子、天敌因子）和人为因子等。

任何一种昆虫的生存环境都存在着许多生态因子，这些生态因子在作用性质和强度方面各有不同，但它们相互之间有着密切的联系，并对昆虫种群起着综合的生态作用。揭示各生态因子对昆虫种群的影响规律，有助于为害虫预测预报和防治工作打下理论基础。

3.3.1 气候因子的影响

包括温度、湿度、光、降水、气流、气压等。在自然条件下，这些气候因子是综合作用于昆虫的，但各因子的作用并不相同，尤以温度（热）、湿度（水）作用最为突出。

（1）温度。影响昆虫生长发育的主要因子。昆虫是变温动物，其体温的变化取决于周围环境的温度，环境温度支配着昆虫的生命活动，对其生长发育和繁殖都有很大的影响。

①昆虫对温度的反应。任何一种昆虫的生长、发育和繁殖等生命活动均要求在一定的温度范围内进行，这个温度范围称为有效温区（或适温区）。其中有一段温度范围对昆虫的生活力与繁殖力最为有利，称为最适温区。有效温区的下限是昆虫开始生长发育的起点，在此点以下，有一段低温区使昆虫生长发育停止，昆虫处于低温昏迷状态，这段低温区称为停育低温区。停育低温区下昆虫因过冷而立即死亡，称为致死低温区。同样，有效温区的上限即最高有效温度，称为高温临界。高温临界的上边也有一段停育高温区，再上则为致死高温区，详见表3-3。

表3-3　温区的划分及昆虫在各温区的不同反应

温度（℃）	温区		昆虫对温度的反应
60 50	致死高温区		酶系统被破坏，蛋白质也凝固失活，短时间内死亡
45	亚致死高温区		代谢失调而昏迷，死亡取决于高温强度和持续时间
40	高温临界 高适温区	适宜温区 （有效温区）	随温度升高，发育变慢，死亡率上升
30 20	最适温区		能量消耗最小，死亡率最小，生殖力最大
10	低适温区 发育起点		随温度下降，发育变慢，死亡率上升
0 -10	亚致死低温区		代谢速率降至极低，生理功能失调，死亡率取决于低温强度和持续时间
-20 -30 -40	致死低温区		体液结冰，原生质受损伤，脱水而死亡

　　由于不虫昆虫的生理特点有所不同，因而各种昆虫种群有着不完全一样的温区。如一些昆虫在度过严寒的冬季之前，生理状态产生变化，体液结冰点下降，承受体液结冰的生理机能增强，即使部分体液的水分结成冰晶而出现虫体僵硬的状态下，也能越冬并保持充沛的生命力。一般昆虫对高温的忍受能力远不及对低温的忍受能力强，这就是利用高温杀虫比利用低温杀虫效果好得多的根据。

　　②有效积温法则及应用。在有效温度范围内，发育速率（所需天数的倒数）与温度成正比，即温度越高，发育速率越快，发育所需天数越少。试验测得的结果表明，在有效温度范围内，昆虫完成一定发育阶段（虫期或世代）所需天数与同期内的有效温度（发育起点以上的温度）的乘积是一个常数，这一常数称为有效积温。其单位常以日度表示，而这一规律则称为有效积温法则，用公式表示为：

$$K=N（T-C）$$

　　式中，K为有效积温（单位：d·℃）；N为发育天数（历期）（单位：d）；T为实际温度（单位：℃）；C为发育起点温度（单位：℃）。

　　有效积温法则在昆虫的研究和害虫的防治中经常应用，主要表现在以下几个方面。

　　a.估测某种昆虫在某一地区可能发生的世代数。通过试验可以测得某种昆虫完成1个世代的有效积温K，以及发育起点温度C，某一地区的实际温度T（日平均温度或候平均温度或旬平均温度），可以从该地区历年的气象资料中查出。因此，某种害虫在该地区1年发生的世代数常可以通过以下公式推算出来：

世代数=某地1年的有效积温（d·℃）/该地区该虫完成1代所需的有效积温（d·℃）

b. 推算昆虫发育起点温度和有效积温数值。昆虫发育起点C可由试验求得：将一种昆虫或某一虫期置于2种不同温度下饲养，观察其发育所需时间，设2个温度分别为T_1和T_2，完成发育所需时间分别为N_1和N_2，根据$K=N（T-C）$，产生联立式：

第1种温度条件下：$K=N_1（T_1-C）$

第2种温度条件下：$K=N_2（T_2-C）$

则：$N_1（T_1-C）=N_2（T_2-C）$

$C=（N_2T_2-N_1T_1）/（N_2-N_1）$

将计算所得C值代入公式即可求得K。

c. 预测害虫发生期。知道了1种害虫或1个虫期的有效积温与发育起点温度后，便可根据公式$N=K/（T-C）$进行发生期预测。

d. 控制昆虫发育进度。人工繁殖利用天敌昆虫防治害虫，按释放日期的需要，可根据公式$T=K/N+C$计算出养虫室内饲养天敌昆虫所需的温度，通过调节培养室温度来控制天敌昆虫的发生速度，并在合适的日期释放出去。

e. 预测害虫在地理分布上的北限。只有全年有效积温之和大于害虫完成1个世代所需的总积温的地区，该害虫才有可能存在。因此，通过对各地区全年有效积温总和与害虫完成1个世代所需要的总积温进行比较，可掌握害虫的地理分布。

有效积温对于了解昆虫的发生规律、害虫的预测、预报和利用天敌开展防治工作具有重要意义。但应当指出，有效积温法则是有一定局限性的。

a. 有效积温法则只考虑温度条件，其他因素如温度、食料等也有很大的影响，但没考虑进去。

b. 有效积温法则是以温度与发育速率呈现直线关系作为前提的，而事实上，在整个适温区内，温度与发育速率的关系呈"S"形的曲线关系，无法显示高温延缓发育的影响。

c. 有效积温法则的各项数据一般是在实验室恒温条件下测定的，与外界变温条件下生活的昆虫发育情况也有一定的差距。

d. 有些昆虫有滞育现象，所以对某些有滞育现象的昆虫，利用该法则计算其发生代数或发生期就难免有误差。

因此，应用有效积温法则来测报害虫的发生世代、发生期和发生地只能当作参考，它必须结合其他因子来综合分析，否则会不很准确。

（2）湿度。水是生物有机体的基本组成成分之一，是代谢作用不可缺少的介质。一般昆虫体内水分的含量占其体重的50%左右，而蚜虫和蝶类幼虫可达90%以上。虫体内的水分主要来源于食物，其次为直接饮水、体壁吸水和体内代谢水。虫体内的水分又通过排泄、呼吸、体壁蒸发而散失。如果昆虫体内的水分代谢失去平衡，就会影响正常的生理机能，严重时会导致死亡。

昆虫对湿度的要求依种类、发育阶段和生活方式不同而有差异，最适宜的相对湿度为70%～90%，湿度过高或过低都会延缓昆虫的发育，甚至造成死亡。昆虫的孵化、蜕皮、化蛹、羽化一般都需要较高的湿度，但一些具有刺吸式口器的害虫（如介壳虫、蚜虫、叶蝉及叶螨等）对大气湿度的变化并不敏感，即使大气非常干燥，也不会影响它们对水分的要求。如天气干旱时，寄主植物汁液浓度增大，提高了营养成分的含量，则有利于害虫繁殖。一些食叶害虫在干旱季节为了得到足够的水分，常大量取食，猖獗为害。所以，这类害虫往往在干旱时发生为害重。

降雨不仅影响环境湿度，也直接影响害虫发生的数量，其作用大小常因降雨时间、次数和强度而定。同一地区不同年份降水量的变化比温度变化大得多，所以降雨和湿度常常成为影响许多害虫当年发生量和为害程度大小的主要因素。春季雨后有助于一些在土壤中以幼虫或蛹越冬的昆虫顺利出土；而暴雨则对一些害虫如蚜虫、初孵介壳虫以及叶螨等有很大的冲杀作用，从而大大降低虫口密度；阴雨连绵不但影响一些食叶害虫的取食活动，且易造成致病微生物的流行。

（3）温湿度的综合作用。在自然界中，温度与湿度总是同时存在、相互影响并综合作用于昆虫的，而昆虫对温湿度的反应也总是综合要求的。在一定的温湿度范围内，不同温湿度组合可以产生相似的生物效应。在相同温度下，湿度不同时产生的效应不同，反过来也是这样。因此，我们在分析害虫种群消长规律时，不能只根据温度或相对湿度的某一项指标作出结论，而是要注意温湿度变化的综合作用。目前，温湿度的综合作用常使用温湿系数或气候图来表示。

①温湿系数。指相对湿度与平均温度的比值，或降水量与平均温度的比值。公式为：

$$Q=RH/T 或 Q=M/T$$

式中，Q为温湿系数；RH为相对湿度；M为降水量；T为平均温度。

温湿系数可以作为一个指标，用以比较不同地区的气候特点，或用以表示不同年份或不同月份的气候特点，以便分析害虫发生与气候条件的关系。然而，不同地区或不同时间的温湿组合得到相同温湿系数的可能性是存在的。因此，温湿系数的应用有一定的局限性，使用时应进行具体的分析研究。

②气候图。利用1年或数年中的气象资料，以坐标上的纵轴代表月平均温度，横轴代表月降水量或平均相对湿度，找出各月的温湿度结合点，用线条按月顺序连接起

来而成。通过对1种害虫发生与非发生地区或年份的气候图进行比较，可以找出该害虫生存的温湿条件，以及使该虫猖獗的温湿条件在1年中出现的时间，以此判断害虫的地理分布及进行害虫发生量的预测预报。

（4）光。电磁波的一种，是一切生物赖以生存和繁殖的最基本能量源泉。昆虫的生命活动和行为与光的性质、光强度和光周期有密切的关系。

①光的性质。通常用波长来表示，不同的波长，显示出不同颜色的光。昆虫辨别不同波长光的能力和人的视觉不同。人眼的可见光，其波长在400～800nm范围内，大于800nm的红外光和小于400nm的紫外光，人眼均不可见。昆虫的视觉能感受250～700nm的光，但多偏于短波光，许多昆虫对330～400nm的紫外光有强趋性。因此，在测报和灯光诱杀方面常用黑光灯、频振灯（波长365nm）。另外，蚜虫、粉虱、美洲斑潜蝇等对550～600nm黄色光有反应，可利用黄板来进行诱杀。

②光强度。光的强度大小关系环境的光亮度，直接影响昆虫的生活。对钻蛀和地下昆虫，黑暗处是它们理想的栖息场所，而对大多数裸露生活昆虫，在光线较弱时会趋向光线较强的地方。此外，光强度还影响昆虫的活动和行为，表现在昆虫的日出性、夜出性等昼夜活动节律的不同。如蜂类、蝶类、蚜虫喜欢白昼活动；夜蛾、蚊虫、金龟子成虫等喜欢夜间活动；有些昆虫昼夜均活动，如天蛾、蚂蚁等。

③光周期。指昼夜交替时间在1年中的周期性变化，对昆虫生活起着一种信息作用。许多昆虫对光周期的年变化反应非常明显，表现在昆虫的季节生活史、滞育特性、世代交替以及蚜虫的季节性多型现象等。

光照时间及其周期性变化是引起昆虫滞育的重要因素，季节周期性影响着昆虫年生活史的循环。昆虫滞育受到温度和食料条件的影响，主要是光照时间起信息的作用。已证明近百种昆虫的滞育与光周期变化有关。试验证明，许多昆虫的孵化、化蛹、羽化都有一定的昼夜节奏，这些节奏与光周期变化密切相关。

（5）风。影响昆虫的迁移和扩散，许多昆虫可借助风力传播到很远的地方。风的强度、速度和方向，直接影响昆虫扩散、迁移的频度、方向和范围。某些远距离迁飞的昆虫，除自主迁飞，风的因素也是不容忽视的。一些体小的昆虫，如蚜虫，在风力的帮助下可迁飞到1 200～1 440km的地方；一些蚊蝇也可被风带到25～1 680km的地方；甚至一些无翅昆虫可以附在枯叶碎片上被上升气流带到高空再传播到远方。同时，大风可以使许多飞行的昆虫停止飞行。据测定，当风速超过4m/s时，一般昆虫都停止飞行。在大风天，灯光诱虫的效果不好，风越大诱虫量就越少。此外，风还可以影响环境的温湿度，从而间接影响昆虫的生命活动。

3.3.2 土壤环境的影响

土壤是昆虫的一种特殊生态环境。一些昆虫终生生活于土壤中，如蚂蚁、跳虫等；一些昆虫以一个虫态（或几个虫态）生活于土壤中，如蛴螬、金针虫、地老虎幼虫等；一些昆虫在土壤中越冬、越夏。据估计，有95%～98%的昆虫种类都与土壤发生或多或少的直接联系，土壤对绝大多数昆虫的影响是很大的。

（1）土壤温度的影响。土温主要来源于太阳辐射热，其次为土中有机质发酵产生的热量，但后者也是受前者影响的。土温的特点是日变化与年变化不像大气那样大，总的说来比较稳定，尤其土层越深变化越小。这就为土栖昆虫提供了一个比较理想的环境，不同种的昆虫可以从不同深度的土层中找到适合的土温。加上土层的保护，所以许多昆虫喜在土壤中越冬（越夏）、产卵或化蛹等。土栖昆虫活动也受土壤温度影响，如蛴螬、金针虫等地下害虫在冬季严寒和夏季酷热的季节，便潜入深土层越冬或不活动，春、秋温暖季节上升到表土层来取食为害作物等。这种垂直迁移活动不仅在1年中随季节而变化，在1天中也经常表现出来，如蛴螬在夏季多在夜间及早晨到表土层为害，日中又回到稍深的土层中。

（2）土壤湿度的影响。土壤湿度是指土壤自由水绝对含水量的重量百分率，它主要来源于大气的降水及人工的灌溉。土壤空气中的气态水通常处于饱和状态（除表土层外）。由于土壤湿度一般总是很高的，这也是许多陆生昆虫喜欢将不活动的虫态（如卵或蛹）产于（或潜入）土中的缘故，这样可以避免大气干燥的不利影响。土壤湿度影响土栖昆虫的分布，如细胸金针虫（*Agriotes subrittatus* Motschulsky）喜欢在含水量较高的低洼地为害活动，而沟金针虫（*Pleonomus canaliculatus* Faldermann）则喜欢在较干旱地为害活动。

（3）土壤理化性状的影响。土壤的机械组成（指土粒大小及团粒结构等）可以影响土栖昆虫的分布。如葡萄根瘤蚜（*Daktulosphaira vitifoliae* Fitch）只能分布在土壤结构疏松的葡萄园里为害，因为第1龄若虫活动蔓延需要有较大的土壤空隙，对于沙质土壤无法活动，特别是在流动性大的沙土中无法生活。

土壤的酸碱度也影响一些土栖昆虫的分布。有的昆虫喜欢在碱性条件下生存，而有的却喜欢生活于酸性土壤中。

土壤中有机质的含量也会影响一些昆虫的分布与为害。如地里施有大量未充分腐熟的有机肥，易引诱种蝇、金龟子等成虫前来产卵，从而这些地里的种蝇幼虫和蛴螬为害就重。

总的看来，所有与土壤发生关系的昆虫，对于土壤的温度、含水量酸碱度和有机质含量等都有一定的要求。人类可以通过耕作制度、栽培条件等的改善来改变土壤状况，从而使土壤有利于作物生长而不利于害虫的生存。

3.3.3 生物因子的影响

生物因子包括食物、捕食性和寄生性天敌、各种病原微生物等。

（1）食物因子。昆虫和其他动物一样，不能直接利用无机物来构成自身，必须取食动植物或它们的产物，即利用有机物来构成自身。食物是昆虫的生存条件，昆虫离开了这些有机食物是不能生存的。昆虫在长期进化过程中，形成了各自特有的食性。按取食的对象有植食性、肉食性、腐食性和杂食性；按取食的范围有单食性、寡食性和多食性。

①食物对昆虫的影响。食物质量的高低和数量的多少，直接影响昆虫的生长、发育、繁殖和寿命等。如果食物质量高，数量充足，昆虫生长发育快，自然死亡率低，生殖力高；反之，则昆虫生长慢，发育和生殖均受到抑制，甚至因饥饿引起昆虫个体的大量死亡。昆虫发育阶段不同，对食物的要求也不一样。一般食叶性害虫的幼虫在其发育前期需较幼嫩的、水分多及含碳水化合物少的食物，但到发育后期，则需含碳水化合物和蛋白质丰富的食物。因此，在幼虫发育后期，如遇多雨凉爽天气，由于树叶中水分及酸的含量较高，对幼虫发育不利，会破坏消化器官，甚至引起死亡；相反，在幼虫发育后期，如遇干旱温暖天气，植物体内碳水化合物和蛋白质含量提高，则能促进昆虫生长发育，生殖力也提高。一些昆虫成虫期有取食补充营养的特点，如果得不到营养补充，则产卵甚少或不产卵，寿命亦缩短。了解昆虫对寄主植物和对寄主在不同生育期的特殊要求，在生产实践中，就可以合理地改变耕作制度和栽培方法，或利用抗虫害品种来达到防治害虫的目的。

②食物联系与食物链。昆虫通过食料关系（吃和被吃的关系）与其他生物间建立相对固定的联系，这种联系称为食物联系。由食物联系建立起来的相对固定的各个生物群体，好像一个链条上的各个环节一样，这个现象叫食物链（营养链）（Food cycle）。食物链往往由植物或死去生物的有机体开始，而终止于肉食动物。比如，多肉植物被蚜虫刺吸为害，而蚜虫则被捕食性瓢虫捕食，捕食性瓢虫又被寄生性昆虫寄生，后者又被小鸟取食，小鸟又被大鸟捕食……，正如古语所说的"螳螂捕蝉，黄雀在后"，形象地说明了这种关系。食物链往往不是单一的一条直链，而是分支再分支，关系十分复杂，形成一个食物网（Food web）。食物链中生物的体积越大其数量就越少，其转换和贮存的能量也越少，这种关系好像一座"金字塔"。通过食物链形成生物群落（Biocenosis），再由生物群落及其周围环境形成生态系（Ecosystem）。食物链中任何一个环节的变动（增加或减少）都会造成整个食物链的连锁反应。如果

人工创造有利于害虫天敌的环境或引进新的天敌种类，以加强天敌这一环节，往往就能有效地抑制害虫这一环节，并会改变整个食物链的组成及由食物联系而形成的生物群落的结构，这就是我们进行生物防治的理论基础。再如种植作物的抗虫品种，就可以降低害虫的种群数量。通过改变食物链来达到改造农业生态系的目的，也就是综合防治的依据。

③植物的抗虫性。生物有机体是相互适应的，植物对昆虫也可产生适应性。植物的抗虫性是指田间存在某种害虫的某种条件下，植物很少受害，是植物具有影响昆虫为害程度的遗传特性。植物抗虫机制主要包括3个方面。

a. 排趋性。植物形态、组织上的特点及生理生化特性或体内某些特殊物质的存在，阻碍昆虫对植物的选择；或昆虫的发生期与植物的发育期不吻合，因而昆虫不产卵，少取食或不取食。

b. 抗生性。植物体内某些有毒物质，害虫取食后，会引起生理失调甚至死亡，或植物受害后，产生一些特殊反应，阻止害虫为害。

c. 耐害性。植物受害后，由于本身强大的补偿能力，使产量减少很小。

各种植物间的抗虫性差别是普遍存在的。利用植物的抗虫性来防治害虫，在害虫的综合防治上具有重要的实践意义。

（2）天敌因子。天敌是影响害虫种群数量变动的一个重要因子。昆虫天敌是指以昆虫为食的动物，种类很多，包括天敌昆虫、病原微生物、其他有益动物等。

①天敌昆虫。包括捕食性和寄生性2类。捕食性天敌昆虫种类很多，常见的有小花蝽、草蛉、螳螂、瓢虫、猎蝽等。寄生性天敌昆虫以膜翅目的寄生蜂和双翅目的寄生蝇作用最大。天敌昆虫在害虫的生物防治中发挥了很大作用。

②病原微生物。昆虫在生长发育过程中，常因致病微生物的侵染而生病死亡。能使昆虫致病的病原微生物主要有病毒、细菌、真菌等，如金龟子芽孢杆菌、苏云金杆菌、杀螟杆菌，核型多角体病毒、质型多角体病毒、颗粒体病毒，白僵菌、蚜霉菌、虫霉菌等都是生物防治中常用的种类。

③其他有益动物。包括蜘蛛、捕食螨、鸟类、两栖类和爬行动物等，对害虫数量控制起着积极作用，可加以研究保护和利用。

3.3.4　人类活动的影响

人类活动对昆虫的繁殖、活动和分布影响很大，主要表现在以下几个方面。

（1）改变一个地区昆虫的组成成分。人类频繁地调引种苗，扩大了害虫的地理分布范围，如湿地松粉蚧由美国随优良无性系穗条传入广东省台山市红岭种子园并迅速蔓延；相反，有目的的引进和利用益虫，既可抑制某种害虫的发生和为害，又可改变一个地区昆虫的组成和数量。如引进澳洲瓢虫，成功地控制了吹绵蚧的为害。

（2）改变昆虫生存环境。兴修水利、改变耕作制度、选用抗虫品种、中耕除草、施肥灌溉、整枝打杈等栽培措施的实施，改变了昆虫生长发育的环境条件，创造了不利于害虫生存而有利于天敌和目标植物生长发育的条件，达到控制害虫的目的。

（3）直接控制害虫。为保护植物不受或少受害虫为害，常用生态、化学、物理、生物的方法，直接或间接地消灭害虫，达到既控制害虫种群数量，又保障植物生产安全及保护环境的目的。

3.4　植物害虫主要类群及识别

3.4.1　昆虫的分类

昆虫是地球上最昌盛的生物类群，约占生物界（植物+动物+微生物）物种总和的70%。如此繁多的昆虫，我们要认识它们，并对它们进行研究，首先必须识别昆虫，对昆虫进行分类。

3.4.1.1　昆虫分类阶元

昆虫分类的阶元（也称单元）和其他生物分类的阶元相同，亦采用界（Kingdom）、门（Phylum）、纲（Class）、目（Order）、科（Family）、属（Genus）、种（Species）7级分类阶元。但在实际应用时，这些等级常显不足，为更好地反映物种间的亲缘关系，需在目、科之上加总目（Superoder）、总科（Superfamily），在纲、目、科、属之下加亚纲（Subclass）、亚目（Suborder）、亚科（Subfamily）、亚属（Subgenus），有时在属与亚科间还要设族（Tribe）和亚族（Subtribe），以适应各类昆虫划分阶元的需要。现以棉蚜（*Aphis gossypii* Glover）为例，说明昆虫分类的一般分类阶元。

界：动物界（Animalia）
　门：节肢动物门（Arthropoda）
　　纲：昆虫纲（Insecta）
　　　亚纲：有翅亚纲（Pterygota）
　　　　总目：外翅总目（Exopterygota）
　　　　　目：同翅目（Homoptera）
　　　　　　亚目：胸喙亚目（Sternorrhyncha）
　　　　　　　总科：蚜总科（Aphidoidea）

科：蚜科（Aphididae）

亚科：蚜亚科（Aphidinae）

族：蚜族（Aphidini）

亚族：蚜亚族（Aphidina）

属：蚜属（*Aphis*）

亚属：蚜亚属（*Aphis*）

种：棉蚜（*Aphis gossypii* Glover）

种是生物分类的基本阶元，也是唯一客观存在的分类阶元。给种下一个正确的定义，无论在学术上，还是在分类研究和生产实践上都是非常重要的。不同学者对种的理解不同，所下定义亦不完全一致，但在昆虫分类研究中，划分物种的标准可从四个方面考虑：一是形态学标准。一般说来，不同的物种，形态上有明显差异，同一物种的个体形态基本相似，人们能够从形态上把同一属的不同种昆虫区别开来。二是生理学标准。同种个体一般能够自由交配，并能产生正常的后代。三是生态学标准。同种昆虫要求相同的生态条件、生活和栖息于相似的生境。四是地理分布标准。每种昆虫都有一定的地理分布范围。目前人们普遍接受的种概念是：种是自然界能够自由交配、产生可育后代，具一定形态、生理和生态特征，占有一定生态空间，并与其他种群存在着生殖隔离的群体。

种以上的分类阶元如属、科、目、纲等，则是代表形态、生理、生物学等相近的若干种的集合单元；也就是说集合亲缘关系相近的种为属，集合亲缘相近的属为科，再集合亲缘相近的科为目，如此类推以至更高的等级。除上述阶元外，还有亚种（Subspecies）、变种（Variety）、变型（Forma）及生态型（Ecotype）等分类阶元，这些都属于种内阶元。亚种是指具有地理分化特征的种群，不存在生理上的生殖隔离，但有可分辨的形态特征差别。变种是指与模式标本（Type specimen）不同的个体或类型，因这个概念非常含糊不清，现已不再采用。变型多用来指同种内外形、颜色、斑纹等差异显著的不同类型。生态型是指同一种在不同生态条件下产生的形态上有明显差异的不同表型，这种变异不能遗传，随着生态条件的恢复，其子代就消失了这种变异，而恢复原始性状。

3.4.1.2　昆虫的命名法规及学名

每一种昆虫都必须具有一个统一的名称。因此，国际动物学会1905年颁布了《国际动物命名法规》，后来又经过多次修订，目前所使用的是1999年修订的第4版，所有动物的命名都必须以此法规为准则，昆虫也是如此。

（1）俗名和学名。不同的物种和不同类群的动物，在不同国家或不同地方，都有其不同名称的使用，多局限在一定范围，属于地方性的，一般称其为俗名，俗名无法在国际上通用。为了便于国际交流和免除混乱，法规规定了必须用拉丁文或拉丁化文字来组成动物名称，这种名称称为学名。属级及以上各级阶元以一个拉丁文或拉丁化的文字表示，总科级阶元学名的结尾必须是-oidea，科级阶元学名的结尾必须是-idae，亚科级阶元学名的结尾必须是-inae，族级阶元学名的结尾必须是-ini。根据词尾可以判断是属于哪一级阶元。

（2）"双名法"和"三名法"。每一种昆虫的学名均由属名和种名组成，属名在前，种名在后，这种由双名构成学名的方法称为"双名法"［由林奈Linnaeus（1758）创造］。一般在学名后面还附有命名人的姓，如棉蚜（*Aphis gossypii* Glover）。学名中，属名第一个字母大写，种名第一个字母小写，命名人第一个字母大写，属名和种名必须为斜体。对某些较为熟悉的命名人，如（Linnaeus）则可缩写，其后必须加注圆点，如菜粉蝶（*Pieris rapae* L.）；属名在同一文著中，前已用及，再次使用时，可以缩写，并附圆点，如大菜粉蝶（*P. brassicae* L.）。如是亚种，则采用"三名法"，将亚种名排在种名之后，第一个字母小写，同样必须为斜体。如东亚飞蝗（*Locusta migratoria manilensis* Meyen），是由属名、种名、亚种名组成，命名人的姓置于亚种名之后。

有时，定名人的姓氏放在圆括号内，表示该种的属发生过变动。如中华稻蝗的学名最初为*Gryllus chinensis* Thunberg，后来该种被移入*Oxya*属，学名成为*Oxya chinensis*（Thunberg）。因此，定名人的括号是不可随意添加或删去的。

3.4.1.3　昆虫纲的分类系统

昆虫纲的分类系统很多，目前国内普遍采用的是2亚纲34个目的分类系统，按这一系统，昆虫纲分为无翅亚纲（Apterygota）和有翅亚纲（Pterygota），无翅亚纲包含5个目，有翅亚纲包含29个目。

无翅亚纲

（1）原尾目（Protura）。昆虫纲中最原始的目，通称原尾虫，简称螈，学名蚖。体微小，无眼、无触角。前足长且向前伸，代替触角的作用。跗节1节。增节变态。生活在土中。

（2）弹尾目（Collembola）。通称跳虫或弹尾虫。复眼退化，触角4～6节。腹部6节，第1节腹面有黏管，第3节腹面的握弹器和第4节腹面的弹器形成弹跳器官。无尾须。善跳跃。表变态。多生活于潮湿隐蔽环境中。

（3）双尾目（Diplura）。通称双尾虫。口器内藏式。无单眼和复眼。尾须线状或铗状。多数腹部节上生有成对的刺突或泡囊。表变态。多生活于砖石、落叶下或土中。

（4）石蛃目（Archeognatha）。通称石蛃。体被鳞片。复眼发达。口器咀嚼式，上颚单关节，与头壳只有一个关节点。腹部第2~9节有成对的刺突或泡囊。尾须长，3根，多节。表变态。活泼、善跳。多生活于落叶中、树皮下、石头裂缝中。

（5）缨尾目（Thysanura）。通称衣鱼。体被鳞片。腹部11节，第2~9腹节有成对的刺突或泡囊。尾须3根。表变态。多生活在土壤、朽木、落叶等环境中，有些在室内危害书籍和衣物。

有翅亚纲

外生翅群（翅在体外发育，不全变态类）。

（6）蜉蝣目（Ephemeroptera）。通称蜉蝣。体纤弱。触角刚毛状。口器咀嚼式。翅薄而柔，翅脉很多。前翅大，后翅小。尾须长，有时还有中尾丝。原变态。幼虫期水生。

（7）蜻蜓目（Odonata）。包括蜻蜓和豆娘。头活动，触角刚毛状，口器咀嚼式。翅膜质，透明，翅脉多呈网状。腹部细长。半变态。幼虫期水生。

（8）襀翅目（Plecoptera）。通称石蝇。体扁而柔软。口器咀嚼式。触角丝状。后翅臀区发达。尾须1对，丝状。半变态。幼虫期水生。

（9）纺足目（Embioptera）。通称足丝蚁。口器咀嚼式。触角丝状。雄性有翅，前、后翅大小及脉纹均相似。前足第1跗节膨大，能泌丝结网。渐变态。生活在热带石块或树皮下。

（10）蜚蠊目（Blattaria）。通称蜚蠊。体扁，口器咀嚼式。前胸大，盖住头部。前翅为覆翅，后翅膜质，臀区大。尾须1对。渐变态。多生活在阴暗处。

（11）等翅目（Isoptera）。通称白蚁，分类学上简称"螱"。

（12）直翅目（Orthoptera）。包括蝗虫、蝼蛄、蟋蟀、螽蟖等。

（13）螳螂目（Mantodea）。通称螳螂。头三角形，能活动。口器咀嚼式。前胸长。前足捕捉足。前翅覆翅，后翅膜质，臀区大。尾须有。渐变态。若虫和成虫均捕食性。

（14）竹节虫目（Phasmida）。通称竹节虫、叶蜢。体细长似竹枝，或扁平如树叶。口器咀嚼式。前胸短，中胸长。有翅或无翅，有翅时翅短，呈鳞翅状。渐变态。多生活在热带和亚热带。

（15）革翅目（Dermaptera）。通称蠼螋或蝠螋。体长而坚硬。口器咀嚼式。前翅短小，革质；后翅大，膜质，耳状。尾须1对，可硬化为钳状。渐变态。多夜间活动，白天藏于石块下、土中或树皮下。

（16）蛩蠊目（Grylloblattodae）。通称蛩蠊。体扁而细长。口器咀嚼式。触角丝状。无翅。尾须长而分节。变态不明显。生活在高山上。

（17）缺翅目（Zoraptera）。通称缺翅虫。体小而柔软。口器咀嚼式。触角念珠状。有翅或无翅。有翅者翅膜质，脉简单。尾须1节。渐变态。主产于热带或亚热带。

（18）啮虫目（Corrodentia）。通称啮或书虱。体小而柔软。口器咀嚼式。触角长，丝状。有翅或无翅，有翅者前翅显著大于后翅。尾须无。渐变态。多生活在树干、叶片或果实上，少数在室内危害书籍、面粉等。

（19）食毛目（Mallophaga）。俗称鸟虱、嗜虱。体圆形而扁平，头大。口器咀嚼式。触角短。无翅，无尾须。足为攀登足。渐变态。寄生在鸟兽毛上。

（20）虱目（Anoplura）。俗称虱子。体小而扁。头小，口器刺吸式。无翅，无尾须。足攀登式。渐变态。寄生于哺乳动物体外。

（21）缨翅目（Thysanoptera）。通称蓟马。

（22）同翅目（Homoptera）。包括蚜虫、介壳虫、木虱、粉虱、蝉等。

（23）半翅目（Hemiptera）。俗称椿象。

内生翅群（翅在体内发育，完全变态类）。

（24）广翅目（Megaloptera）。包括齿蛉、泥蛉、鱼蛉等。中到大型。头前口式，口器咀嚼式。触角丝状。前胸方形。翅膜质，脉纹网状，后翅臀区大。全变态。幼虫水生。

（25）蛇蛉目（Raphidioptera）。通称蛇蛉。头部延长，后部缩小如颈。前口式，咀嚼式口器。前胸细长。翅膜质，脉纹网状，前后翅形状相似。雌虫产卵器细长。全变态。幼虫和成虫均捕食性。

（26）脉翅目（Neuroptera）。主要包括草蛉、粉蛉、蚁蛉、褐蛉、螳蛉等昆虫。

（27）鞘翅目（Coleoptera）。通称甲虫。

（28）捻翅目（Strepsiptera）。统称捻翅虫。体小型，雌雄异型。雄虫有翅、有足，能自由活动。触角栉齿状。后翅膜质，脉纹放射状，前翅变成平衡棒。雌虫无翅、无眼、无足。复变态。寄生在膜翅目、同翅目、直翅目昆虫体上。

（29）长翅目（Mecoptera）。通称蝎蛉。头向下延伸成喙状，口器咀嚼式。触角丝状。前后翅形态、大小的脉序相似。雄虫腹末向上弯曲，末端膨大成球状。全变态。成虫和幼虫均捕食性。多发生在潮湿林区。

（30）蚤目（Siphonaptera）。俗称跳蚤。体小，侧扁。头小，口器刺吸式。无翅，后足为跳跃足。全变态。寄生在鸟类或哺乳动物体外。

（31）双翅目（Diptera）。包括蚊、蝇、虻等。

（32）毛翅目（Trichoptera）。成虫通称石蛾，幼虫通称石蚕。外形似蛾。触角丝状，口器为退化的咀嚼式。翅2对，膜质，被毛，为毛翅。全变态。幼虫水生。

（33）鳞翅目（Lepidoptera）。包括蛾、蝶两类昆虫。

（34）膜翅目（Hymenoptera）。包括蜂、蚁类昆虫。

3.4.2　昆虫主要目科介绍

在植物虫害分类中，主要涉及直翅目、半翅目、同翅目、缨翅目、鞘翅目、脉翅目、鳞翅目、双翅目、等翅目和膜翅目10个目，分类检索表如下。

1. 翅1对 ··双翅目
   翅2对 ·· 2
2. 翅鳞翅，口器虹吸式 ···鳞翅目
   翅非鳞翅，口器非虹吸式 ·· 3
3. 翅缨翅，口器锉吸式 ···缨翅目
   翅非缨翅，口器非锉吸式 ·· 4
4. 口器刺吸式 ·· 5
   口器咀嚼式 ·· 6
5. 前翅半翅，口器从头部前方伸出 ···半翅目
   前翅同翅，口器从头部后方伸出 ···同翅目
6. 前翅覆翅 ···直翅目
   前翅非覆翅 ·· 7
7. 前翅鞘翅 ···鞘翅目
   前翅膜翅 ·· 8
8. 前后翅大小、形状、脉序相同 ···等翅目
   前后翅大小、形状、脉序不相同 ·· 9
9. 翅多横脉，成网状 ···脉翅目
   翅小横脉，不成网状 ···膜翅目

3.4.2.1　直翅目（Orthoptera）

本目昆虫全世界已知18 000余种，中国已知800余种，包括很多重要害虫，如蝗虫、蚱蜢、蝼蛄、蟋蟀、螽斯等。

本目多数为中到大型的昆虫，其特征为：咀嚼式口器。下口式。触角呈线状。前胸背板发达，多呈马鞍状。前翅革质，后翅膜质。后足跳跃足，有的种类前足为开掘足。雌虫腹末多有明显的产卵器（蝼蛄例外），形式多样，呈剑状、刀状、凿状等。

雄虫多能用后足摩擦前翅或前翅相互摩擦发音。多有听器（腹听器或足听器）。不完全变态。成虫、若虫多为植食性。

本目比较重要的科有蝗科、蟋蟀科、蝼蛄科和螽斯科。

（1）蝗科（Acrididae）。俗称蝗虫或蚂蚱。体粗壮。前胸背板马鞍状，不超出胸部。触角丝状，短于体。产卵器锥状。尾须短。听器位于腹部第1节两侧。后足为跳跃足，常具羽状隆起，跗节3节。多食性，贪食。产卵于土中。个别种有群集迁飞习性。如东亚飞蝗、短额负蝗（*Atractomorpha sinensis* Bolivar）等。

（2）蟋蟀科（Gryllidae）。通称蟋蟀，俗名蛐蛐。体粗壮，色暗。触角比体长。产卵器细长、剑状。尾须长。足听器椭圆形，位于前足胫节内侧。后足发达，善跳跃。多数为植食性，少数为肉食性。喜穴居土中、石下。雄虫能鸣叫。如油葫芦（*Cryllus testaceus* wallker）、大蟋蟀（*Brchytrupes portentosus* Lichtenstein）等。

（3）蝼蛄科（Gryllotalpidae）。通称蝼蛄，俗名拉拉蛄、土狗。触角线状，比体短。前足粗壮，开掘式；后足腿节不发达，不能跳跃。产卵器和听器不发达。前翅小、后翅长，伸出腹末呈尾状。尾须长。产卵器不外露。生活于地下。多食性，取食根、种子、芽等。如东方蝼蛄（*Gryllotalpa orientalis* Burmeister）等。

（4）螽斯科（Tettigonidae）。通称螽斯，俗称蝈蝈。体扁阔。触角线状，比体长。听器在前足胫节基部。雄虫能发音。产卵器特别发达，刀状或剑状。常产卵于植物组织间。多为绿色。一般植食性，少数肉食性。如绿螽蟖（*Holochlora nawae* Mats. et Shiraki）、纺织娘（*Mecopoda elongata* L.）等。

3.4.2.2　等翅目（Isoptera）

本目昆虫全世界已知3 000余种，中国已知400余种。本目属多型性和社会性昆虫，通称白蚁，分类学上简称"螱"。

本目为中、小型的昆虫种类，其特征为：体柔软，乳白、灰黄或黑色。触角念珠状。咀嚼式口器，前口式。有大翅型、短翅型的生殖蚁和非生殖蚁之分。翅窄长，前后翅膜质，形状、大小、脉相均相似。翅静止时平放在腹部上，能自基部特有的横缝处脱落。分布广，主要分布在热带、亚热带，为害植物、木材等，尤其在南方为害很重。

本目比较重要的科有白蚁科和鼻白蚁科。

（1）白蚁科（Termitidae）。包括等翅目的多数种类，有额腺。前胸背板窄于头部，多呈扁平形。兵蚁呈马鞍形。有翅型的前、后翅鳞等长。跗节4节。尾须1～2节。以地栖性为主。如黑翅土白蚁［*Odontotermes formosanus*（Shiraki）］和黄翅大白蚁（*Macrotermes barneyi* Light）等。

135

（2）鼻白蚁科（Rhinotermitidae）。又名犀白蚁科。其有额腺。兵蚁和工蚁前胸背板扁平，窄于头。有翅型的前翅鳞大于后翅鳞。跗节4节。尾须2节。土木栖。如家白蚁（*Coptotermes formosanus* Shiraki）和黑胸散白蚁（*Reticulitermes chinensis* Snyder）等。

3.4.2.3 半翅目（Hemiptera）

本目昆虫全世界已记载的有38 000多种，我国有记载的有3 100多种。本目过去称为椿象，现简称蝽，其中包括许多重要害虫，如梨网蝽（*Stephanitis nashi* Esaki et Takeya）等。一些种类捕食农林害虫，为益虫，如东亚小花蝽［*Orius sauteri*（Poppius）］等。还有少数种类吸食人、畜血液，传播疾病，在医学上有重要研究意义。

本目多为中、小型的昆虫种类，个别种类为大型。其特征为：体壁坚硬扁平。刺吸式口器，从头的前方伸出，不用时贴放在头胸的腹面。触角丝状或棒状。复眼发达，单眼2个或无。前胸背板发达，中胸有三角形小盾片。前翅半鞘翅，后翅膜翅。某些种类胸部有臭腺开口。不完全变态。多数为植食性，少数为肉食性。

本目比较重要的科有蝽科、盲蝽科、缘蝽科、猎蝽科和网蝽科。

（1）蝽科（Pentatomidae）。半翅目最常见的大科之一，旧称椿象，又有放屁虫、臭板虫、臭大姐等俗名。体小到大型，体色多变。头小，三角形。触角5节。通常有2个单眼。前翅无楔片。膜区上具多行纵脉。中胸小盾片发达，呈三角形。如麻皮蝽（*Erthesina fullo* Thunberg）、茶翅蝽［*Halyomorpha picus*（Fabricius）］等。

（2）盲蝽科（Miridae）。半翅目最常见的大科之一，通称盲蝽。体小到中型，略瘦长。无单眼。触角和喙均4节。前胸背板前缘常有横沟划出1个区域，叫领片。前翅有楔片，膜区有2个翅室。产卵器发达，镰刀状，常产卵于植物组织中。多数为植食性。如绿丽盲蝽［*Lygocoris lucorum*（Meyer-Dür）］、牧草盲蝽［*Lygus pratensis*（L.）］等。

（3）缘蝽科（Coreidae）。半翅目中常见而且经济上重要的大科之一，通称为缘蝽。体中到大型，多狭长，常为褐色或绿色。触角4节。有单眼。前胸背板常具角状或叶状突起。前翅膜片有多条平行脉纹而少翅室。足较长，后足腿节扁粗，具瘤或刺状突起。成、若虫吸食幼嫩组织或果汁，引起植株枯萎或干瘪。全为植食性。如栗缘蝽［*Liorhyssus hyalinus*（Fabr.）］、广腹同缘蝽（*Homoeocerus dilatatus* Horvat）等。

（4）猎蝽科（Reduviidae）。半翅目中的一个常见大科，通称猎蝽，亦有称为刺蝽者。体小到中型。头后部细缩如颈状。喙短而呈弯钩状，不紧贴于腹。触角4

节。有单眼。前翅无楔区。膜区有2~3个翅室。前足能捕捉。全为捕食性。如黑猎蝽〔*Pirates femoralis*（Stal）〕、齿缘刺猎蝽（*Sclomina erinacea* Stal）等。

（5）网蝽科（Tingidae）。陆生蝽类昆虫，通称网蝽，亦称军配虫。体小型，扁平。无单眼。触角4节，第3节最长，第4节膨大。前胸背板向后延伸盖住小盾片，前胸背板及前翅全部呈网状花纹，前翅无革片和膜区之分。成、若虫生活在叶背主脉两侧，被害处有黏稠状分泌物及蜕。如梨网蝽、茶网蝽（*Stephanitis chinensis* Drake）等。

3.4.2.4 同翅目（Homoptera）

本目昆虫全世界已知4.5万种，中国已知3 000多种。本目包括许多重要害虫，如蚜虫类、蚧类、叶蝉类、飞虱类等。

本目多数为小型昆虫，少数大型，其特征为：刺吸式口器，具分节的喙，但喙出自前足基节之间（与半翅目不同）。触角短，刚毛状，或稍长而呈线状。前翅质地均匀，膜质或革质，栖息时呈屋脊状覆在背上，也有无翅或一对翅的。多为陆生。多为两性生殖，有的进行孤雌生殖。不完全变态。植食性，以刺吸式口器吸吮植物汁液，造成植株生长发育不良，甚至萎蔫枯死，或刺激组织增生，造成卷叶或肿瘤，即"虫瘿"。同翅目昆虫也是多种植物病毒的传播介体，其排泄物多糖分，可导致植物发生煤污病。

本目比较重要的科有蝉科、叶蝉科、粉虱科、木虱科、蜡蝉科、蚜总科和蚧总科。

（1）蝉科（Cicadidae）。通称蝉，俗名知了。虫体中到大型。头部3个单眼。触角鬃状或刚毛状，着生两复眼间。前后翅膜质透明，翅脉粗大。前足腿节膨大近似开掘式。雄虫腹部第1节有鸣器。成虫、若虫均刺吸植物汁液，雌成虫产卵于树木枝条中，易使枝条枯死，若虫钻入土中吸食根部汁液。如蚱蝉〔*Cryptotympana atrata*（Fabricius）〕、螗蜩〔*Platypleura kaempferi*（Fabricius）〕等。

（2）叶蝉科（Cicadellidae）。俗称浮尘子。虫体小型，较细长。触角刚毛状，着生于头部两复眼之间。前翅革质不透明。后足发达，胫节下方有两排短细刺。有较强的趋光性，能飞，善跳，能横行。产卵部位隐蔽（植物组织中或叶鞘等处）。能传播植物病毒。如大青叶蝉〔*Cicadella viridis*（L.）〕、小绿叶蝉〔*Empoasca flavescens*（Fab.）〕等。

（3）粉虱科（Aleyrodidae）。通称粉虱，世界性的大害虫。虫体小型，纤弱，体翅均被蜡粉。翅短圆，前翅仅有2条纵脉，前1条弯曲，后1条较直，并呈交叉状，后翅只有1条脉。触角线状，7节。跗节2节，末端有爪和爪间鬃。过渐变态，1龄若虫能爬，足发达，2龄后足、触角退化，开始固着为害，直到成虫期，雌、雄虫才能飞、能爬。温室中常见。如温室白粉虱〔*Trialeurodes vaporariorum*（Westwood）〕、烟粉虱〔*Bemisia tabaci*（Gennadius）〕等。

（4）木虱科Psyllidae。通称木虱。虫体小型，似蝉。触角长，末端分叉。有3个单眼。前翅革质，翅痣明显。善跳跃。若虫体扁，全体被蜡质。成、若虫群集为害植物的嫩枝、嫩叶。如梨木虱（*Psylla chinensis* Yang et Li）、柑橘木虱〔*Diaphorina citri*（Kuwayama）〕等。

（5）蜡蝉科（Fulgoridae）。虫体中至大型，体色美丽。头部多为圆形，有些种类具大型头突。触角短，基部2节膨大，鞭节刚毛状，着生在复眼下方。单眼2个，着生于复眼和触角之间。前翅基部一般有肩板。翅发达，前翅端区翅脉多分叉，且有多横脉造成网状，后翅臀区翅脉也呈网状。如龙眼鸡〔*Fulfora candelaria*（Linnaeus）〕、八点广翅蜡蝉（*Ricania speculum* walker）等。

（6）蚜总科（Aphidoidea）。通称蚜虫。体微小而柔软。触角丝状，长，通常3～6节，末端3节上有圆形感觉孔。腹部第6节背面两侧常有1对腹管。末节肛上板之后有突出的圆锥形尾片。分有翅型和无翅型。前后翅膜质，前翅前缘翅痣明显，后翅远小于前翅。生活史极复杂，行周期性的孤雌生殖。1年可发生10～30代。多生活在嫩芽、幼枝、叶片和花序上，少数在根部。以成虫、若虫刺吸植物汁液，并能传播植物病毒病。

蚜总科常见科分科检索表如下。

1. 无翅蚜复眼3个小眼面；前翅中脉至多分叉1次；常有发达蜡腺；在越冬寄主上
   常形成虫瘿或卷叶 ………………………………… 瘿绵蚜科（Pemphigidae）
   无翅蚜复眼有多个小眼面；前翅中脉分叉1～2次；无蜡腺 ……………… 2

2. 触角末节鞭部短，不显著；腹管孔状，位于多毛的圆锥体上；
   体较大 …………………………………………………… 大蚜科（Lachnidae）
   触角末节鞭部长于基部；腹管不位于有毛的圆锥体上；体较小 …………… 3

3. 腹管截短形；尾片瘤状 ………………………………………………………… 4
   腹管长管形；尾片形状多样，但非瘤状 ……………………… 蚜科（Aphididae）

4. 腹管无网纹；尾板末端微凹至分为2叶；缘瘤和背瘤
   发达 …………………………………………………… 斑蚜科（Drepanosiphidae）
   腹管有网纹；尾板末端圆，有时微凹；缘瘤和背瘤
   常缺 …………………………………………………… 毛蚜科（Chaitophoridae）

在蚜总科中，对多肉植物为害最多且严重的应属蚜科。蚜科在全世界记载的有2 300多种，中国已知260多种，是一类重要的农业害虫。其特征为：体小型。触角线状，6节，其上有感觉孔，可作为分种的特征。腹部第6节或第7节背面有1对腹管，腹

末中央有突起的尾片。分有翅和无翅两种类型，翅膜质透明，前翅大，后翅小，前翅前缘有1粗脉，从上分出4条细脉。有世代交替现象。有多型现象。转主寄生。传播植物病毒病。如桃蚜［*Myzus persicae*（Sulzer）］、棉蚜等。

（7）蚧总科（Coccoidea）。通称蚧虫或介壳虫。由于雄成虫发生期短或无，而雌成虫营固着生活，结构上非常特殊，所以是昆虫界比较奇特的类群，也是目前最难分类的类群之一。目前世界上已知的蚧虫有20科6 000多种，中国有14科600多种。其特征为：体多微小，雌雄异型。雌虫幼虫形，无翅；3个体段常愈合，头胸部分辨不清；复眼无，仅有1对单眼；口器发达；跗节1～2节，仅1爪；体表常有蜡腺，分泌蜡粉或蜡块等覆盖虫体，起保护作用。雄成虫头、胸、腹分段明显；低等种类具复眼，高级种类有多对单眼；口器退化；前翅膜质，上有1条两分叉的翅脉；后翅退化成平衡棒。卵圆球形或卵圆形，产在雄成虫体腹面凹陷形成的孵化腔内、介壳下或体后的蜡质卵囊内。1龄若虫触角、足发达，活泼，能够爬行。他龄若虫形态似雌成虫，常固定吸汁取食。

蚧总科常见科分科检索表如下。

1. 雌成虫有腹气门，通常无管状腺；雄成虫有复眼 ……………………… 2
   雌成虫无腹气门，常具有管状腺；雄成虫无复眼 ……………………… 3
2. 雌成虫具腹疤而无背疤；雄成虫在体末常有成对的肉质尾瘤；幼虫期没有无足的珠体阶段 …………………………………… 绵蚧科（Monophlebidae）
   雌成虫具背疤而无腹疤；雄成虫常在背末中部有1～2群管腺，由此分泌成束蜡丝；幼虫期有无足的珠体阶段 …………………… 珠蚧科（Margarodidae）
3. 雌成虫腹末有尾裂及2块肛板 …………………………… 蜡蚧科（Coccidae）
   雌成虫腹末无尾裂和肛板 …………………………………………………… 4
4. "8"字形腺常在背缘排成链带状；体表常被有透明或半透明的玻璃质蜡壳；触角退化成瘤状；足退化或缺 ………………… 链蚧科（Asterolecaniidae）
   "8"字形腺缺 ………………………………………………………………… 5
5. 雌成虫腹末几节愈合为臀板；触角退化，足消失；虫体被有由分泌物和若虫蜕皮形成的盾状介壳；雄虫腹末无蜡丝 ……………… 盾蚧科（Diaspididae）
   雌成虫腹末几节不愈合；体常被有蜡粉或裸露；雄虫腹末有1～2对蜡丝 … 6
6. 背孔、刺孔群和三格腺通常存在；管状腺口不内陷；体表常被有白色蜡质粉粒 …………………………………………………… 粉蚧科（Pseudococcidae）
   无背孔、刺孔群和三格腺；管状腺口内陷；雌成虫常潜伏在致密的毡囊内 ………………………………………………………… 毡蚧科（Eriococcidae）

在蚧总科中，对多肉植物为害最多且严重的应属粉蚧科、绵蚧科、蜡蚧科和盾蚧科。

粉蚧科：通称粉蚧。雌虫卵圆形，身体上被有粉丝状蜡质分泌物，并常延伸成侧丝或尾丝；触角5～9节；足发达，可缓慢爬行，跗节1节；腹部分节明显，无气门。雄虫单眼4～6个，无复眼；有翅或无翅，腹部末端有1对长蜡丝。如石蒜绵粉蚧（*Phenacoccus solani* Ferris）和扶桑绵粉蚧（*Phenacoccus solenopsis* Tinsley）等。

绵蚧科：雌虫体大，肥胖，体节明显；触角6～11节；腹部气门2～8对。雄虫体也较大，红色；有单眼，复眼有或无；触角7～13节；前翅黑色，后翅退化为棒状。雌成虫产卵时分泌各种形状的蜡质丝块包住虫体腹部。如草履蚧［*Drosicha corpulenta*（Kuwana）］和吹绵蚧（*Icerya purchase* Maskell）等。

蜡蚧科：通称蜡蚧。雌虫卵形、长卵圆形、半球形或圆球形，体壁坚硬，很多种类虫体边缘有褶，体外被有蜡粉或坚硬的蜡质蚧壳；体节分节不明显，腹部无气门；腹部有深的臀裂，肛门上有2个三角形肛板，盖于肛门之上。雄虫体形较狭长纤弱；无复眼；触角10节；交配器短；腹部末端有2个长蜡丝。如褐软蚧（*Coccus hesperidum* L.）和日本龟蜡蚧（*Ceroplastes japonicas* Guaind）等。

盾蚧科：通称盾蚧。种类繁多，全世界已知2 400余种。雌虫身体被有1龄、2龄若虫的2次蜕皮，以及盾状介壳。雌虫通常圆形或长形；身体分节不明显，最后几节愈合成臀板，腹部无气门。雄虫具翅，足发达，触角10节；腹末无蜡质丝；交配器狭长。如桑白蚧［*Pseudaulacaspis pentagona*（Targioni-Tozzetti）］和矢尖蚧［*Unaspis yanonensis*（Kuwana）］等。

3.4.2.5　鞘翅目（Coleoptera）

本目昆虫通称甲虫，全世界已记载的约有35万种，我国已记载的约有7 000种，是昆虫纲中、整个生物界中最大的一目。本目包括许多重要害虫，如蛴螬类、金针虫类均属重要地下害虫，天牛类、吉丁类均属蛀干类害虫，叶甲类、象甲类均属食叶性害虫，以及许多重要的仓库害虫等。此外，还包括许多益虫，如捕食性瓢虫类、步行虫类及虎甲类等。

本目昆虫为小型至大型种类，其特征为：体壁坚硬。前翅为鞘翅，静止时覆在背上盖住中后胸及大部分，甚至全部腹部。后翅膜质，少数种类退化。咀嚼式口器。触角多为11节，形态多样，有线状、锯齿状、锤状、膝状或鳃片状等。无单眼，复眼发达。多为陆生，也有水生。全变态，少数为复变态。幼虫为寡足型或无足型。蛹为离蛹。成虫多有趋光性和假死性。食性各异，有植食性、肉食性、寄生性和腐食性。根据食性可将鞘翅目分为肉食亚目和多食亚目。

（1）肉食亚目（Adephaga）。后足基节着生在后胸腹板上，不能活动，基节窝将腹部第1节腹板分割为2个互不相连的三角形。前胸背板与侧板有沟分开。成、幼虫均捕食。常见的有步甲科和虎甲科。

①步甲科（Carabidae）。体小到大型，扁平，黑褐、黑色或古铜色，少绒毛，有金属光泽。头式前口式，复眼小。步行足，行动迅速。两触角间距大于上唇宽度。绝大多数成、幼虫捕食害虫和有害动物，为可利用的天敌。如中华金星步甲（*Calosoma chinense* Kirby）等。

②虎甲科（Cicindelidae）。体小到中型，多绒毛，有鲜艳的色斑和金属光泽。头式下口式。与步甲科相比，其复眼大而外突，触角丝状，11节，唇基宽达触角基部，着生于上颚基部上方，上颚发达，呈弯曲的锐齿。成虫常在沙路上、行人前作近距离的前行飞翔，故称"引路虫"。成、幼虫均捕食小型昆虫，幼虫生活在地下。如中华虎甲（*Cicindela chinenesis* Degeer）等。

（2）多食亚目（Polyphaga）。后足基节不固定在后胸腹板上，腹部第1节腹板不被后足基节窝分割，前胸背板与侧板间无明显的背侧缝分割。有沟分开。多为植食性，也有捕食性的。常见的有金龟总科、叩头甲科、吉丁甲科、天牛科、叶甲科、瓢甲科、象甲科和小蠹科。

①金龟总科（Scarabaeoidea）。通称金龟子。体小至大型，常壮而短。触角栉翅状或鳃片状。前翅鞘翅，后翅膜质，善飞，少数种类后翅退化。多数种类小盾片显著，也有少数种类缺少。前足胫节端部宽扁，具齿，适于开掘。幼虫蛴螬型，土栖，以植物根、土中的有机质及未腐熟的肥料为食。成虫为害叶、花及树皮等。在金龟总科中，为害最多且严重的应属丽金龟科、鳃金龟科和花金龟科。

丽金龟科（Rutelidae）：体色鲜艳且具金属光泽。后足胫节有端距2枚。爪不对称，后足特别明显。腹气门3个在背腹间膜上，3个在腹板上。如铜绿丽金龟（*Anomala corpulenta* Motschulsky）等。

鳃金龟科（Melolonthidae）：后足胫节有2个端距且相互靠近。爪有齿，大小相等。后气门位于骨化的腹板上。如华南大黑鳃金龟（*Holotrichia sauteri* Moser）等。

花金龟科（Cetoniidae）：体常具金属光泽。上唇退化或膜质。鞘翅外缘凹入。中胸腹板有圆形向前突出物。成虫多在白天活动，常在花上取食花粉和花蜜，故有"花潜"之称。如小青花金龟（*Oxycetonia jucunda* Faldermann）等。

②叩头甲科（Elateridae）。通称叩头虫。体扁，中等大小，灰褐或黑褐色。触角锯齿状、丝状或梳状，头小，紧镶在前胸上。前胸背板后侧角突出成锐刺状，前胸腹板中间有1齿突，向后延伸，嵌入中胸腹板的凹陷内，前胸和中胸间有1关键物，能上下活动，状似"叩头"。幼虫体细长，坚硬，圆柱形或扁圆形，呈黄褐色，寡足型，通称金针虫。生活于地下，为害种子、幼苗、幼根，是重要的地下害虫之一。如

双瘤槽缝叩甲［*Agrypnus bipapulatus*（Candeze）］等。

③吉丁甲科（Buprestidae）。俗称爆皮虫、锈皮虫。体小型到中型，成虫近似叩头甲，但体色较艳，有金属光泽，体长形，末端尖。触角锯状。前胸与中胸紧密相连，无关键物相连，不能上下活动。前胸背板的后侧角不向后突出。幼虫体细长，扁平，无足，前胸扁阔，状如大头，腹部9节，体软，乳白色。多在树皮下、枝杆或根内钻蛀潜食，严重时能使树皮爆裂。如柑橘窄吉丁（*Agrilus auriventris* Saunders）等。

④天牛科（Cerambycidae）。通称天牛。体小型到大型。触角多丝状或鞭状，与体等长甚至超过体长。复眼肾形，半围在触角基部。足跗节隐5节，显4节。幼虫长圆筒形，乳白色或淡黄色。前胸大而扁平，腹部前6节或7节的背面及腹面常呈卵形肉质突，称"步泡突"，便于在坑道内行动。幼虫蛀食树干、枝条及根部。如桑天牛［*Apriona germari*（Hope）］等。

⑤叶甲科（Chrysomelidae）。通称叶甲，又叫金花虫。体小型至中型，成虫常具有金属光泽。触角丝状，一般短于体长之半，不着生在额的突起上。复眼圆形，不环绕触角。跗节似为4节。幼虫肥壮，寡足型。成、幼虫主要食叶、蛀茎和咬根。如粉筒胸叶甲［*Lypesthes ater*（Motshulsky）］等。

⑥瓢甲科（Coccinellidae）。通称瓢虫。小型或中型昆虫，体背隆起呈半球形，形似瓢，鞘翅上常有红、黄、黑色等斑点。腹面平。头小，一部分隐藏在前胸背板下。触角棒状。足跗节隐4节。幼虫寡足型。体多枝刺和毛瘤，行动活泼。有捕食性和植食性两大类。肉食性瓢虫鞘翅光滑，多无毛，有光泽，上颚基部有1齿，如龟纹瓢虫［*Propylaea japonica*（Thunberg）］、异色瓢虫［*Harmonia axyridis*（Pallas）］等。植食性瓢虫鞘翅多毛，不光滑，无光泽，上颚无基齿，如马铃薯瓢虫［*Henosepilachna vigintioctomaculata*（Motschulsky）］等。

⑦象甲科（Curculionidae）。通称象鼻虫。本目中最大的一科，已知4万多种，体小到中型。成虫头部延长为象鼻状或喙状。咀嚼式口器位于喙的前方。触角多弯曲为膝状，端部数节膨大。足跗节5节。幼虫体软，弯曲呈"C"形，无足型。成、幼虫取食植物，或食叶、钻茎，或食根、蛀果。如绿鳞象甲（*Hypomeces squamosus* Fabricius）等。

⑧小蠹科（Scolytidae）。通称小蠹。小型甲虫，体圆筒形、色暗。头比前胸狭，喙短宽稍向前延伸。触角短，锤状。足的胫节外侧有齿列。幼虫与象甲科的幼虫极其相似。成、幼虫蛀食树皮形成层，形成图案的坑道为害状。如咖啡果小蠹［*Hypothenemus hampei*（Ferrari）］等。

3.4.2.6 膜翅目（Hymenoptera）

本目昆虫包括蜂类和蚁类。全世界已知约12万种，中国已知2 300余种，是仅次于鞘翅目、鳞翅目而居第三位的大目。本目除少数为植食性害虫（如叶蜂类、树蜂类等）外，大多数为肉食性益虫（如寄生蜂类、捕食性蜂类及蚁类等），蜜蜂就属于本目昆虫。

本目是最低等的完全变态类昆虫，和其他全变态类昆虫是姊妹群关系。其特征为：翅2对，膜质，前翅一般较后翅大，后翅前缘具一排小翅钩列。咀嚼式或嚼吸式口器。头可活动。复眼大，有3个单眼。触角线状、锤状或弯曲成膝状。腹部第1节多向前并入后胸（称为并胸腹节），且常与第2腹节间形成细腰。雌虫一般有锯状或针状产卵器，常呈锯状或针状，有的变成螯针，用以自卫。足跗节5节。无尾须。全变态或复变态。幼虫一类为无足型，一类为多足型（叶蜂类：除3对胸足外，还具6～8对腹足，着生于腹部第2～8节上，但无趾钩，头部额区不呈"人"字形）。蛹为离蛹，许多种类结茧化蛹。

本目昆虫几乎全部陆生，主要为益虫类，除大多数分为天敌昆虫外（寄生蜂类、捕食性蜂类与蚁类），还有蜜蜂等资源昆虫及授粉昆虫。本目一些种类营群居性或"社会性"生活（蜜蜂和蚁）。

本目昆虫腹部通常可见6～7节，第1节和后胸愈合称为"并胸腹节"。根据腹部与并胸腹节相连处的宽窄分为细腰亚目和广腰亚目两个类群。

（1）广腰亚目（Symphyta）。本亚目腹部和胸部相连处不束成细腰状，后翅至少3个基室。产卵器锯状或管状，常不外露。幼虫有3对胸足，腹足有或无。全为植食性。

①叶蜂科（Tenthredinidae）。亦称锯蜂。虫体小到中型。触角丝状。前胸背板后缘深凹。产卵器扁平，锯状。幼虫多足型，腹足6～8对，但无趾钩。如樟叶蜂［*Mesoneura rufonota*（Rohwer）］等。

②三节叶蜂科（Argidae）。虫体小而粗壮。触角3节，第3节最长，雄虫触角有时裂开为2叉。前翅径横脉无。前胸胫节具两端距。幼虫有腹足2～8对。如蔷薇叶蜂（*Arge nigrinodosa* Motschulsky）等。

（2）细腰亚目（Apocrita）。本亚目腹部和胸部相连处束成细腰状或延伸为柄状，腹部最后1节腹板纵裂（细蜂总科例外）。产卵器多数外露，少数种类缩在体内。捕食性或寄生性，大多为益虫。本亚目包括茧蜂、姬蜂、小蜂、瘿蜂、赤眼蜂、胡蜂、蚁和蜜蜂等几乎包括全部寄生的膜翅目昆虫以及其他少数种类。

①茧蜂科（Braconidae）。统称茧蜂。虫体小到中型。触角丝状。翅面上常有雾

斑。休止时触角常摆动。产卵于鳞翅目幼虫体内。幼虫老熟时常爬出寄主体外结黄白色小茧化蛹。如菜粉蝶绒茧蜂［*Apanteles glomeratus*（Linnaeus）］等。

②姬蜂科（Ichneumonidae）。通称姬蜂。虫体小到大型。触角丝状。胸腹节常有雕刻纹。雌虫腹末纵裂从中伸出产卵器，卵多产在鳞翅目、鞘翅目幼虫和蛹体内。如蓑蛾瘤姬蜂（*Sericopimpla sagrae sauleri* Cushman）等。

③小蜂科（Chalalcididae）。体微小到小型，多为黑褐色。头胸部常有黑或褐色粗点刻，如黄或橙色的斑纹。触角膝状。后足腿节膨大。多寄生于鳞翅目、双翅目、鞘翅目、同翅目幼虫体内。如丽蚜小蜂（*Encarsia formosa* Gahan）等。

④瘿蜂科（CyniPidae）。小型或微小型蜂类。体短而细。触角丝状。头小，有时向下弯。前翅无翅痣，翅脉较简单。腹部卵形，侧扁，产卵器从腹中部伸出。幼虫无足，蛆形。为害植物茎叶，造成虫瘿。如栗瘿蜂（*Dryocosmus kuriphilus* Yasumatsu）等。

⑤赤眼蜂科（Trichogrammatidae）。又称纹翅卵蜂科。体微小。触角短膝状。腰不细。翅脉极度退化，前翅宽，翅面有成行的微毛。成虫和蛹的复眼为赤红色。产卵于鳞翅目卵内。如玉米螟赤眼蜂（*Trichogramma ostriniae* Pang et Chen）。

⑥胡蜂科（Vespidae）。体中至大型，光滑无毛，体色黄红，有黑褐色斑带。鄂齿坚硬。翅狭长，静息时纵折于胸背。成虫常捕食多种鳞翅目幼虫或取食果汁和嫩叶。如金环胡蜂（*Vespa mandarina* Smith）等。

⑦蚁科（Formicidae）。通称蚂蚁。体小，光滑或有毛。触角膝状，末端膨大。上颚发达。翅脉简单。胫节有发达的距，前足的距呈梳状。腹部第1节或第1～2节呈结节状。为多态型的社会昆虫，包括蚁后、雄蚁、工蚁、兵蚁等类型。雌雄生殖蚁有翅，工蚁和兵蚁无翅。常筑巢于地下、朽木中或树上。肉食性、植食性或杂食性。如红火蚁（*Solenopsis invicta* Buren）等。

⑧蜜蜂科（Apidae）。体小到大型，被绒毛或有绒毛组成的毛带。翅发达，具多个翅室，前足基跗节具有净角器，后足胫节及基跗节扁平，并着生长毛，形成采粉器。如中华蜜蜂（*Apis cerana* Fabricius）等。

3.4.2.7　脉翅目（Neuroptera）

本目昆虫通称蛉，全世界已记载的约有6 000种，中国已知的有200余种。本目绝大多数种类的成虫和幼虫都是捕食性的，以蚜、蚧、螨、木虱、飞虱、叶蝉、鳞翅类的卵及幼虫以及蚁类、螨类等为食，在害虫的生态控制中起着重要作用。

本目主要包括草蛉、粉蛉、蚁蛉、褐蛉、螳蛉等昆虫。其特征为：体小至大型。咀嚼式口器，下口式。触角细长，线状、串珠状或棒状。单眼3个或无。前后翅均膜质，大小和形状相似，翅脉复杂，呈网状，边缘处多分叉，少数各类翅脉少而简单。足跗节5节。爪2个。卵多有长柄。完全变态。

本目比较重要的科有草蛉科、蚁蛉科和蝶角蛉科。

（1）草蛉科（Chrysopidae）。俗称草蜻蛉或草蜻蛉。体中型。多数种类为草绿色。触角线状，比体长。复眼有金属闪光或铜色。前后翅透明且相似，前缘区有30条以下横脉，不分叉。幼虫有蚜狮之称，纺锤形，体侧各节有瘤状突起，丛生刚毛。老熟幼虫在丝质茧内化蛹，茧一般附着在叶片背面。卵通常产于叶片上，有丝质长柄。我国常见草蛉有大草蛉［*Chrysopa pallens*（Ramber）］、丽草蛉（*Chrysopa formosa* Brauer）、中华草蛉（*Chrysoperla sinica* Tjeder）等几十种，有些已经应用于生物防治上。

（2）蚁蛉科（Myrmeleontidae）。本目最大的科。体大形，体翅均狭长，颇似蜻蜓。触角短，棍棒状。前后翅的形状、大小和脉序相似，静止时前后翅覆盖腹背，呈明显屋脊状。翅痣不明显，但有狭长的痣下翅室。卵球形，具有两个很小的精孔。幼虫称蚁狮，具长镰刀状上颚，体粗壮，后足开掘式，跗节和胫节愈合。幼虫行动是倒退着走。老熟幼虫在土中结球形茧化蛹。如中华东蚁蛉［*Euroleon sinicus*（Navas）］等。

（3）蝶角蛉科（Ascalaphidae）。通称蝶角蛉。体大型，外形似蜻蜓，但触角似蝴蝶，球杆状，相当长，几乎等长于身体。复眼大，被一沟分为上、下两部分。幼虫头大，腹部背面和侧面生有瘤突，其上生有棘毛，常将蜕皮、粪便及树叶等脏物背袱在背上，埋伏于地面捕食经过的小型昆虫。如黄花蝶角蛉（*Ascalaphus sibiricus* Evermann）等。

3.4.2.8 鳞翅目（Lepidoptera）

本目昆虫通称蝶和蛾，全世界已知约20万种，中国已知8 000余种。本目是昆虫纲中的第二大目，包括有许多重要农林害虫，如菜粉蝶、棉铃虫、小菜蛾等。

本目昆虫为小型至大型种类，其特征为：成虫触角类型各异，丝状、棍棒状或羽状；口器为虹吸式；复眼1对，单眼通常2个；翅2对，膜质，密被鳞片，并常形成各种花纹；翅脉相对简单，横脉少，前翅纵脉一般多至15条，后翅多至10条；脉相和翅上花纹是分类和种类鉴定的重要依据。完全变态。幼虫为多足型；体圆柱形，柔软，常有不同颜色的纵向线纹；头部坚硬，额狭窄，呈"人"字形；口器咀嚼式；胸足3对；腹足5对，着生在第3~6腹节和第10腹节上，最后1对腹足称为臀足；腹足末端有趾钩，其排列方式，按长短高低分为单序、双序或多序，按排列的形状分为环状、缺环状、中带或二横带式，是幼虫分类的重要特征。蛹为被蛹。

本目昆虫的成虫和幼虫食性不同。成虫一般不为害植物，而以取食花蜜或露水作为补充营养。卵多产在幼虫喜食的植物上。幼虫绝大多数为植食性，取食、为害方式多样，有自由取食的，卷叶、缀叶的，还有潜叶、蛀茎、蛀果的，少数形成虫瘿。幼虫化蛹在植物上、土中或其他隐蔽处，有些种类化蛹前结成茧或营造土室藏于其中。

本目昆虫按其触角类型和活动习性，可分为蝶类和蛾类两大类群。蝶类属锤角亚目，成虫多在白天活动，在花间飞舞；蛾类属异角亚目，成虫多在夜间活动，多具趋光性。

（1）锤角亚目（Rhopalocera）。通称蝶类。触角端部膨大成棒槌状，成虫白天活动。静息时，双翅直立于体背，前后翅无特殊连锁构造，飞翔时仅以后翅肩区接托在前翅下方配合飞行。本亚目常见的科有凤蝶科、粉蝶科、蛱蝶科、弄蝶科和灰蝶科等。

①凤蝶科（Papilionidae）。多为大型颜色鲜艳的种类，底色黄或绿色，带有黑色斑纹，或底色黑色带有蓝、绿、红等色斑。前翅三角形，后翅外缘呈波状，臀角常有尾突。如玉带凤蝶（*Papilio polytes* L.）等。

②粉蝶科（Pieridae）。体中型，多为白色、黄色或橙色，并带有黑色或红色斑纹。前翅三角形，后翅卵圆形。如菜粉蝶［*Pieris rapae*（L.）］等。

③蛱蝶科（Nymphalidae）。体中到大型，翅上有各种鲜艳的色斑。前足退化，足的跗节均无爪。前翅三角形，后翅卵圆形，翅外缘呈波状。少数种类后翅臀角有尾突。幼虫体色深，体表有成对棘刺，少数头部或尾部突起呈角状。如二尾蛱蝶［*Polyura narcaea*（Hewitson）］等。

④弄蝶科（Hesperiidae）。体小到中型，成虫体粗壮，深暗色。触角端部有小钩。幼虫体纺锤形，前胸缢缩成颈状，体被白色蜡粉。如香蕉弄蝶（*Erionota torus* Evans）。

⑤灰蝶科（Lycaenidae）。体小，翅正面蓝色、铜色、暗褐或橙色，反面较暗，有眼斑或细纹；触角上有白环，复眼四周绕一圈白色鳞片环；雌虫前足正常，但雄虫前足缩短，跗节愈合；后翅常有纤细尾状突起。幼虫一般取食叶片、花或果实。如曲纹紫灰蝶［*Chilades pandava*（Horsfield）］等。

（2）异角亚目（Heterocera）。通称蛾类。触角形状多样，端部均不膨大。成虫多在夜间活动。静息时，翅多平展或呈屋脊状覆于体背，前后翅以翅轭或翅缰相连接。本亚目常见的科有菜蛾科、袋蛾科、刺蛾科、卷蛾科、螟蛾科、尺蛾科、天蛾科、夜蛾科、毒蛾科和枯叶蛾科等。

①菜蛾科（Plutellidae）。小型蛾类。触角线状，静息时前伸，前翅披针形，后翅菜刀形。前翅有3枚黑色三角形纵列斑，幼虫细长，体绿色，行动敏捷，取食植物

的叶肉，害状呈"天窗"状。如小菜蛾［*Plutella xylostella*（L.）］等。

②袋蛾科（Psychidae）。又名蓑蛾、避债蛾。雌雄异形。雄蛾有翅，无喙，翅面鳞片薄，近于透明；雌虫无翅，形如幼虫，终生居住在幼虫编织的袋囊中，交配时也不离袋囊，卵产于袋囊内。幼虫肥胖，胸足发达，腹足5对，初龄就吐丝缀叶编织袋囊，取食时头胸伸出袋囊外，负囊活动。如茶袋蛾（*Clania minuscula* Butler）等。

③刺蛾科（Eucleidae）。体中型，粗壮多毛，多呈黄、褐或绿色，具红或暗色斑纹。喙退化。雄蛾触角栉齿状，雌蛾线状，幼虫又称"洋辣子"。头小能缩入前胸内。胸足退化，腹足呈吸盘状。体被枝刺毛簇，触人皮肤有痛感。有的作形似雀卵的茧化蛹。如黄刺蛾*Cnidocampa flavescens*（Walker）等。

④卷蛾科（Tortricidae）。中小型蛾。体翅色斑因种而异，前翅近长方形，有的种类前翅前缘有一部分向翅面翻折，停息时呈钟罩状。幼虫圆柱形，体色因种而异，腹末有臀栉。如黄斑长翅卷蛾（*Acleris fimbriana* Thunberg）等。

⑤螟蛾科（Pyralidae）。中小型蛾。体细长，腹末尖削。触角丝状。下唇须前伸上弯。翅鳞片细密，三角形。幼虫体细长、光滑，多钻蛀或卷叶为害。如菜心野螟（*Hellula undalis* Fabricius）等。

⑥尺蛾科（Geometridae）。体小到中型，瘦长。翅大而薄，前后翅颜色相似，并常有波状纹相连，休息时四翅平铺。个别种类雌虫无翅，腹部第2节侧板下方有听器。幼虫除3对胸足外，只有1对腹足（不含尾足）。休息时常模拟植物枝条状，行走明显拱腰成桥，故称"造桥虫"。如大造桥虫（*Ascotis selenaria* Schiffermuller et Denis）等。

⑦天蛾科（Sphingidae）。体大型，粗壮呈纺锤形。触角中部加粗，末端弯曲成钩状。前翅狭长，外缘倾斜，后翅短小。幼虫粗大，圆筒形，多为绿色，有的种类体侧常有斜纹或眼状斑，胴部每节分6~8个小环，第8个腹节背面有尾角。如咖啡透翅天蛾（*Cephonodes hylas* L.）等。

⑧夜蛾科（Noctuidae）。体中到大型，粗壮，多毛而蓬松，体色深暗。前翅狭长，常有横带和斑纹，后翅三角形，多白色或灰白色。触角栉齿状、丝状或羽状。幼虫多光滑，少毛，体色较深。如斜纹夜蛾［*Prodenia litura*（Fabricius）］等。

⑨毒蛾科（Lymantriidae）。中型蛾。体粗壮多毛，口器退化，无单眼，触角栉齿状，静息时多毛的前足前伸，有些种类雌蛾翅退化或无翅。幼虫体生有长短不一的毒毛簇。如舞毒蛾（*Lymantria dispar* L.）等。

⑩枯叶蛾科（Lasiocampidae）。体多为大型，粗壮多毛。触角羽毛状。单眼，喙退化。有些种类后翅外缘呈波状，休息时露于前翅两侧，形似枯叶而得名。幼虫粗壮，体被长短不一的毛，化蛹于丝茧内。如天幕毛虫（*Malacosoma neustria testacea*

Motsch）等。

3.4.2.9 双翅目（Diptera）

本目昆虫是昆虫纲中的第四大目，全世界已记载85 000多种，中国已知4 000余种。本目包括许多重要卫生害虫和农业害虫，如蚊类、蝇类、虻类等。此外还包括食蚜蝇、寄生蝇类等益虫。

本目昆虫体微小至中型，其特征为：前翅1对，后翅退化为平衡棒，少数无翅。口器刺吸式或舐吸式。足跗节5节。蝇类触角具芒状，虻类触角具端刺或末端分亚节，蚊类触角多为线状（8节以上）。无尾须。全变态或复变态。幼虫无足型，蝇类为无头型，虻类为半头型，蚊类为显头型。蛹为离蛹或围蛹。

本目昆虫根据触角长短和构造，可分为长角亚目、短角亚目和芒角亚目（环裂亚目）三大类。

（1）长角亚目（Nematocera）。该亚目昆虫通称为蚊类。成虫触角细长，长于前胸，线状或念珠状，节数至少6节，多者可达40节左右，无触角芒。幼虫为全头型，普遍都有明显骨化的头部。较为突出的是瘿蚊科。

瘿蚊科（Cecidomyiidae）。外形似蚊，体小瘦弱。触角细长，串珠状，每亚节上有细长毛和环状毛（雄虫）。足细长，翅脉简单。幼虫纺锤形，前胸腹板上有剑骨片，前端分叉。如稻瘿蚊［*Orseolia oryzae*（Wood-Mason）］等。

（2）短角亚目（Brachycera）。该亚目昆虫通称为虻类。触角较短，一般为3节，第3节较长，但短于胸部，无触角芒。幼虫为半头式，部分缩于前胸内，水生或陆生。较为突出的是食虫虻科。

食虫虻科（Asilidae）。又称为盗虻科。体中型至大型，细长多毛。头顶在两复眼间向下凹陷。口器粗大。触角3节。腹部细长，通常8节。成虫性猛，飞翔快速，擒食小虫，吸食汁液，在农田、森林及河边常见。幼虫活动于土中或腐树皮内。如中华单羽食虫虻（*Cophinopoda chinensis* Fabricius）等。

（3）芒角亚目（Aristocera）。该亚目又称环裂亚目（Cyclorrhapha），昆虫通称为蝇类。成虫体小到中型。触角3节，第3节膨大，背面具触角芒。幼虫无头型，头部不骨化，多缩入前胸内。较为突出的是实蝇科、潜蝇科、食蚜蝇科和寄蝇科等。

①实蝇科（Trypetidae）。通称实蝇。体小到中型。头大颈细。复眼突出，常具绿色闪光。触角芒光滑、无毛。翅宽广，通常有暗色斑纹，亚前缘脉端部弯曲向前。产卵器长而突出。幼虫蛆式。如柑橘小实蝇［*Dacus dorsalis*（Hendel）］等。

②潜蝇科（Agromyzidae）。虫体微小，黑色或黄色。前缘近基部1/3处有1折断。幼虫呈蛆形，常潜食植物叶肉组织，留下不规则形的潜道。如美洲斑潜蝇

（*Liriomyza sativae* Blanchard）等。

③食蚜蝇科（Syrphidae）。体小到中型，阔而细长，形似蜜蜂。头大，复眼大，具单眼。翅外缘有与边缘平行的横脉，使径脉和中脉的缘室成为闭室，径脉和中脉之间有1条两端游离的伪脉。幼虫蛆式，前尖后平，表皮粗糙，体侧有突起。成虫活泼，飞翔时能在空中静止不动或又突然前进；幼虫捕食蚜虫、介壳虫、粉虱、叶蝉等。如黑带食蚜蝇［*Episyrphus balteatus*（De Geer）］等。

④寄蝇科（Tachinidae）。体小到中型，粗而多毛，暗褐色或黑色，具褐色斑纹。触角芒光滑或有短毛。中胸背板被1横沟分裂为2，后盾片露于小盾片外，明显可见。中足基部的后上方有1鬃毛列。翅有腋瓣，中脉第1分支向前弯曲。成虫白天出没花间；幼虫蛆式，头尖，后端平截。寄蝇科多寄生于鳞翅目、直翅目、鞘翅目幼虫和蛹体内。如日本追寄蝇（*Exorista japonica* Townsend）等。

3.4.2.10　缨翅目（Thysanoptera）

本目昆虫俗称蓟马，全世界已知6 000多种，我国已知340余种。本目昆虫许多为害虫，吸取植物汁液，有的还传播植物病毒；也有少数肉食性种类，捕食蚜虫、粉虱和害螨等。

本目属体微小至小型昆虫种类，其特征为：翅极狭长，翅缘密生长毛（缨翅），脉很少或无，也有无翅或1对翅的；足跗节末端有1个能伸缩的泡。口器锉吸式，但不对称（右上颚口针退化）。多为植食性，少为捕食性。过渐变态（幼虫与成虫外形相似，生活环境也一致；但幼虫转变为成虫前，有一个不食不动的类似蛹的虫态；其幼虫仍称为若虫）。大多数种类喜活动于花丛中，有些类除直接吸食植株为害外，还会传播植物病害，或使植物形成虫瘿。

本目可分为锥尾（锯尾）亚目（Terebrantia）和管尾亚目（Tubulifera）两大类，涉及的主要科有蓟马科、纹蓟马科和管蓟马科等。

（1）蓟马科（Thripidae）。体略扁平。触角6～8节，末端1～2节形成端刺，第3～4节上常有感觉器。翅狭而端部尖锐。雌虫腹末端圆锥形。有产卵器，从侧面观，其尖端向下弯曲，产卵于植物组织内。多数种类为植食性。如花蓟马［*Frankliniella intonsa*（Trybom）］等。

（2）纹蓟马科（Aeolothripidae）。体粗壮，褐色或黑色。翅白色，常有暗色斑纹。触角9节，第3节、第4节上有长形感觉器，末端3～5节愈合。翅较阔，前翅末端圆形，2条纵脉从基部伸到翅缘，有横脉。产卵器锯状，从侧面观向上弯曲。如横纹蓟马［*Aeolothrips fasciatus*（L.）］等。

（3）管蓟马科（Phlaeothripidae）。体黑色或暗褐色。翅白色、烟煤色或有斑纹，翅表面光滑，前翅无翅脉。触角8节，少数为7节。腹管末节管状。无产卵器。生活周期短，卵产于缝隙中。多数取食真菌孢子，少数植食性。如中华简管蓟马（*Haplothrips chinensis* Priesner）等。

另外，蜘蛛和螨类虽不属昆虫纲，但鉴于它们的某些种类与多肉植物生态系统存在密切相关，故本节也将它们的基本知识介绍如下。

蜘蛛与螨类同属于节肢动物门蛛形纲，前者属于蜘蛛目，后者属于蜱螨目（Acarina）或真螨目（Acariformes）。它们与其他节肢动物明显不同的是没有明显的头部和触角，身体大多不具环节，是节肢动物中较为特殊的一类。

（1）蜘蛛。蜘蛛目所有种的通称，全世界已知4.2万余种。它们大多为中小型节肢动物，个别体型较大，全部为捕食性，在害虫自然控制中占有重要的地位。

其形态特征为：体躯分为头胸部和腹部2个部分，骨化不明显，不具环节。头胸部具有1对螯肢，1对触肢，4对步足，但没有触角、复眼和翅，仅有1～4对单眼，螯肢端部有毒腺开口，触肢具有触觉和嗅角的功能，雄蛛还具有储精和移精的功能。口器由颚叶、下唇和喙组成，位于头胸部的前下方。腹部一般卵形、圆形或球形，常具各种突起、细毛和各种斑纹，腹面具有书肺、气管气门、生殖孔、纺丝器、肛门，纺丝器位于腹部末端，生殖孔位于腹部前端腹侧。

其生物学特性为：通常分为结网蜘蛛和游猎蜘蛛两大类，也有在地下筑巢生活的。蜘蛛一生要经历卵、幼蛛、成蛛3个阶段，幼蛛与成蛛形态相似，无明显变态。卵多产在丝质的卵囊中，幼蛛在卵囊内孵化，经第1次蜕皮后才离开卵囊，游猎蜘蛛则成群爬附在雌虫背上，待体内卵黄耗尽后才蜕皮离开母体。幼蛛通过吐纺丝器吐丝，借风扩散。小型蜘蛛一般要蜕皮4次，中型蜘蛛蜕皮6～8次，大型蜘蛛蜕皮次数有的可达20次。最后一产蜕皮后，性器官才完全成熟。大多蜘蛛每年发生2代，也有发生1代和几代的。多在树上、土中、落叶和杂草中越冬，也有在石缝和墙脚下越冬的。蜘蛛营两性生殖，一般雄蛛寿命较短，大多交配后不久便死亡，雌蛛寿命较长，有的种类可生活二三十年。蜘蛛大多生活在农田、森林、果园、苗圃等地，以捕食各种小型动物为食，捕食对象大多是农林主要害虫，是害虫防治中需要保护利用的一类重要天敌。

蜘蛛种类中与农业生产关系密切的主要有狼蛛科（Lycosidae）的拟环纹狼蛛［*Lycosa pseudoannulata*（Bose. et str.）］等；蟹蛛科（Thomisidae）的三突花蛛［*Misumenops tricuspidatus*（Fabricius）］；皿蛛科（Linyphiidae）的草间钻头蛛［*Hylyphantes graminicola*（Sundevall）］等；球腹蛛科（Theridiidae）的八斑球腹蛛［*Theridion octomaculatum*（Boes. et Str.）］等；管巢蛛科（Clubionidae）的棕管巢蛛（*Clubiona japonicola* Boes. et Str.）等。

（2）螨类。在自然界中广泛分布，全世界估计约有50万种。常见的害螨多属于真螨目和蜱螨目，俗称红蜘蛛，是为害多种农作物的重要害虫之一。其主要为害是刺吸植物茎叶，导致叶子变色、脱落，使柔嫩组织变形，形成虫瘿。

其形态特征为：体小至微小，圆形或椭圆形，有些种类为蠕虫型。构造简单，不分头胸部与腹部，身体分节不明显。一般生有4对足，少数种类只有2对足。无复眼，只在体前部两侧上方有1～2对红色眼点。螨体大致可分为前体段和后体段，前体段又分为颚体段、前肢体段，后体段又分为后肢体段和末体段。除颚体段外，其余部分为躯体。

颚体段相当于昆虫的头部，与前肢体段相连，着生有口器，口器由于食性不同可分为咀嚼式和刺吸式2类，由1对螯肢和1对须肢（颚肢）组成。螯肢一般2节，须肢5节或少于5节，通常具爪。

前肢体段和后肢体段又统称为肢体段，相当于昆虫的胸部，一般着生有4对足，由前向后依次称为足Ⅰ、足Ⅱ、足Ⅲ及足Ⅳ。着生前2对足的为前肢体段，着生后2对足的为后肢体段。足一般由6节构成，即基节、转节、腿节、膝节、胫节及跗节，各节上有一定数目和形状的刚毛。跗节末端有柄吸盘1对，其间有爪间突1个。柄吸盘有爪状的、条状的或退化，末端生有粘毛。爪间突也有各种形状，有的生有成束的毛等。眼及气门器（颈气管）位于前足体段背面两侧。

末体段类似昆虫的腹部，与后肢体紧密相连，但很少有明显的分界。肛门及生殖孔一般开口于末体段的腹面，生殖孔在前，肛门在后。此外，身体上还有很多刚毛，均有一定的位置和名称，在分类上常用。

其生物学特性为：常为两性生殖，一般为卵生，个别种类行孤雌生殖。发育阶段上雌雄有别，雌螨经卵、幼螨、第1若螨、第2若螨和成螨5个阶段，雄螨没有第2若螨。幼螨具足3对，从第1若螨开始均具足4对。螨类的繁殖很快，1年至少2～3代，多则20～30代，食性复杂，有植食性、捕食性、寄生性等。农林害螨种类很多，常造成严重灾害。有些种类可捕食或寄生农林害虫或害螨，可控制害虫和害螨的为害。

螨类中与农业生产关系密切的主要有叶螨科、瘿螨科和跗线螨科。

①叶螨科（Tetranychidae）。俗称红蜘蛛、黄蜘蛛。体微小，长0.3～0.8mm，圆形或长椭圆形，通常为红色、暗红色。刺吸式口器。体背隆起，背刚毛24根或26根，呈横排分布，植食性，吸汁液。如朱砂叶螨（*Tetranychus cinnabarinus* Boisduval）等。

②瘿螨科（Eriophyidae）。体极微小，不超过0.2mm，蠕虫型。刺吸式口器。前半体背板呈盾形，后半体直形，分为很多环纹。成螨、若螨仅有2对足。植食性。如柑橘锈壁虱（*Phyllocoptruta oleivora* Ashmead）等。

③跗线螨科（Tarsonemidae）。体型微小，仅0.1～0.3mm，椭圆形，有分节的痕

迹。螯肢针状，短小，须肢亦短小。本科突出的特点是雌螨第4对足端部具有2根鞭状长毛，而雄螨第4对足常粗大。爪间突为膜质。以植物、真菌及昆虫为食。如侧多食跗线螨 [*Polyphagotarsonemus latus*（Banks）] 等。

可见，昆虫、蜘蛛、螨类，它们都属节肢动物，在形态特征上有许多相似之处，如附肢分节、具有外骨骼、幼期必须蜕皮等。但作为不同纲目的动物，它们之间又有明显区别，详见表3-4。

表3-4 昆虫、蜘蛛、螨类的主要区别

构造	昆虫	蜘蛛	螨类
体躯	分头、胸、腹3个体段	分头胸部和腹部2个体段	体躯愈合，体段不易区分
触角	有	无	无
眼	有复眼，少数有单眼	只有单眼	只有单眼
足	3对	4对	4对（少数2对）
翅	多数有翅1~2对	无	无
纺丝器	无，少数幼虫有，位于头部	有，位于腹部末端	无

4 多肉植物虫害研究

多肉植物在高温干燥、通风不畅等情况下，也有不少常见的害虫发生，虫害是最难处理的灾难，一点虫害就会令"美玉有瑕"，导致其观赏性大打折扣。目前，对多肉植物虫害的研究极不深入，国内报道的常见虫害只有20余种。

4.1 多肉植物的主要虫害

4.1.1 几种刺吸性害虫及螨类

4.1.1.1 石蒜绵粉蚧

【英文名】Lycoris mealybug

【学名】*Phenacoccus solani* Ferris

【分类地位】半翅目粉蚧科

【形态特征】成虫：雌成虫椭圆形，个体变大，体表的白色蜡粉较厚实，体缘蜡突明显，足呈深红色，体色变深，体长（1.110±0.027）mm，体宽（0.634±0.015）mm。

卵：长椭圆形，黄色透明，长（0.320±0.012）mm，宽（0.146±0.004）mm，刚产下时可以看到红棕色的复眼，产下后位于雌成虫身体下方；卵产下后5～8min开始蠕动，即开始蜕皮，之后逐渐看到触角、足及体表的蜡粉，约24min蜕皮结束，腹部末端可见刚蜕下的卵黄膜，此时已发育为1龄若虫，迅速可以活动。

若虫：1龄若虫初孵化时体表光滑，透明黄色，头、胸、腹区分明显；足发达，透明黄色；复眼球形，呈红棕色；体长（0.388±0.002）mm，体宽（0.178±0.002）mm；之后体表覆盖一层薄蜡粉，身体逐渐圆润。该龄期若虫行动活泼，在蜕皮结束后短时间就可取食为害。2龄若虫初蜕皮时黄色，椭圆形，体缘出现齿状突起；体长为（0.521±0.016）mm，体宽为（0.276±0.007）mm；取食1～2d后，体表逐渐被蜡粉覆盖。3龄若虫初蜕皮时深黄色，椭圆形，体缘突起明显，尾瓣突出，足的颜色加深，体长（0.751±0.022）mm，宽（0.412±0.010）mm，1～2d后体表逐渐被蜡粉覆盖。

【生活习性】该虫可营孤雌生殖，单虫产卵量高，繁殖能力极强，种群增长速度极快，种群世代重叠严重。各虫态的发育历期均随温度的降低而增长，若虫期的发育历期在20℃下最长，为35.75d；若虫期最短的发育历期发生在32℃时，为17.90d。此外，温度显著影响该粉蚧的存活率，在26℃时若虫期的存活率最高，为67.33%。世代的发育起点温度为12.23℃，有效积温为770.90d·℃。随着温度的升高，石蒜绵粉蚧在产卵前期时的成虫寿命缩短；成虫产卵量在20℃时达到最高，为88.02粒/雌；最小为32℃，仅为37.61粒/雌；在20～32℃种群趋势指数都大于1，说明该粉蚧对温度的适应范围广。但在32℃时，产卵前期存活率明显降低，说明高温不利于该粉蚧的繁殖。温度对该粉蚧的生长发育、存活、繁殖及种群增长有显著的影响，26℃是最适宜该粉蚧生长发育和繁殖的温度。

【为害症状】雌成虫和若虫均可在多肉植物的花芽、叶片和嫩茎等幼嫩部位吸食汁液，受害植株因此出现长势衰弱、生长缓慢甚至停止等症状，更严重者会失水干枯死亡；还可大量分泌蜜露，引来大量蚂蚁等昆虫，并引起植株发生煤污病，影响其光合作用，使被害植株枝叶无法正常生长，提前落花、落叶。

4.1.1.2　仙人掌根粉蚧

【别名】多肉根粉蚧

【英文名】Cactus root mealybug

【学名】*Rhizoecus cacticans*（Hambleton），*Rhizoecus epiphylli* Ferris

【分类地位】半翅目粉蚧科

【形态特征】成虫：雌成虫长椭圆形，长2.2～2.6mm，宽0.9～1.2mm；单眼存在；触角6节，较长，各节的相对长度为：Ⅰ-39，Ⅱ-25，Ⅲ-45，Ⅳ-18，Ⅴ-20，Ⅵ-55，端节上有3根镰刀状感觉毛和1根针状感觉毛，第5节有1根较短的感觉毛；喙发达；额板为不规则三角形，有2个孔；背孔不明显但存在；足正常发达，爪粗壮、弯曲，爪冠毛端稍膨大，其长稍超过爪端；腹脐1个，截锥状；尾瓣不发达，不硬化，上有1根粗长毛和2根短细毛；肛环环毛6根，环孔2列，内列20～22孔，外列32～40孔；细毛和三格腺在体面均匀分布；多格腺无；三叉管小，稀疏分布体背和腹缘，总数50～55个，每体节4～5个；小管腺分布背、腹两面，但腹面较多。

卵：初孵若虫触角只有4节，与雌成虫相似，略小。

若虫：长0.20～0.25mm，椭圆形，全身乳白色。

【生活习性】一生均在土内生活，1年发生3代以上；在温室内可一年四季发生。以若虫及少数初期成虫越冬；3月下旬，越冬若虫变为初期成虫；越冬初期成虫则发育成熟，4月上中旬开始产卵；4月大部分均为成熟成虫；4月下旬至5月下旬为第一代卵期；7月下旬及9—10月分别为第2、3代卵的盛期。6月、8月及9—11月为各代若虫盛发期；7月下旬、9月中下旬及翌年4—5月为各代成虫盛期；发育适宜温度为15～25℃；土壤适宜含水量为27.6%～52.5%；土壤或基质积水常使粉蚧死亡，因此雨水多时常向地表迁移；成虫产卵于细根附近，1个卵囊内有卵数十粒至100多粒。

【为害症状】寄生于多肉植物根部，使须根周围布满白色绵状物，取寄主汁液引起植株干缩，生长势衰弱，可使植株叶片变红或变黄，严重时可引起寄主枯萎、死亡。

4.1.1.3 新菠萝灰粉蚧

【英文名】New pineapple grey mealybug

【学名】*Dysmicoccu neobrevipes* Beaidesley

【分类地位】半翅目粉蚧科

【形态特征】成虫：触角8节，背部具背裂2对，刺孔群17对，末对有2根锥刺，具多根附毛和一群三孔腺。足3对，前足和中足下各具1对气门，中足间有1个中胸腹内突，无蕈状腺，后足基节上无透明孔，腿节及胫节具透明孔。尾部具2根明显伸长的臀瓣刺，肛环呈圆形，具6根长环毛，肛环前无成丛背毛。尾瓣腹面有长方形的硬化区。背、腹面均有三孔腺，腹面第6～8腹节上有35～50个多孔腺成横列。

卵：卵胎生，椭圆形，成堆的集中在雌成虫腹末棉絮状的卵囊内，初产时为黄色，后呈黄褐色，与雌虫分泌的软白色蜡质物混合成不规则的海绵状。

若虫：有3个龄期，初孵若虫（1龄若虫）虫体呈长椭圆形，体色为淡黄色，虫体长约0.5mm，虫体分节明显。单眼1对，红色。触角为8节。背部无白色蜡质物，发育至1龄若虫后期，虫体背部有少量均匀的蜡质物分布。2龄若虫虫体黄褐色变淡灰色加深，随着虫体增长，体表逐渐被均匀的蜡质物覆盖。在2龄若虫的后期虫体基本呈现灰色。达到3龄若虫时虫体被自身所分泌的蜡质物均匀覆盖。

【生活习性】1年可发生5代，且世代重叠，有群集的习性。晴天时，主要分布在叶片上及叶腋部位，而在阴雨天则聚集在叶腋部。该虫1龄期与2龄前期比较活跃，聚集性差，其爬行速度比成虫快。3龄期开始聚集，爬行速度变慢。若虫蜕皮期间会爬行到叶片的顶部或中间部位进行蜕皮，可持续1～3d；1龄若虫孵化后第8～13天进行第1次蜕皮，第12～25天开始进行第2次蜕皮，第19～45天开始进行第3次蜕皮，随后进入成虫期。该虫的雌性成虫不同的个体大小差异很大，聚集性强，行动缓慢，通常聚集在叶腋部位，直到产下一代若虫时再次爬到叶片的中间部位完成产虫，不同的雌虫个体产虫数量差异也很大，少的可产几头，多的可达170头。

【为害症状】以成虫和若虫群集多肉植物的根、茎及叶片部位刺吸汁液为食，特别是茎的叶腋是虫体聚集最多的部位，虫体还可隐藏在多肉植物叶片的裂缝、翘皮下。植株受害部位常布满黄色的食斑，致使叶片和植株变黄、萎蔫，甚至死亡。该虫还可分泌蜜露引致煤烟病的暴发，阻碍多肉植物正常生长发育，直接影响多肉植物的观赏、经济价值。

4.1.1.4 仙人掌白盾蚧

【别名】仙人球白盾蚧、仙人掌盾蚧。

【英文名】Cactus scale

【学名】*Diaspis echinocacti*（Bouche）

【分类地位】半翅目盾蚧科

【形态特征】成虫：雌虫体略呈五角形，前缘扁平；前端宽阔，后端略尖，形如瓜子仁；长1.2mm左右，初为淡黄白色，后为淡褐黄色；雌介壳体近圆形，不透明，灰白色，直径1.8～2.5mm；中央稍隆起，蜕皮壳两个，偏离中心，暗褐色；雄虫体细长，白色，长1mm左右；雄介壳体狭长，灰褐色，长1mm，背面有3条纵脊线，中脊线特别明显，前端隆起，后端较扁平；蜕皮位于前端，黄色。

卵：圆形，长0.3mm左右，初产时乳白色，后渐变深色。

若虫：初孵若虫为淡黄色至黄色，触角6节；体长0.3～0.5mm；2龄以后，若虫雌雄区别明显；雌虫介壳近圆形，虫体淡黄色，状似雌成虫；雄介壳开始增长，虫体也渐变长，淡黄色。

【生活习性】1年发生2～3代，但在温室或塑料棚中1年发生多代，在露地以雌成虫在寄主的肉质茎上越冬。翌年1月中旬至2月上旬，若虫孵化后集中在肉质茎上为害，孵化盛期在4—9月，有世代重叠现象，虫体密集成堆。成虫、若虫吸食寄主肉质茎中汁液，使受害处变白，同时还会感染其他病菌。被害植株生长发育受到抑制，严重时肉质茎部分或全部腐烂。

【为害症状】成虫、若虫吸食寄主肉质茎中汁液，使受害处变白，同时还会感染其他病菌。受仙人掌白盾蚧为害，被害植株生长发育受到抑制，严重时肉质茎部分或全部腐烂。

4.1.1.5 胭脂虫

【英文名】Cochineal insect

【学名】*Dactylopius coccus* Costa

【分类地位】半翅目洋红蚧科

【形态特征】成虫：雌虫体卵形，分节明显，长2.3～3.2mm，宽1.5～2.2mm。

触角发达，7节，长143～173μm，具粗钝的刺毛，两触角间距143～270μm。眼突出，直径36～51μm，两眼间距306～714μm。足中等粗度，较短，爪无小齿，跗冠毛和爪冠毛细长。气门喇叭状。胸部腹面有3个腹疤。管腺具宽的内管，分布整个腹面。腹面的五格腺在前后气门的周围分布，不成列，在腹部末端则成簇。背面的五格腺单个或成群分布，常与一个管腺相连，3个一群排成"品"字形状者最为常见，而一群中五格腺数量为5～9个。背刺为截柱状，基部扩大，散布全身，且在腹部的多而大，头部的少而短。肛门开口于虫体背面末端，肛环及肛环刺毛均无。

卵：呈亮红色，外面包被着半透明的卵壳。

若虫：虫体椭圆形，长1.3mm，宽0.7mm。触角发达，6节，长约0.1mm，基部3节粗壮，端部3节明显变细，末节较长，呈圆棒状，上有多根长刚毛。眼半球形，位于触角下方。口器刺吸式，口针很长。足3对，发育良好，跗冠毛和爪冠毛各1对，均细长，爪无小齿。前后气门大，长勺状，硬化了的气门盖为不规则的形状，无明显的气门路。五格腺分布全身，以腹面和背面的腹节为多，在腹面的最后腹节五格腺成簇，多达30个或更多。管腺具宽的内管在腹面体缘区分布，数量不是很多，头部也有少量分布。腹面刺毛细长，零星散布。背面刺毛柱状或截锥状，呈带状分布，共5条，背中区1条，亚中区2条，缘区2条。体缘背刺在腹部最后几个腹节为两个一组，相当粗壮，且周围有一小簇五格腺，朝向头部刺毛逐渐变短变细。背刺长度与扩大了的基座直径比为1.3～1.6，虫体腹末无臀瓣，肛门形状为横向裂口。

【生活习性】雌虫在交配后，体型变大，不久即开始产卵，卵主要产于晚上，产卵开始时，仅有少数卵产下并持续一段时间，之后达到一产卵高峰，此时产下的卵呈链状，一个接一个，到产卵后期，雌虫开始微缩直至死亡。雌虫离开寄主后，能继续产卵，体型大的雌虫有较长的产卵时期，卵期能持续30～50d。每一雌虫的平均产卵量为430粒，多的可达600粒。胭脂虫卵浅红色，卵形，表面光滑。卵产下后30min内即孵化，孵化速度快。卵孵化不久可透过卵黄观察到若虫，卵从头部沿背腹纵线开始破裂，一直到卵的中部，若虫从卵黄中出来需4～20min，最初足、触角和口器粘在身体上，1～2min后开始展开。刚孵化的若虫即1龄若虫也叫"爬虫"，卵形，触角分节明显，长约1mm，宽0.5mm，亮红色，足发达，可四处爬行。孵化后"爬虫"先在母虫的保护蜡下呆几分钟，然后开始转移到其他地方，通常是爬到寄主的顶端，找寻新的茎片。1～2d后开始固定，具有趋触性和负趋光性，喜在节间或刺基部定居，通常选择背光的地方，例如两交叠茎片之间。雌虫通常在离母体较远的地方固定生活，而雄虫则在母体周围寄生。

【为害症状】以成虫和若虫群集在仙人掌上刺吸汁液为害，造成植株生长受抑、长势衰弱，虫体表面形成大量明显易见的白色蜡粉和丝线状覆盖物，可严重影响仙人掌的品质和观赏、经济价值。

4.1.1.6 花蓟马

【英文名】Flower thrips

【学名】*Frankliniella intonsa*（Trybom）

【分类地位】缨翅目蓟马科

【形态特征】成虫：体长1.4mm，褐色，头胸部稍浅，前腿节端部和胫节浅褐色。触角第1～2节和第6～8节褐色，3～5节黄色，但第5节端半部褐色；前翅微黄色；腹部1～7背板前缘线暗褐色；头背复眼后有横纹；单眼间鬃较粗长，位于后单眼前方；触角8节，较粗，第3～4节具叉状感觉锥；前胸前缘鬃4对，亚中对和前角鬃长；后缘鬃5对，后角外鬃较长；前翅前缘鬃27根，前脉鬃均匀排列，21根；后脉鬃18根；腹部第1背板布满横纹，第2～8背板仅两侧有横线纹；第5～8背板两侧具微弯梳；第8背板后缘梳完整，梳毛稀疏而小。雄虫较雌虫小，黄色，腹板3～7节有近似哑铃形的腺域。

卵：肾形，长0.2mm，宽0.1mm，孵化前显现出两个红色眼点。

若虫：共4龄，体长1.0～1.6mm，基色黄，复眼红，触角7节，第3～4节最长，第3节有覆瓦状环纹，第4节有环状排列的微鬃；胸、腹部背面体鬃尖端微圆钝；第9腹节后缘有一圈清楚的微齿。其中1龄若虫触角、第4节膨大为鼓槌状；2龄若虫橘黄色；3龄若虫又叫"前蛹"，翅芽达腹部第3节，触角向头两侧张开；4龄若虫又称"伪蛹"，触角分节不明显，折向头背面，单眼内缘有黄色晕圈。

【生活习性】有很强的趋花性，卵大部分产于花内（如花瓣、花丝、子房和花柄），南方地区年发生11～14代。在20℃恒温条件下完成一代只需20～25d。以成虫在表皮层、土壤或基质中越冬。翌年4月中下旬出现第1代。10月下旬、11月上旬进入越冬代。10月中旬成虫数量明显减少。世代重叠严重。成虫寿命春季为35d左右，夏季为20～28d，秋季为40～73d。雄成虫寿命较雌成虫短。雌雄比为1：（0.3～0.5）。成虫羽化后2～3d开始交配产卵，全天均可进行。卵单产于花组织表皮下，每雌可产卵77～248粒，产卵历期长达20～50d。每年6—7月、8月至9月下旬是该蓟马的为害高峰期。

【为害症状】成虫、若虫多群集于花内取食为害，花器、花瓣受害后成白化，经日晒后变为黑褐色，为害严重的花朵萎蔫。叶受害后呈现银白色条斑，严重的枯焦萎缩。

4.1.1.7 白粉虱

【别名】小白蛾子

【英文名】White fly

【学名】*Trialeurodes vaporariorum*（Westwood）

【分类地位】半翅目粉虱科

【形态特征】成虫：雌虫，个体比雄虫大，经常雌雄成对在一起，大小对比显著。腹部末端有产卵瓣3对（背瓣、腹瓣、内瓣），初羽化时向上折，以后展开。腹侧下方有两个弯曲的黄褐色曲纹，是腊板边缘的一部分。两对腊板位于第2、3腹节两侧。雄虫和雌虫在一起时常常颤动翅膀。腹部末端有一对钳状的阳茎侧突，中央有弯曲的阳茎。腹部侧下方有4个弯曲的黄褐色曲纹，是腊板边缘的一部分。4对腊板位于第2～5腹节上。

卵：椭圆形，具柄，开始浅绿色，逐渐由顶部扩展到基部为褐色，最后变为紫黑色。

若虫：1龄，体长椭圆形，较细长；有发达的胸足，能就近爬行，后期静止下来，触角发达、腹部末端有1对发达尾须，相当体长的1/3。2龄，胸足显著变短，无步行机能，定居下来，身体显著加宽，椭圆形，尾须显著缩短。3龄，体型与2龄相似，略大；足与触角残存；体背面的腊腺开始向背面分泌腊丝；体背有3个白点，即胸部两侧的胸褶及腹部末端的瓶形孔。

蛹：早期，身体显著比3龄加长加宽，但尚未显著加厚，背面腊丝发达四射，体色为半透明的淡绿色，附肢残存，尾须更加缩短。中期，身体显著加长加厚，体色逐渐变为淡黄色，背面有腊丝，侧面有刺。末期，比中期更长更厚，呈匣状，复眼显著变红，体色变黄色，成虫在蛹壳内逐渐发育起来。

【生活习性】1年发生10余代，各种虫态均可越冬，但不耐低温。成虫不善飞，有趋黄性，群集在叶背面，具趋嫩性，新生叶片成虫多，中下部叶片若虫和伪蛹多。交配后，1头雌虫可产100多粒卵，多者400～500粒。此虫最适发育温度25～30℃，在温室内一般1个月发生1代。

【为害症状】以若虫刺吸幼叶汁液，叶片或嫩梢枯萎。排泄蜜露可诱致煤污病发生，影响到多肉植物正常呼吸与光合作用，降低其观赏和经济价值。

4.1.1.8 绣线菊蚜

【别名】苹果蚜、苹果黄蚜、苹叶蚜虫

【英文名】Spirea aphid

【学名】*Aphis citricola* van der Goot，*Aphis spiraecola* Patch

【分类地位】半翅目蚜科

【形态特征】成虫：无翅胎生雌蚜体长1.5～1.7mm，黄色或黄绿色。头浅黑色，复眼黑色，额瘤不明显，触角丝状。腹管略呈圆筒形，端部渐细，腹管和尾片黑色。有翅胎生雌蚜体长约1.5mm，翅展约4.5mm，体近纺锤形，头、胸部黑色，头顶上的额瘤不明显，口器黑色，复眼暗红色，触角丝状。腹部绿色或淡绿色，身体两侧有黑斑，2对翅透明，腹管和尾片黑色。

卵：椭圆形，长约0.5mm，初期淡黄色，后期变为漆黑色，有光泽。

若虫：体绿色或鲜黄色，复眼、触角、足和腹管均为黑色。腹部肥大，腹管短。有翅若蚜胸部发达，生长后期在胸部两侧长出翅芽。

【生活习性】1年发生10多代，以卵在芽腋、芽旁或植株缝隙内越冬。翌春植株发芽后，越冬卵孵化，若蚜先在芽和幼叶上为害，叶片长大后，蚜虫群集在叶片背面和嫩梢上刺吸汁液。随着气温升高，蚜虫繁殖速度加快，到5—6月已繁殖成较大的群体，此时有大量新梢受害，被害叶片卷曲。从6月开始产生有翅胎生雌蚜，迁飞到杂草上为害繁殖。到7月，在植株上几乎见不到蚜虫。秋末冬初，在杂草上生长繁殖的蚜虫产生有翅蚜，迁回到植株上，经雌雄交配后产卵越冬。全年只有在秋季成蚜产越冬卵时进行两性生殖，其他各代进行孤雌生殖。天敌有瓢虫、草蛉、食蚜蝇、蚜茧蜂等。

【为害症状】以成虫、若虫刺吸新梢和叶片汁液。若蚜和成蚜群集在新梢上的叶片背面为害，被害叶向背面横卷，发生严重时，新梢叶片全部卷缩，生长受到严重影响。

4.1.1.9　尖眼蕈蚊

【别名】小黑飞、眼菌蚊、菇蚊、闽菇迟眼蕈蚊

【英文名】Sciarid flies

【学名】*Bradysia minpleuroti* yang et zhang

【分类地位】双翅目尖眼蕈蚊科

【形态特征】成虫：体翅灰黑色，长3.3～4.1mm，头部明显低于胸部，复眼黑色且发达，在头顶的触角基部上方连接，触角丝状，16节，鞭节各节长筒形，除密生细毛外，还轮生6圈较长的毛，轮状毛着生处明显向外突起。胸部发达，前胸背板明显突出，前翅膜质，略呈灰黑色，R1室开放，直达翅缘，肘脉即Cu脉2支达翅缘，殿脉A不达翅缘，后翅为平衡棒。足细长，基节较长，转节1节。腹部各节背面和腹面各有一块长方形的褐色斑块，密生细毛，轮廓清晰。雄虫腹末具1对铗状抱握器。

卵：椭圆形，长径0.28～0.32mm，短径0.19～0.21mm。初产卵淡黄色，之后逐

渐呈半透明。孵化前，卵端开始出现幼虫的浅黑头部。

幼虫：蛆状，头小、黑色，体白色半透明或乳白色，12节，老熟幼虫体长4.7~5.8mm。

【生活习性】1年发生多代，以幼虫在基质或土壤中越冬。成虫活泼，善飞翔和爬行，有明显的趋光性和趋腐性，成虫产卵于基质或腐殖质中，幼虫孵化后即可为害，也可在腐殖质多的地方生活。幼虫具有群集性，喜潮湿，对干燥的抵抗力差。

【为害症状】成虫啃食多肉植物叶片留下疤痕；幼虫有群居性，常啃食植株根部和多汁叶片，可传染真菌，造成植株感染。

4.1.1.10 二斑叶螨

【别名】棉红蜘蛛、白蜘蛛、二点叶螨

【英文名】Two spotted spider mite

【学名】*Tetranychus urticae* Koch，*Tetranychus bimaculatus* Harvey

【分类地位】蜱螨目叶螨科

【形态特征】成螨：雌成螨椭圆形，长约0.5mm，红褐色或褐色。体背两侧各有1个黑色或黑褐色斑块，斑块外侧呈不明显的3裂。越冬型雌成螨体色为橙黄色，斑块消失。雄成螨体呈菱形，长约0.3mm，黄绿色或淡黄色。

卵：呈扁球形，直径约为0.13mm，鲜红色，有光泽，后渐褪色。顶部有1垂直的长柄，柄端有10~12根向四周辐射的细丝，可附着于叶、枝和果上。

幼螨：体长约0.2mm，色较淡，足3对。

若螨：与成螨极相似，但个体较小，1龄若螨体长0.2~0.25mm，2龄若螨体长0.25~0.3mm，均有4对足。

【生活习性】1年发生多代，以卵和成螨在茎部缝隙或基质中越冬，冬季温暖地区无明显越冬现象。全年有2个高峰，一般出现在4—5月和9—10月。该螨大多营两性生殖，雌成螨出现后即可交配，一生可交配多次。产卵量以春季最多，秋季较少，夏季最少。幼螨孵化后立即取食为害。影响种群密度的主要因素有温度、湿度、食料、天敌和人为因素等。发育和繁殖主要受温湿度影响，最适宜温度20~28℃，当温度超过30℃，死亡率增加，超过35℃则不利其生存；最适相对湿度在70%左右，多雨不利于发生。该螨喜光趋嫩，在光线充足的部位发生多，常从老叶上转移至嫩绿的茎叶上为害。

【为害症状】成螨、若螨和幼螨以口器刺吸叶片、嫩茎汁液，以叶片受害最重。被害叶片表面呈现许多灰白色小斑点，失去光泽，严重时全叶灰白，大量落叶，影响长势和产量，猖獗时，叶片表面布满灰白色失绿斑点。

4.1.2　几种食叶害虫

4.1.2.1　玄灰蝶

【英文名】Tongeia fischeri

【学名】*Tongeia fischeri*（Eversmann）

【分类地位】鳞翅目灰蝶科

【形态特征】成虫：雌雄同型，翅正面黑褐色，后翅近外缘有极不明显的细小红纹，尾突短小，反面灰色，前翅外缘有2列各6个黑斑，互相平行，内列末两个内移；后中横斑靠近外缘，与亚外缘斑列间无淡色斑列。后翅有4列黑斑；亚外缘内侧斑镶有几个橙色纹，后中横斑列曲折排列，基部另有1列4个黑斑。前后翅中室端各有1个横斑。斑纹皆围有白边。正面与点玄灰蝶近似但中室端斑内侧无黑点。与海南玄灰蝶区别在于：前翅反面亚外缘斑列内侧的黑斑较发达且呈方形。

卵：椭圆形，白色或乳白色，长径0.5～0.8mm，短径0.2～0.4mm。

幼虫：身体椭圆形而扁，边缘薄而中部隆起；头小，缩在胸部内；足短；末龄幼虫体长15～16mm。

蛹：椭圆形，长11～13mm，光滑或被细毛。

【生活习性】该蝶是夏秋季节多肉植物的主要虫害，可将石莲花属、莲花掌属、景天属、青锁龙属等景天科多肉植物啃食的千疮百孔，甚至因伤口感染，造成植株腐烂死亡。该蝶在多肉植物上产卵时还会分泌一种带特殊气味的物质，能够吸引更多玄灰蝶雌虫前来产卵，且一只一晚能够产卵100粒以上，孵化率能近100%，因此为害容易大暴发。

【为害症状】幼虫啃食的叶片伤口会很快腐烂，受害的肉质叶轻轻一碰就脱落，最后茎秆变得光秃秃的，严重时整个植株腐烂，为害症状易被误诊为黑腐病。

4.1.2.2　豆荚灰蝶

【别名】小灰蝶、亮灰蝶、长尾里波灰蝶

【英文名】Pod butterfly

【学名】*Lampides boescus* Linne

【分类地位】鳞翅目灰蝶科

【形态特征】成虫：雌蝶10～12mm，雄蝶略小翅展33～35mm，体黄褐色波斑，被白色长绒毛。触角长6mm，球杆状黑褐色，节间具白环。下唇须上面黑色，下面白色，前后翅正面褐色，具蓝紫闪光，前翅外缘深暗，后翅亚外缘有一列圆斑。

卵：半球形白色，0.5～0.8mm。

幼虫：初孵幼虫长6~7mm，宽2~3mm，扁椭圆形，腹面扁平，背面拱起，绿带紫红色，老龄幼虫长12~13mm，宽4~6mm，扁椭圆形，腹面扁平，背面拱起，体有青绿色或紫红色，体色多变。头黄褐色，常缩在前胸下面。体背紫红色，密布黑色粒状突起，上具绒毛；体侧具不规则的白斜线；腹面绿褐色，腹足短小，呈吸盘状，化蛹前虫体变为绿色。

蛹：体长10~12mm，宽约4mm，初绿褐色，老龄后变深褐色。

【生活习性】1年发生7代，世代重叠。一般在5—11月为害，以蛹和部分老幼虫在多肉植物残株上越冬，越冬蛹于翌年3月中旬至4月初羽化；成虫羽化后白天11：00—16：00活动飞翔能力强，雨天成虫停息在叶背面；成虫产卵有明显的趋花和趋嫩性。一般9：00开始在花蕾或嫩叶产卵，15：00最盛，一般一只雌蝶产卵25粒左右，卵单粒散产于花蕾和嫩叶上。幼虫孵出后多在卵壳底部直接蛀入花蕾或嫩叶取食，造成蕾、叶脱落，或在雨后常致腐烂。幼虫亦常吐丝缀叶为害，老熟幼虫在叶背主脉两侧做茧化蛹，亦可吐丝下落土表、基质或落叶中结茧化蛹。该虫对温度的适应范围广，7~34℃都能生长发育，最适温度为28℃，适宜的相对湿度为80%~85%。全代历期30~50d，其中成虫期2~5d，卵历期5~8d，幼虫历期17~29d，蛹历期6~8d。

【为害症状】幼虫钻蛀为害多肉叶片，卵孵化后幼虫首先钻入叶肉内，受害叶片内充满虫粪，蛀孔呈圆形并覆一层薄膜，转叶为害时间8：00左右；如果在花期、嫩叶期受害，会造成大量落花、落叶，严重影响观赏和经济价值。

4.1.2.3 菜粉蝶

【别名】菜青虫、菜白蝶

【英文名】Imported cabbageworm

【学名】*Pieris rapae* Linne

【分类地位】鳞翅目粉蝶科

【形态特征】成虫：体长12~20mm，翅展45~55mm。雄虫体乳白色，雌虫略深，淡黄白色。雌虫前翅前缘和基部大部分为黑色，顶角有1个大三角形黑斑，中室外侧有2个黑色圆斑，前后并列。后翅基部灰黑色，前缘有1个黑斑，翅展开时与前翅后方的黑斑相连接。雄虫前翅正面灰黑色部分较小，翅中下方的2个黑斑仅前面一个较明显。成虫常有雌雄二型，更有季节二型的现象，即有春型和夏型之分，春型翅面黑斑小或消失，夏型翅面黑斑显著，颜色鲜艳。

卵：竖立呈瓶状，高约1mm，短径约0.4mm。初产时淡黄色，后变为橙黄色，孵化前为淡紫灰色。卵壳表面有许多纵横列的脊纹，形成长方形的小格，卵散产。

若虫：末龄幼虫体长28~35mm。幼虫初孵化时灰黄色，后变青绿色，体圆筒形，中段较肥大，背部有一条不明显的断续黄色纵线，气门线黄色，每节的线上有两个黄斑。体密布细小黑色毛瘤，各体节有4~5条横皱纹。

蛹：长18~21mm，纺锤形，两端尖细，中部膨大而有棱角状突起。体色随化蛹时的附着物而异，有绿色、淡褐色、灰黄色等。雄蛹仅第9腹节有1生殖孔，雌蛹第8节、第9节分别有1交尾孔和生殖孔。

【生活习性】1年发生10~12代。各个虫态均可越冬；越冬场所多在为害地附近的篱笆、墙缝、树皮下、土缝里或杂草及残株枯叶间。成虫白天活动，尤以晴天中午更活跃。羽化的成虫取食花蜜，交配产卵，每次只产1粒，卵散产在叶片的正面或背面，但以叶背面为多，夏季多产在寄主叶片背面，冬季多产在叶片正面。每雌产卵100~200粒，多的可达500粒，以越冬代和第1代成虫产卵量较大。这些卵呈淡黄色，堆积在一起。初孵幼虫先取食卵壳，然后再取食叶片。1~2龄幼虫有吐丝下坠习性，幼虫行动迟缓，大龄幼虫有假死性，当受惊动后可蜷缩身体坠地。幼虫老熟时爬至隐蔽处，先分泌黏液将臀足粘住固定，再吐丝将身体缠住，再化蛹。

【为害症状】一年中以春、秋两季为害最重。幼虫咬食寄主叶片，2龄前仅啃食叶肉，留下一层透明表皮，3龄后蚕食叶片孔洞或缺刻，严重时叶片全部被吃光，只残留粗叶脉和叶柄。苗期受害严重时，重则整株死亡。幼虫还可以钻入多肉叶内为害，不但在叶内暴食，排出的粪便还污染叶片，引起腐烂，降低多肉植物的观赏和经济价值。

4.1.2.4 东亚飞蝗

【别名】蚂蚱、蝗虫

【英文名】Asiatic migratory locust

【学名】*Locusta migratoria manilensis*（Meyen）

【分类地位】直翅目蝗科

【形态特征】成虫：雌成虫体长39~52mm，雄成虫体长33~48mm，有群居型、散居型和中间型3种类型，体灰黄褐色（群居型）或头、胸、后足带绿色（散居型）。头顶圆。颜面平直，触角丝状，前胸背板中降线发达，沿中线两侧有黑色带纹。前翅淡褐色，有暗色斑点翅长超过后足股节2倍以上（群居型）或不到2倍（散居型）。胸部腹面有长而密的细绒毛，后足股节内侧基半部在上、下降线之间呈黑色。胸足的类型为跳跃足，腿节特别发达，胫节细长，适于跳跃。

卵：卵囊圆柱形，长53~67mm，每块有卵40~80粒，卵粒长筒形，长4.5~6.5mm，黄色。

若虫：体长26~40mm，触角22~23节，翅节长达第4、5腹节，体色红褐色或绿色。

【生活习性】1年发生2~3代，越冬卵于4月底至5月上中旬孵化，蝗蝻在6月中旬至7月上旬羽化。这一代蝗虫称为夏蝗；夏蝗寿命55~60d，7月上中旬进入产卵盛期，卵在7月中旬至8月中旬孵化，蝗蝻25~30d后羽化为成虫，称为秋蝗；秋蝗在9月上中旬进入产卵盛期，大部分卵直接越冬，少数在高温干旱年份，在9月中旬前后又孵出第3代蝗蝻，羽化后不能产卵，多在冬季被冻死；无滞育现象，以卵囊在土壤中越冬。该虫喜欢栖息在地势低洼、易涝易旱或水位不稳定的海滩或湖滩及大面积荒滩或耕作粗放的夹荒地上。成虫羽化后，需经1~2周时间补充营养和飞翔，才能交配产卵。产卵多选择植被稀疏，土面坚实，土壤湿度和含盐量适宜的向阳地带。雌虫用产卵瓣钻土和基质成孔，深入土面下4~6cm产卵。每只雌蝗一般产4~5个卵块，每个卵块有卵50~75粒。干旱年份利于蝗虫生育、繁衍，容易酿成蝗灾，因此每遇干旱年份，要注意防治蝗虫。

【为害症状】成、若虫咬食多肉植物的叶片和茎，造成大量缺刻、落叶，发生严重时可把多肉植株吃成光秆。

4.1.2.5　同型巴蜗牛

【别名】水牛

【英文名】Homotypic snail

【学名】*Bradybaena similaris*（Ferussac）

【分类地位】腹足纲柄眼目巴蜗牛科

【形态特征】成贝：贝壳中等大小，壳质厚，坚实，呈扁球形。壳高12mm、宽16mm，有5~6个螺层，顶部几个螺层增长缓慢，略膨胀，螺旋部低矮，体螺层增长迅速、膨大。壳顶钝，缝合线深。壳面呈黄褐色或红褐色，有稠密而细致的生长线。体螺层周缘或缝合线处常有一条暗褐色带（有些个体无）。壳口呈马蹄形，口缘锋利，轴缘外折，遮盖部分脐孔。脐孔小而深，呈洞穴状。个体之间形态变异较大。

卵：圆球形，直径2mm，乳白色有光泽，渐变淡黄色，近孵化时为土黄色。

幼贝：初孵时贝壳淡黄褐色，半透明，隐约可见贝壳内乳白色肉体。

【生活习性】1年繁殖1代，以成贝或幼贝在寄主根部浅土层和基质中越冬。成贝于4—5月间产卵，大多产在寄主植物根际附近疏松湿润的土和基质中。每雌可产卵数十粒至200余粒。该种蜗牛常活动于较潮湿的多肉植株上，以及温室、阴暗且多腐殖质的环境，适应性很广。每天多在黄昏后至翌日清晨活动，阴天也能全天活动取食，日出后隐伏。

【为害症状】成贝、幼贝取食多肉植物叶肉和嫩茎，造成孔洞缺刻或仅存上下表皮，严重时只剩叶脉或叶、茎咬断。

4.1.2.6 蛞蝓

【别名】鼻涕虫、水蜒蚰

【英文名】Slug

【学名】*Agriolimax agrestis* Linnaeus

【分类地位】腹足纲柄眼目蛞蝓科

【形态特征】成贝：雌雄同体，外表看起来像没壳的蜗牛，体表湿润有黏液。伸直时体长30～60mm，体宽4～6mm。长梭形，柔软、光滑而无外壳，体表暗黑色、暗灰色、黄白色或灰红色。触角2对，暗黑色，下边一对较短，约1mm，称前触角，有感觉作用；上边一对长约4mm，称后触角，端部具眼。口腔内有角质齿舌。体背前端具外套膜，为体长的1/3，边缘卷起，其内有退化的贝壳（即盾板），上有明显的同心圆线，即生长线。同心圆线中心在外套膜后端偏右。呼吸孔在体右侧前方，其上有细小的色线环绕。黏液无色。在右触角后方约2mm处为生殖孔。

卵：椭圆形，韧而富有弹性，直径2～2.5mm；白色透明可见卵核，近孵化时色变深。

幼贝：体长2～2.5mm，淡褐色，体形同成体。

【生活习性】以成虫体或幼体在多肉植物根部湿土下越冬。5—7月大量活动为害，入夏气温升高，活动减弱，秋季气候凉爽后，又活动为害。蛞蝓怕光，强光下2～3h死亡，因此均夜间活动，从傍晚开始出动，22：00—23：00达高峰，清晨之前又陆续潜入土中或隐蔽处。耐饥力强，在食物缺乏或不良条件下能不吃不动。阴暗潮湿的环境适合其生活，当气温11.5～18.5℃，土壤含水量为20%～30%时，对其生长发育最为有利。5—7月产卵，卵期16～17d，从孵化至成贝性成熟约55d。成贝产卵期可长达160d。雌雄同体，即可异体受精，亦可同体受精繁殖。卵产于湿度大且隐蔽的土缝中，每隔1～2d产1次，有1～32粒，每处产卵10粒左右，平均产卵量为400余粒。

【为害症状】成贝、幼贝啃食多肉植物叶片和嫩茎，被害叶片布满不规则的圆形孔洞。

4.1.3 几种钻蛀性害虫

4.1.3.1 美洲斑潜蝇

【别名】潜叶蝇

【英文名】Vegetable leafminer

【学名】*Liriomyza sativae* Blanchard

【分类地位】双翅目潜蝇科

【形态特征】成虫：体型短小、黄黑相间的小型蝇类。雌蝇体长约2.1mm，前翅长1.7～1.9mm；雄蝇体长约1.4mm，前翅长1.3～1.5mm。头部、触角鲜黄色，眼眶与额面位于同一平面，后头黑色区域伸至眼眶及上额，使复眼后缘呈黑色，侧额至内后顶鬃基部棕色。中胸背板亮黑色，小盾片黄色，中侧片黄色，其上散布大小易变的黑斑，在浅色个体中，此黑斑收缩成沿下缘伸展的小灰带纹；在深色个体中，黑斑扩大上升达前缘。腹侧片上有大块三角形黑斑，边缘黄色。足基节和腿节鲜黄色，胫节以下较黑，前足黄褐色，后足黑褐色。翅灰色透明，翅腋瓣和平衡棒黄色。腹部长圆形，大部黑色，仅背片两侧黄色。头部外后顶鬃着生于头部黑色区域，内后顶鬃着生于头部黑色区域或黄色区域。上下额眶鬃各2对，均后倾。眶小鬃稀。触角具芒状，第3节圆形，从该节侧面伸出触角芒，触角密生微细感觉毛。中胸背板两侧各有背中鬃4根，第1～2根的距离是第2～3根的两倍，第3～4根的距离与第2～3根的约相等。中鬃4列，排列不规则。翅中室小，M_{3+4}脉末段长度是亚末段的3～4倍。雌雄成虫的区别，雌蝇中侧片毛4根，雄蝇3根；雌蝇腹部末端几节形成圆筒形产卵管鞘，不用时缩入腹内，产卵时伸出产卵管鞘，并从鞘内伸出产卵管而产卵；雄蝇腹部末端有1对背刺突（侧尾叶），其腹面有下端钩突；阳具包被于背刺突中；阳具端部分开，淡色；精囊位于体内。

卵：长椭圆形，长0.3～0.4mm，宽0.15～0.2mm，初期淡黄白色，后期淡黄绿色，水浸状。

幼虫：蛆状，初龄幼虫体长0.4mm，3龄4mm。体色初期淡黄色，中期淡黄橙色，老熟幼虫黄橙色。体圆柱形，稍向腹面弯曲，各体节粗细相似，前端稍细，后端粗钝。头部后面11节，其中第1～3节为胸部，第4～11节为腹部。头部无明显骨化，具能自由伸缩的黑色骨化口钩，其外方有小齿4个，与口钩后方相连的是黑色分叉的咽骨。胸部和腹部各体节相接处侧面有微粒状刺突。气门两端式，前气门1对突出于前胸近背中线处，后气门1对位于腹末节近背中线处，每个后气门呈圆锥状突起，其顶端又分3叉，每叉上有气门开口。

蛹：雌蛹长1.7～2.1mm，宽0.5～0.7mm；雄蛹长1.5～1.7mm，宽0.7～0.8mm。初蛹淡黄色，中期黑黄色，末期黑色至银灰色。围蛹椭圆形，蛹体末节背面有后气门1对，分别着生于左右锥形突上，每个后气门端部有3个指状突，中间指状突稍短，气门孔位于指状突顶端。肛门位于蛹腹部腹面第7～8节间中线上。蛹末期体前端几节纵裂成羽化孔，是成虫羽化外出的通道。雌雄蛹的区别，蛹体末端着生两个后气门锥形突基部间的距离，雌蛹距离为0.140mm，锥形突基部高度较雄蛹高；雄蛹距离为

0.145mm，其尾端几节较雌蛹宽。

【生活习性】该蝇世代短，繁殖能力强，1年发生十几代。12～35℃下均可发育，但低于20℃发育慢，低温对化蛹也不利；一般在15℃时约54d繁殖一代、20℃时约16d一代、30℃时约12d一代；降雨也会影响该蝇发生，特别是大雨后可杀灭部分成虫和蛹。越冬代发生期在11月底至翌年3月中旬，以幼虫和蛹存活越冬。成虫大部分在上午羽化，8：00—14：00是成虫羽化高峰期。成虫羽化后24h便可交尾、产卵。一次交尾可使一头雌虫所有的卵受精。在25℃下雌虫一生平均可产卵164.5粒，卵期2～5d。卵期随温度的升高明显地缩短。当从19℃升到34℃时，卵期则从4.7d缩短至1.7d，在30℃时卵期一般为1～2d。幼虫发育历期一般为4～7d，在25℃时幼虫历期为3.8d。幼虫老熟后，多数在叶背面化蛹，也可由叶面落入地面化蛹。老熟幼虫爬出叶片后一般几小时内完成化蛹。蛹期7～14d。在28℃下，蛹历期为8～10d。成虫具有趋光、趋绿和趋化性，对黄色趋性更强；有一定飞翔能力，但主要还是随寄主植物的调运而传播。

【为害症状】以幼虫和成虫为害叶片，幼虫取食叶片正面叶肉，形成先细后宽的蛇形弯曲或蛇形盘绕虫道，其内有交替排列整齐的黑色虫粪，老虫道后期呈棕色的干斑块区，一般1虫1道，1头老熟幼虫1d可潜食3cm左右；叶片中的幼虫多时，白色虫道连在一起，使整个叶片发白，脱落，空气湿度大时叶片腐烂，严重的造成毁苗。成虫在叶片正面取食，雌成虫刺伤植物叶片产卵，形成针尖大小近圆形的刺伤"孔"；刺伤"孔"初为浅绿色，后变白色，仔细观察肉眼可见，叶片受害后叶绿素被破坏，影响光合作用，导致植株生长缓慢，发育不良；成虫的交叉取食还可以传播病毒病等病害，降低多肉植物观赏和经济价值。

4.1.3.2　南美斑潜蝇

【别名】斑潜蝇

【英文名】South american leafminer

【学名】*Liriomyza huidobrensis* Blanchard

【分类地位】双翅目潜蝇科

【形态特征】成虫：雌成虫体长2.3～2.7mm，雄虫1.8～2.1mm；全身暗灰有稀疏刚毛，上眶鬃2对，下眶鬃2对，内、外顶鬃均着生于暗色处，胸部中侧片下方1/2至大部为黑色，仅上方为黄色；中胸近黑色，各腹节之后缘暗黄；触角黑，第3节近方形；中胸有4对粗大背中鬃，而无中鬃，小盾片后缘有4根粗长的小盾鬃；翅长1.70～2.25mm，中室较大，M_{3+4}末端为次末端的1.5～2.0倍；足黑，基节、腿节黄色具黑纹至几乎全黑色，胫节、跗节黑褐色。雄虫外生殖器端阳体与中阳体前部之间以膜相连，中阳体前部骨化较强，后部几乎透明，精泵黑褐色，柄短，叶片小。背针突常具1齿。

卵：椭圆形，乳白色，微透明，大小为（0.27~0.32）mm×（0.14~0.17）mm，散产于叶片的上、下表皮之下。

幼虫：蛆状，初孵半透明，随虫体长大渐变为乳白色，有些个体带有少许黄色。老熟幼虫体长2.3~3.2mm，后气门突具6~9个气孔。

蛹：淡褐至黑褐色，腹面略扁平，大小为（1.3~2.5）mm×（0.5~0.75）mm。

【生活习性】1年发生多代。该蝇的生长、繁殖适温为22℃，全年有2个高峰，即3—4月和10—11月，此间均温11~16℃，最高不超过20℃，有利于该虫发生。5月气温升至30℃以上时，虫口密度下降，6—8月雨季虫量也较低，直至9月气温降低虫量逐渐回升，12月至翌年1月月均温7.5~8℃，最低温为1.4~2.6℃，该虫也能活动为害。以老熟幼虫在虫道末端咬一小孔爬出虫道在叶背或落入土和基质中化蛹越冬，越冬虫量大。

【为害症状】成虫用产卵器把卵产在叶中，孵化后的幼虫在叶片上、下表皮之间潜食叶肉，嗜食中肋、叶脉，食叶成透明空斑，造成幼苗枯死，破坏性极大。该虫幼虫常沿叶脉形成潜道，幼虫还取食叶片下层的海绵组织，从叶面看潜道常不完整，有别于美洲斑潜蝇。

4.1.4 几种地下害虫

4.1.4.1 铜绿丽金龟

【别名】蛴螬、青金龟子、淡绿金龟子

【英文名】Blue chafer

【学名】*Anomala corpulenta* Motschulsky

【分类地位】鞘翅目花金龟科

【形态特征】成虫：体长16.0~22.0mm，宽8.3~12.0mm，铜绿色，长卵形，中等大小。头、前胸背板色泽较深，鞘翅色较淡而泛铜黄色，有光泽，两侧边缘黄色。腹面多呈乳黄色或黄褐色。触角9节，锶叶状，棒状部3节，黄褐色。

卵：初产时长椭圆形，长约182mm，后逐渐膨大近球形，卵壳光滑，乳白色。

幼虫：体长24~39mm，头宽约5mm，体乳白，体柔软肥胖而多皱纹，弯曲呈"C"字形，背部隆起。头黄褐色近圆形，前顶刚毛每侧各为8根，成一纵列；后顶刚毛每侧4根斜列。额中例毛每侧4根。肛腹片后部复毛区的刺毛列，各由13~19根长针状刺组成，刺毛列的刺尖常相遇。刺毛列前端不达复毛区的前部边缘。

蛹：长约20mm，宽约10mm，椭圆形，裸蛹，初化蛹时为白色，后渐变为浅褐色，雄末节腹面中央具4个乳头状突起，雌则平滑，无此突起。

【生活习性】1年发生1代，以幼虫在土或基质中越冬。春季土壤解冻后，幼虫开始由土壤或基质深层向上移动，4月中下旬，大部分幼虫上升到地表，取食多肉植物的根系。4月中下旬到5月上旬，幼虫做土室化蛹。6月上旬出现成虫，发生盛期在6月中下旬至7月上旬。成虫有趋光性和假死性，昼伏夜出，白天隐伏于地被物或表土，出土后交尾，将卵散产于根系附近5~6cm深的土壤中。气温25℃以上、相对湿度70%~80%为活动适宜温湿度，为害较重。幼虫孵化后取食多肉植物根系，秋季逐渐向土壤或基质深处转移越冬。

【为害症状】以成虫为害多肉植物叶片，使被害叶片残缺不全，严重时整株叶片全被吃光，仅留叶柄。幼虫食害多肉植物根部，为害植株生长。

4.1.4.2　小地老虎

【别名】地蚕、切根虫、夜盗虫

【英文名】Blank Cutworm

【学名】*Agrotis ypsilon*（Rottemberg）

【分类地位】鳞翅目夜蛾科

【形态特征】成虫：体长21~23mm，翅展48~50mm。头部与胸部褐色至黑灰色，雄蛾触角双栉形，栉齿短，端1/5线形，下唇须斜向上伸，第1、2节外侧大部黑色杂少许灰白色，额光滑无突起，上缘有一黑条，头顶有黑斑，颈板基部色暗，基部与中部各有一黑色横线，下胸淡灰褐色，足外侧黑褐色，胫节及各跗节端部有灰白斑。腹部灰褐色，前翅棕褐色，前缘区色较黑，翅脉纹黑色，基线双线黑色，波浪形，线间色浅褐，自前缘达1脉，内线双线黑色，波浪形，在1脉后外突，剑纹小，暗褐色，黑边，环纹小，扁圆形，或外端呈尖齿形，暗灰色，黑边，肾纹暗灰色，黑边，中有一黑曲纹，中部外方有一楔形黑纹伸达外线，中线黑褐色，波浪形，外线双线黑色，锯齿形，齿尖在各翅脉上断为黑点，亚端线灰白，锯齿形，在2~4脉间呈深波浪形，内侧在4~6脉间有二楔形黑纹，内伸至外线，外侧有2个黑点，外区前缘脉上有3个黄白点，端线为1列黑点，缘毛褐黄色，有1列暗点。后翅半透明白色，翅脉褐色，前缘、顶角及端线褐色。

幼虫：头部暗褐色，侧面有黑褐斑纹，体黑褐色稍带黄色，密布黑色小圆突，腹部末端肛上板有一对明显黑纹，背线、亚背线及气门线均黑褐色，不很明显，气门长卵形，黑色。

卵：扁圆形，花冠分3层，第1层菊花瓣形，第2层玫瑰花瓣形，第3层放射状菱形。

蛹：黄褐至暗褐色，腹末稍延长，有一对较短的黑褐色粗刺。

【生活习性】成虫白天潜伏于土缝中、杂草间、基质下或其他隐蔽处，夜出活动、取食、交尾、产卵，以19：00—22：00最盛，在春季傍晚气温达8℃时，即开始活动，温度越高，活动的数量与范围亦越大，大风夜晚不活动，成虫具有强烈的趋化性，喜吸食糖蜜等带有酸甜味的汁液，作为补充营养。成虫羽化后经3~4d交尾，交尾后第2天产卵，卵产在土块上及地面缝隙内。一般以土壤肥沃而湿润的田里为多，卵散产或数粒产生一起，每一雌蛾，通常能产卵1 000粒左右，多的在2 000粒以上，少的仅数十粒，分数次产完。在蜜源植物丰富和营养条件良好的情况下，每雌可产卵1 000~4 000粒，羽化后不给补充营养，只产卵几十粒或不产卵，成虫产卵前期4~6d，在成虫高峰出现后4~6d，田间相应地出现2~3次产卵高峰，产卵历期为2~10d，以5~6d为最普遍，雄雌成虫的性比为50.42：49.58。成虫寿命，雌蛾20~25d，雄蛾10~15d。卵的历期随气温而异，平均温度在19~29℃的情况下，卵历期为3~5d；卵的发育起点温度为（8.51±0.49）℃，有效积温为（69.59±6.04）d·℃。1~3龄幼虫日夜均在地面植株上活动取食，取食叶片（特别是心叶）成孔洞或缺刻，这是检查幼龄幼虫和药剂防治的标志；到4龄以后，白天躲在表土内，夜间出来取食，尤其在21：00及5：00活动最盛，在阴暗多云的白天，也可出土为害；取食时就在齐土面部位，把幼苗咬断倒伏在地，或将切断的幼苗连茎带叶拖至土穴中，以备食用，这时幼虫多躲在被害苗附近的浅土中，只要拨开浅土，就可以抓到幼虫；4~6龄幼虫占幼虫期总食量的97%以上，每头幼虫一夜可咬断幼苗3~5株，造成大量缺苗。幼虫老熟后，在土或基质内深6~10cm处筑室开始化蛹，为害显著减轻；前蛹期2~3d；蛹期平均18~19d。一般以幼虫和蛹在土中越冬，在冬暖（1月平均温度高于8℃）的地区，冬季能继续生长、繁殖与为害，并具有长距离迁飞的特性。

【为害症状】主要为害多肉地下部位。1~2龄幼虫昼夜均可群集于多肉植物幼苗顶心嫩叶处，昼夜取食，这时食量很小，为害也不十分显著；3龄后分散，幼虫行动敏捷，有假死习性、对光线极为敏感，受到惊扰即蜷缩成团，白天潜伏于表土的干湿层之间，夜晚出土从地面将幼苗植株咬断拖入土穴或咬食未出土的种子，幼苗主茎硬化后改食嫩叶和叶片及生长点，食物不足或寻找越冬场所时，有迁移现象。5~6龄幼虫食量大增，每条幼虫一夜能咬断幼苗4~5株，多的达10株以上。幼苗主茎硬化后改食嫩叶和叶片及生长点，食物不足或寻找越冬场所时，有迁移现象。幼虫3龄后对药剂的抵抗力显著增加。因此，药剂防治一定要掌握在3龄以前。3月底到4月中旬是第1代幼虫为害的严重时期。

4.1.4.3　沟金针虫

【别名】铁丝虫、姜虫、金齿耙

【英文名】Furrowed click beetle

【学名】*Pleonomus canaliculatus* Faldermann

【分类地位】鞘翅目叩甲科

【形态特征】成虫：雌虫体长14～17mm，宽4～5mm，体形扁平。触角锯齿状，11节，约为前胸的2倍。前胸背板宽大于长，正中部有较小的纵沟。足茶褐色。雄虫体长14～18mm，宽约3.5mm，体形细长。触角丝状，12节，约为前胸的5倍，可达前翅末端。体浓栗色，全身密生黄色细毛。

卵：近椭圆形，乳白色，长0.7mm，宽约0.6mm。

幼虫：老熟幼虫体长20～30mm，最宽处约4mm，体黄色，较宽扁平，每节宽大于长。从头部到第9腹节渐宽，胸背到第10节背面正中有一条细纵沟。尾节深褐色，末端有2分叉，各叉内侧各有1个小齿。

蛹：身体细长，纺锤形，雄蛹长15～19mm，宽约3.5mm；雌蛹长16～22mm，宽4.5mm。初化蛹时淡褐色，后变为黄褐色。

【生活习性】3年完成1代。幼虫期长，老熟幼虫于8月下旬在16～20cm深的土层内做土室化蛹，蛹期12～20d，成虫羽化后在原蛹室越冬。翌年春天开始活动，4—5月为活动盛期。成虫在夜晚活动、交配，产卵于3～7cm深的土层中，卵期35d。幼虫、成虫分别于10cm土温达4～8℃、9～10℃时开始活动；幼虫于3月下旬10cm地温6～7℃为为害盛期。夏季温度高，该虫垂直向土壤深层移动，秋季又重新上升为害。以幼虫或成虫在温室内或大田土中越冬。土温升高到19～23℃时，幼虫潜入13～17cm深土层中栖息；当土温达28℃以上时，下潜至更深处越夏。当土壤温度下降到18℃左右时，幼虫又上升到地表活动。土温下降幼虫又开始下潜，当土温1.5℃时，下潜至27～33℃深的土层中。老熟幼虫在土中15～20℃深处做土室化蛹。土壤湿度大，对化蛹和羽化非常有利。成虫羽化后，白天潜伏在杂草或土块下，夜晚出来交尾产卵，雌成虫无飞翔能力，一般多在原地交尾产卵。卵多产于3～5℃土中，卵散产，每头雌虫产卵200粒左右。雄成虫有趋光性，飞翔力强，夜晚多停留在杂草上，有假死习性。新开垦和靠近河边、沟塘、荒地往往受害严重。

【为害症状】主要为害多肉的幼芽及茎秆部位，幼苗长大后钻到根茎部取食，被害部位不完全被咬断，断口不整齐，从而使病菌入侵而引起腐烂被害多肉逐渐枯萎死亡。

4.1.4.4 东方蝼蛄

【别名】拉拉蛄、土狗子、地狗子

【英文名】Oriental mole cricket

【学名】*Gryllotalpa orientalis* Burmeister

【分类地位】直翅目蝼蛄科

【形态特征】成虫：体长30～35mm，灰褐色，全身密布细毛。头圆锥形，触角丝状。前胸背板卵圆形，中间具一暗红色长心脏形凹陷斑。前翅灰褐色，较短，仅达腹部中部。后翅扇形，较长，超过腹部末端。腹末具1对尾须。前足为开掘足，后足胫节背面内侧有4个距。

卵：椭圆形。初产长约2.8mm，宽1.5mm，灰白色，有光泽，后逐渐变成黄褐色，孵化之前为暗紫色或暗褐色，长约4mm，宽2.3mm。

若虫：8～9个龄期。初孵若虫乳白色，体长约4mm，腹部大。2龄以上若虫体色接近成虫，末龄若虫体长约25mm。

【生活习性】在长江流域及以南各省1年发生1代。越冬成虫5月左右开始产卵，盛期为6—7月，卵经15～28d孵化，当年孵化的若虫发育至4～7龄后，在40～60cm深土中越冬。翌年春季恢复活动，为害至8月开始羽化为成虫。初孵若虫有群集性，怕光、怕风、怕水。孵化后3～6d群集，后分散为害。昼伏夜出，21：00—23：00为活动取食高峰；具有强烈的趋光性，利用黑光灯，特别是在无月光的夜晚，可诱集大量东方蝼蛄，且雌性多于雄性。对香、甜物质气味有趋性，特别嗜食煮至半熟的谷子、棉籽及炒香的豆饼、麦麸等，可制成毒饵诱杀之；此外，对粪便、有机肥等未腐烂有机物有趋性，故在堆积粪便及有机质丰富的地方蝼蛄就多，可用毒粪进行诱杀。喜欢潮湿，多集中在沿河两岸、池塘和沟渠附近产卵；产卵前先在5～20cm深处做窝，窝中仅有1个长椭圆形卵室，雌虫在卵室周围约30cm处另做窝隐蔽，每雌产卵60～80粒。

【为害症状】成虫、若虫均在土中活动，主要为害多肉幼芽或将幼苗咬断致死，受害的根部呈乱麻状。

4.1.4.5 光滑鼠妇

【别名】潮虫、鼠负、负蟠、鼠姑、鼠黏、地虱

【英文名】Sow bug

【学名】*Porcellio laevis* Latreille

【分类地位】甲壳纲等足目潮虫科

【形态特征】成体：呈长椭圆形，背面稍隆起，体表光滑，体背表面褐灰色，中央色深，体腹表面和附肢带淡黄色。雄性体长10～15mm，体宽6.0～8.5mm（第4胸节处），雌性体长10mm，体宽5.5mm（第4胸节处）。第2触角柄部第4节、第5节的横断面为圆形，鞭部的两节长度略相等。头部侧叶较圆钝。

卵：淡黄色，近圆形，直径约1mm，如同鱼肝油丸，近孵化时色变为淡黄褐色。

幼体：初孵幼虫体长1.5～1.8mm，体宽约1mm，全体乳白，略带淡黄色，体两侧及各节后缘有淡褐色斑纹。随着虫体长大，体色加深，最后呈灰褐色或灰蓝色。头部有网状纹，口器淡褐色，复眼红色，初孵幼体的复眼含个眼6～7个，以后随身体增长，个眼数逐渐增加，最后同成体。本种属全节变态，初孵幼体即具有幼体最后体型，只是仅具6对胸肢，经7～10d后第7对胸肢伸出。幼体腹末端具2对突起，外侧1对大，内侧1对小。当年孵化的幼体至越冬前体长可达6.5～7.5mm。

【生活习性】通常生活于潮湿、腐殖质丰富的地方，如潮湿处的石块下、潮湿草丛和苔藓丛中、庭院花盆下以及室内的阴湿处。杂食性，食枯叶、枯草、绿色植物、菌孢子等。

【为害症状】主要为害多肉叶片及根茎部位。成虫、幼虫为害叶片，造成缺刻，重者可食光叶肉，仅剩叶脉、叶柄。有时一个叶片上有几头虫子同时取食。

4.2 多肉植物几种主要害虫的研究

4.2.1 几种害虫的精准识别

4.2.1.1 玄灰蝶

玄灰蝶（*Tongeia fischeri*）是夏、秋季节景天科多肉植物的主要虫害，大暴发时能将植株啃食的千疮百孔，甚至因伤口感染，造成植株腐烂死亡，素有"景天杀手"之称。玄灰蝶在分类上隶属于鳞翅目（Lepidoptera）灰蝶科（Lycaenidae）眼灰蝶亚科（Polyommatinae）玄灰蝶属（*Tongeia*），该属害虫在我国记载有9种，其中点玄灰蝶（*T. filicaudis*）、波太玄灰蝶（*T. potanini*）、淡纹玄灰蝶（*T. ion*）、大卫玄灰蝶（*T. davidi*）等极易与玄灰蝶在识别上混淆，因为它们的成虫外部形态差异较小，仅表现在翅反面斑纹大小、颜色的差异。为精准识别景天科多肉植物上的玄灰蝶害虫，避免识别错误，引入刘金波等（2013）的研究成果，内容如下。

（1）材料与方法。

①试验材料。

研究标本：2010—2012年在秦岭地区采集。

②试验方法。

解剖方法：剪下标本腹部末端，放入装有10% NaOH溶液的离心管中浸泡并加热5～20min，待其肌肉充分消解后，用清水冲洗数次，解剖镜下分离出雄性外生殖器，并置于甘油中备用。

外生殖器构造观察及照相：在双目立体显微镜（Leica ZOOM 2000）下观察雄性外生殖器形态特征，并在显微镜（OlympusPM-10AD）下拍照并比较分析形态特征。

（2）结果与分析。

①玄灰蝶属雄性外生殖器基本构造。玄灰蝶属雄性外生殖器由第9、10腹节特化而成，第9、10腹节的骨片共同形成完整的环。其中，第9腹节的背板形成背兜（tg），呈"V"形开裂；第10背板后端形成钩形突（un），与背兜愈合，高度骨化；从第10腹板演化来的颚形突（gn），典型地着生在背兜后缘、钩形突的腹面两侧，高度骨化和弯曲；第9腹板形成基腹弧（vin），基腹弧细短，顶端与背兜的柄突相关连；囊形突缺失；基腹弧两侧附着1对抱器瓣（vla），扁平，其上着生毛列，铗突（hrp）发达，抱器瓣基部分别与柄突、基腹弧及阳茎轭片（jx）相关联；阳茎（ae）从背兜、基腹弧及抱器瓣之间的隔膜上伸出，高度骨化，端部弯曲且逐渐变细，阳茎开口内侧为膜质的内阳茎，与射精管末端相连；阳茎轭片位于阳茎腹面，正面观"V"形或"U"形，起着支撑和引导阳茎的作用（图4-1）。

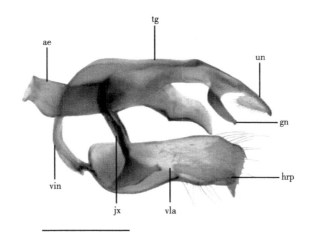

图4-1 玄灰蝶雄性外生殖器侧面观（比例尺=0.5mm）

②雄性外生殖器构造的种间差异。

抱器瓣：5种玄灰蝶的抱器瓣存在差异，主要表现在基部和端部形态以及铗突的形状及长短（图4-2）。玄灰蝶、点玄灰蝶与大卫玄灰蝶抱器基部膨大明显，其中，点玄灰蝶最为明显，端部不平滑，呈锯齿状，且端部下缘向下成钩形；波太玄灰蝶和淡纹玄灰蝶抱器基部略膨大，波太玄灰蝶抱器中部至端部斜下弯曲渐窄，端部平滑、较细；淡纹玄灰蝶抱器端部梭形，下缘钩形突延伸至抱器中部。点玄灰蝶铗突与抱器端部等长，玄灰蝶及淡纹玄灰蝶铗突短于端部，波太玄灰蝶和大卫玄灰蝶则长于端部。除长短不同外，铗突端部形状存在差异，玄灰蝶及点玄灰蝶铗突端椭圆形；波太玄灰蝶铗突末端针形；淡纹玄灰蝶呈钩形，略向抱器上缘弯曲；大卫玄灰蝶铗突末端钝钩形。

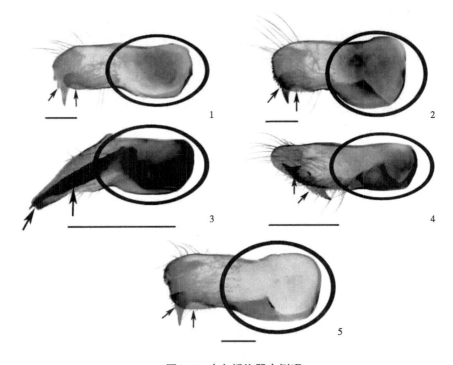

图4-2　玄灰蝶抱器内侧观

1.玄灰蝶；2.点玄灰蝶；3.波太玄灰蝶；4.淡纹玄灰蝶；5.大卫玄灰蝶；
比例尺：1、2、5=0.2mm，3、4=0.5mm

背兜、钩形突与颚形突：5种玄灰蝶背兜均开裂，但背兜与钩形突形态不同，颚形突形状和分叉情况也存在差异（图4-3）。玄灰蝶背兜开裂呈"V"形，背兜上、下缘间距最大，淡纹玄灰蝶背兜上、下缘间距次之，背兜开裂呈"U"形，点玄灰蝶、波太玄灰蝶和大卫玄灰蝶背兜上、下缘间距较小，背兜开裂呈"V"形，但基部略向内靠拢；玄灰蝶与大卫玄灰蝶钩形突细长，点玄灰蝶和波太玄灰蝶略短，淡纹玄灰蝶钩形突呈倒三角形；颚形突成对，但玄灰蝶、波太玄灰蝶与淡纹玄灰蝶颚形突端部靠拢，点玄灰蝶与大卫玄灰蝶分开。

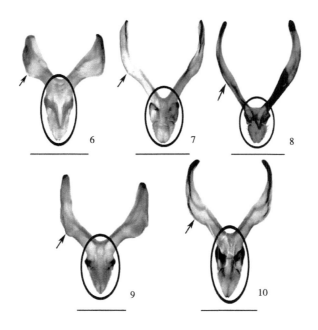

图4-3　玄灰蝶钩形突及背兜背面观

6. 玄灰蝶；7. 点玄灰蝶；8. 波太玄灰蝶；9. 淡纹玄灰蝶；10. 大卫玄灰蝶；
比例尺：8=500mm，6、7、9、10=0.5mm

阳茎：5种玄灰蝶阳茎差异明显，除波太玄灰蝶外，其余4种阳茎基部略膨大，端部波浪形，下缘有1突起，其中玄灰蝶基部膨大最为明显（图4-4）；波太玄灰蝶与淡纹玄灰蝶阳茎开口向前，其余种开口斜上，其中淡纹玄灰蝶阳茎开口向前延伸。玄灰蝶和大卫玄灰蝶阳茎端部相似，但大卫玄灰蝶下缘突起更明显，点玄灰蝶端部细，淡纹玄灰蝶阳茎端部略粗，波太玄灰蝶阳茎端部细长，末端针形。

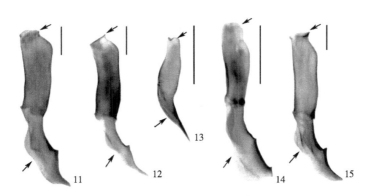

图4-4　玄灰蝶阳茎侧面观

11. 玄灰蝶；12. 点玄灰蝶；13. 波太玄灰蝶；14. 淡纹玄灰蝶；15. 大卫玄灰蝶；
比例尺：11、12、15=0.2mm，13、14=0.5mm

阳茎轭片：5种玄灰蝶阳茎轭片在分叉形状、基部、端部都不同。点玄灰蝶阳茎轭片"V"形分叉，细长，无膨大，端部略向内靠拢，其余4种均向内有不同程度靠拢（图4-5）；玄灰蝶与大卫玄灰蝶阳茎轭片基部膨大，基部柄粗，淡纹玄灰蝶基部剧膨大，基部柄细，波太玄灰蝶阳茎轭片端部最靠拢，基部无明显膨大。

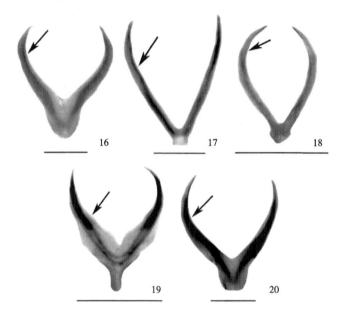

图4-5　玄灰蝶阳茎轭片正面观

16.玄灰蝶；17.点玄灰蝶；18.波太玄灰蝶；19.淡纹玄灰蝶；20.大卫玄灰蝶；
比例尺：16、17、20=0.2mm，18、19=0.5mm

③玄灰蝶外部形态及外生殖器比较。见表4-1和种检索表。

表4-1　玄灰蝶形态特征比较

种类	外部形态	抱器 （内面观）	背兜及钩形突 （背面观）	阳茎 （侧面观）	阳茎轭片 （正面观）
玄灰蝶 （T. fischeri）	前翅反面中室内无黑点；前翅反面外侧点不愈合	基部膨大；端部粗，端部钩状突与下缘呈钝角；铗突短于抱器端	背兜上下缘间距宽，端部不靠拢；钩形突细长	基部膨大；端部粗；阳茎开口斜上	基部宽，柄粗；端部略靠拢；分叉角大
点玄灰蝶 （T. filicaudis）	前翅反面中室内有黑点；前翅反面外侧点不愈合	基部膨大；端部粗，端部钩状突与下缘呈90°角；铗突与抱器端等长	背兜上下缘间距窄，端部略靠拢；钩形突略短	基部略膨大；端部细，阳茎开口斜上	基部窄，柄细；端部不靠拢；分叉角小

（续表）

种类	外部形态	抱器 （内面观）	背兜及钩形突 （背面观）	阳茎 （侧面观）	阳茎轭片 （正面观）
波太玄灰蝶 （T. potanini）	前翅反面中室内无黑点；前翅反面外侧点愈合成带状	基部膨大不明显，端部细，无钩状突；铗突长于抱器端	背兜上下缘间距窄，端部靠拢；钩形突短	基部无膨大；端部极细；阳茎开口向前	基部窄，柄细；端部靠拢；分叉角小
淡纹玄灰蝶 （T. ion）	前翅反面中室内无黑点；前翅反面外侧点不愈合	基部膨大不明显；端部细，钩状突与下缘呈锐角；铗突短于抱器端	背兜上下缘间距一般，端部略靠拢；钩形突三角形	基部膨大；端部粗；阳茎开口向前	基部较宽，柄细；端部略靠拢；分叉角大
大卫玄灰蝶 （T. davidi）	前翅反面中室内有黑点；前翅反面外侧点不愈合	基部膨大不明显；端部粗，端部钩状突与下缘呈钝角；铗突长于抱器端	背兜上下缘间距窄，端部靠拢；钩形突细长	基部略膨大；端部略粗；阳茎开口斜上	基部宽，柄粗；端部略靠拢；分叉角大

种检索表

1. 抱器端部变细 ··· 2

   抱器端部粗 ·· 3

2. 阳茎末端针形 ······························· 波太玄灰蝶（T. potanini）

   阳茎末端膨大 ······························· 淡纹玄灰蝶（T. ion）

3. 阳茎轭片细，无膨大 ······················ 点玄灰蝶（T. filicaudis）

   阳茎轭片基部膨大 ··································· 4

4. 抱器铗突末端尖，长于抱器端部 ············ 大卫玄灰蝶（T. davidi）

   抱器铗突末端钝，短于抱器端部 ············ 玄灰蝶（T. fischeri）

（3）小结。5种玄灰蝶雄性外生殖器的种间差异主要表现为阳茎开口及末端形状、铗突及钩形突的形态差异。依据雄性外生殖器特征，能够更加准确的区分外部形态相似的种类。例如点玄灰蝶和大卫玄灰蝶外部形态十分相似，只在前翅反面 M_2 室外侧斑纹大小上有细微差别，但它们的雄性外生殖器差异明显，点玄灰蝶抱器基部膨大明显，铗突和抱器端部等长；钩形突短；阳茎末端细；阳茎轭片细且无膨大，末端略向内靠拢。而大卫玄灰蝶抱器上缘近中部有凹陷，铗突略长于抱器端，且铗突末端尖锐；钩形突细长；阳茎末端钝；阳茎轭片基部膨大，末端向内靠拢明显。因此，将外生殖器形态特征与传统外部形态特征结合起来，玄灰蝶属种类的鉴定结果将更加可靠。也只有这样，才能准确识别景天科多肉植物上的玄灰蝶害虫。

4.2.1.2　石蒜绵粉蚧

石蒜绵粉蚧（*Phenacoccus solani*）隶属于半翅目（Hemiptera）粉蚧科（Pseudococcidae）绵粉蚧属（*Phenacoccus*），是近年我国新记录的一种有害生物，可为害石蒜科（Amaryllidacea）、景天科（Crassulacea）、仙人掌科（Cactaceae）、爵床科Acanthaceae）、番杏科（Aizoaceae）、菊科（Compositae）、大戟科（Euphorbiaceae）、豆科（Leguminosae）、茄科（Solanaceae）、马齿苋科（Portulacaceae）等31科的多种植物。该虫于2014年起在我国广西、浙江、云南、江苏等地进口口岸的多肉植物检疫中被多次截获，被国家质量监督检验检疫总局列为进口多肉植物重点关注的有害生物。目前我国台湾、福建、北京、新疆地区有少量分布。而近年来，网购进口多肉植物成为时尚，但这些多肉大多没有相关的植物进口检验检疫证明，属于非法入境，大大增加了石蒜绵粉蚧传入我国的风险。为精准识别多肉植物上的石蒜绵粉蚧，阻截境外输入风险，引入王珊珊等（2009）的研究成果，将该蚧虫的形态特征、寄主及分布介绍如下。

（1）形态特征。

雌成虫：体阔椭圆形，长2.3～2.7mm，宽1.3～1.6mm。触角8～9节：8节时全长480.0～580.0μm，第1节长50.0～75.0μm，第2节长72.5～87.0μm，第3节长55.0～60.0μm，第4节长32.5～57.5μm，第5节长47.5～55.0μm，第6节长47.5～62.5μm，第7节长47.5～55.0μm，端节最长，105.0～120.0μm；9节时全长约470.0μm，第1节长50.0～75.0μm，第2节长87.5～100.0μm，第3节长50.0～57.5μm，第4节长42.5～50μm，第5节长52.5～55.0μm，第6节长50μm，第7节长50μm，第8节长57.5μm，第9节长65μm。单眼发达，突出。足发达，各转节均有2个感觉孔，后足转节+腿节长370.0～420.0μm，后足胫节+腿节长395.0～490.0μm，爪下有齿；后足胫节+附节是后足转节+腿节长的1.1～1.2倍，后足胫节为附节长2.2～2.5倍；后足胫节具有许多透明孔。口器发达，下唇长127.5～140.0μm，稍短于唇基盾。腹脐椭圆形，宽37.5～50.0μm，位于第3腹节和第4腹节之间。前后背孔清晰可见，每唇瓣生有短刺3～4根，三格腺若干。肛环直径为70.0～87.5μm，周围有6根刚环毛，每根长93.5～137.5μm。刺孔群18对。末对刺孔群有2根锥刺和10～13个三格腺，其他刺孔群有2根锥刺和6个三格腺；末对刺孔群中刺较长，每根长约27.5μm，其他刺孔群中的刺较短，长约17.5μm尾瓣发达，尾瓣毛长212.5～260.0μm。背面：小刺长约7.5μm，散布。无多格腺，三格腺均匀分布，同时还分布有比三格腺小的单孔。腹面：中部有长毛，小刺主要分布缘区，亦可延伸到中部。多格腺每个直径约为7.5μm，在第4～8腹节后缘中区排成一横列，第4腹节和第5腹节数量较少。五格腺无。三格腺均匀分布。

管腺长约10.0μm，窄于三格腺，量少，主要分布于腹部第4~7节中区多格腺横列前面，2~5个管腺在中胸口器和前气门后。

该种与我国近来发现的扶桑绵粉蚧（*Phenacoccus solenopsis*）形态相近，主要区别在：石蒜绵粉蚧多格腺仅在第7腹节（阴门前节）后缘成横列，而扶桑绵粉蚧多格腺在第7腹节前缘至后缘均有分布。

（2）寄主。

爵床科（Acanthaceae）：白鹤灵芝（*Rhinacanthus nasutus*）。

番杏科（Aizoaceae）：松叶菊（*Mesembrianthemum nodiflorum*）。

石蒜科（Amaryllidaceae）：朱顶红（*Amaryllis*）、亚马逊百合（*Eucharis amazonica*）、血百合（*Haemanthus multiflorus*）、孤挺花（*Hippeastrum reticulatum*）、水鬼蕉（*Hymenocallis littoralis*）、黄花石蒜（*Lycoris aurea*）、水仙花（*Narcissus tazetta*）、纳丽石蒜（*Nerine bowdenii*）、韭兰（*Zephyranthes grandiflora*）。

五加科（Araliaceae）：伞树（*Schefflera octophylla*）。

萝摩科（Asclepiadaceae）：球兰（*Hoya carnosa*）。

紫草科（Boraginaceae）：砂引草（*Messerschmidia sibirica*）、白水木（*Tournefortia argentea*）。

仙人掌科（Cactaceae）：三角柱（*Hylocereus undatus*）。

藜科（Chenopodiaceae）：滨藜（*Atriplex halimus*）、藜草（*Chenopodium album*）。

菊科（Compositae）：豚草（*Ambrosia artemisiifolia*）、艾草（*Artemisia indica*）、神仙草（*Symphytum officinale*）、紫菀（*Aster tataricus*）、甘蓝（*Brassica oleracea*）、铺散矢车菊（*Centaurea diffusa*）、白酒草（*Conyza japonica*）、菊花（*Dendranthema morifolium*）、紫背草（*Emilia sonchifolia*）、灯盏花（*Erigeron breviscapus*）、佛伦塞（*Franseria chamissonis*）、单冠毛属（*Haplopappus*）、向日葵属（*Helianthus*）、银胶菊（*Parthenium hysterophorus*）、黄花草（*Solidago decurrens*）、苦苣菜（*Sonchus oleraceus*）、王爷葵（*Tithonia diversifolia*）、冠须菊（*Verbesina encelioides exauriculata*）、孪花蟛蜞菊（*Wedelia biflora*）。

景天科（Crassulaceae）：拟石莲花属（*Echeveria*）。

十字花科（Cruciferae）：萝卜（*Raphanus sativus*）。

苏铁科（Cycadaceae）：非洲苏铁（*Encephalartos transvenosus*）。

莎草科（Cyperaceae）：油莎豆（*Cyperus esculentus*）。

大戟科（Euphorbiaceae）：大戟（*Euphorbia*）、麒麟掌（*Euphorbia neriifolia*）。

草海桐科（Goodeniaceae）：草海桐（*Scaevola*）。

禾本科（Gramineae）：格兰马草（*Bouteloua*）。

鸢尾科（Iridaceae）：鸢尾（*Iris*）。

唇形科（Labiatae）：黄花稔（*Sida hederacea*）。

豆科（Leguminosae）：黄芪（*Astragalus miguelensis*）、播娘蒿（*Sophia*）、豇豆（*Vigna sinensis*）。

百合科（Liliaceae）：天门冬（*Asparagus*）。

锦葵科（Malvaceae）：苋葵（*Malva parviflora*）、圆叶锦葵（*M. rotundifolia*）。

兰科（Orchidaceae）。

列当科（Orobanchaceae）：列当（*Orobanche*）。

蓼科（Polygonaceae）：蓼（*Polygonum*）。

马齿苋科（Portulacaceae）：马齿苋（*Portulaca oleracea*）。

芸香科（Rutaceae）：来檬（*Citrusaur antifolia*）。

玄参科（Scrophulariaceae）：火焰草（*Castilleja pallida*）。

茄科（Solanaceae）：辣椒（*Capsicum annuum*）、甜椒（*C. tetragonum*）、番茄（*Lycopersicon esculentum*）、烟草（*Nicotiana tabacum*）、茄子（*Solanum melongena*）、马铃薯（*S. tuberosum*）。

伞形科［Mmbelliferae（Apiaceae）］：刺芹（*Eryngium foetidum*）。

马鞭草科（Verbenaceae）：马缨丹（*Lantana camara*）。

堇菜科（Violaceae）：堇菜（*Viola*）。

姜科（Zingiberaceae）：黄姜（*Curcuma*）。

（3）分布。中国（台湾、福建、北京、新疆），新加坡，越南，泰国，伊朗，土耳其，以色列，意大利，南非，佛得角，津巴布韦，基里巴斯，马绍尔群岛，巴西，厄瓜多尔，危地马拉，秘鲁，波多黎各，委内瑞拉，荷属安的列斯，特立尼达和多巴哥，加拿大，墨西哥，美国。

4.2.2　几种害虫的成灾机理

4.2.2.1　石蒜绵粉蚧成灾机理

石蒜绵粉蚧是近年来在我国多个口岸频繁截获的有害生物，对景天科等多肉植物存在潜在性危害，入境扩散风险正逐步加大。然而，有关石蒜绵粉蚧的研究报道多局限于发生、分布、简单的形态学和生物学描述，在多肉植物寄主上的有关生物学及生态学特性的报道尚未见。为推动了解其成灾机理，更好地防控石蒜绵粉蚧，引入李思怡（2018）的研究成果，将该蚧虫在其他寄主植物上的生活史、取食行为、产卵习性、生殖方式等生物学参数，介绍如下。

（1）材料与方法。

①试验材料。

供试虫源：石蒜绵粉蚧采集于入境的菲律宾香蕉，用软毛笔挑取各龄期生长发育良好的石蒜绵粉蚧置于长方形塑料盆中固定的完整南瓜的果实表面进行饲养，将塑料盆置于盛有掺有洗洁剂的水的托盘里（增强水的扩张性，起到隔离作用，防止盆中石蒜绵粉蚧逃逸），置于实验室人工气候箱（上海古宁仪器MRC-300C），约两个月换一次南瓜。试虫饲养条件为温度（25±1）℃，相对湿度为（80±5）%，光周期为14L：10D，让其生长发育，继代繁殖10代以上，建立试验种群，作为供试虫源。试验所用的莴苣植株于大棚内繁殖，采叶片用于试验。

试验器材：Leica M125体视显微镜，MRC-300C型智能人工气候箱（上海古宁仪器），移虫环，细毛笔，培养皿，昆虫针，滤纸，保鲜膜等。

②试验方法。

生活史观察：将新鲜南瓜洗净，表面接上大小一致、发育良好的石蒜绵粉蚧初孵若虫，共接3个南瓜作为重复，每个南瓜上饲养30头。每12h观察一次石蒜绵粉蚧的发育进程，记录若虫的蜕皮情况，直到所有成虫死亡。

取食行为观察：观察石蒜绵粉蚧在日常饲养过程中在南瓜上的取食行为。

产卵习性的观察：将石蒜绵粉蚧的雌成虫放在新鲜干净的莴苣叶片上，平铺在直径5.5cm的塑料培养皿中，叶子下垫同等大小的湿润试纸，每天定时加等量水至滤纸，以达到保湿作用。为防止试虫逃逸，用保鲜膜封口，并用昆虫针扎出小洞通气，2～3d更换叶片，每24h观察、记录其产卵行为。

观察石蒜绵粉蚧是否有雄虫产生：试验在人工气候箱内进行，设置20℃、23℃、26℃、29℃和32℃（±1℃）共5个温度梯度，相对湿度均为（80±5）%，光周期14L：10D。挑取处于产卵盛期的石蒜绵粉蚧20头，置于直径5.5cm塑料培养皿中，以新鲜莴苣叶饲养，放入（25±1）℃气候箱中让其自然产卵，第2天可获得同日龄的初孵1龄若虫。挑取大小一致、发育良好的单头初孵若虫接于剪裁为1cm×3cm大小的新鲜莴苣叶片上，将叶片置入平放的外径为1.5cm的试管内，试管口加塞棉花，以保鲜膜封口，每个温度处理50头，重复3次。为减少水汽影响，在莴苣叶下方放置与其大小相近的湿润定性滤纸，每天定时加等量水保持试纸湿润，平均2～3d更换叶片，每天定时观察是否有雄虫产生。

观察石蒜绵粉蚧能否孤雌生殖：按上面的方法将石蒜绵粉蚧饲养到雌成虫，观察各温度下雌成虫能否产卵以及产下的卵有无性别分化。

（2）结果与分析。

①生活史。石蒜绵粉蚧未发现雄虫。其雌虫生活史由卵孵化后，经过1龄若虫，2龄若虫，3龄若虫，3次蜕皮之后成为雄成虫。

②取食行为。低龄（1龄、2龄）若虫，比较活跃，善爬，通常在南瓜表面四处爬行，用口器四处试探，直到找到喜欢的取食地点才停下来。原地取食一段时间后再转移去寻找新的取食地点。高龄（3龄）若虫的活动能力明显减弱，取食位置相对固定，一般多分布在南瓜的向光面，背面较少。低龄若虫的取食部位一般比高龄若虫和雌成虫的幼嫩。通常若虫蜕皮之后，会经过短暂的爬行以寻找新的合适的位置取食。若虫进入高龄期后开始分泌蜜露，污染寄主，这是由于试验昆虫的取食量增大，吸收了大量营养，因此需要将体内多余的水分等物质排出体外。蜜露呈珠状，虫口密度大时连成一片，具黏性，附着在南瓜表面。初时蜜露呈透明，浅黄色，后逐渐变得浑浊，趋于红棕色。

③产卵习性。在产卵前期，石蒜绵粉蚧雌成虫蜡质层增厚，虫体逐渐变得饱满，进入产卵期时，雌成虫腹部末端分泌少量絮状蜡丝。石蒜绵粉蚧卵单个散产，卵在母体中进行胚胎发育，产下后才可孵化，卵呈长椭圆形，淡黄色透明，产下不久即可孵化，孵化时间很短，约22min。石蒜绵粉蚧可产下两种外观不同的卵，一种带红棕色复眼，一种不带复眼（或复眼不可见）；带复眼的均可孵化，不带复眼的均不可孵化（图4-6）。随着产卵过程的进行，雌成虫虫体不断萎缩，体积缩小，体色逐渐变暗，直至死亡。

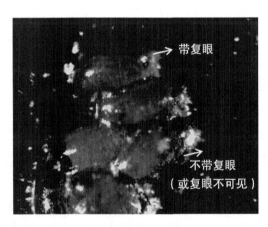

图4-6　雌成虫

④群聚行为。在饲养过程中可观察到，石蒜绵粉蚧若虫在寻找取食地点时若碰到其他若虫，则会一起行动，之后固定在同一地方取食。雌成虫经常少则七八头多则二三十头簇拥在一起产卵。

⑤防御行为。化学药剂不能轻易渗透进石蒜绵粉蚧背部厚厚的蜡质层，导致其无法直接接触到虫体，因此石蒜绵粉蚧虫体受到的农药对其的毒杀作用被大大的减弱。用昆虫针轻轻碰触石蒜绵粉蚧尾部，若虫会立即收回刺吸的口器并爬动转移；雌成虫由于活动能力较弱，则会从背部的小孔立即分泌出珠状液体，并伴有扬尾驱赶之举。

⑥生殖方式。石蒜绵粉蚧在各温度下均无雄虫产生，且雌成虫在单头隔离饲养的情况下均能产卵，产下的卵最终都发育成为雌虫。

（3）小结。石蒜绵粉蚧在实验室条件下饲养观察发现，该粉蚧未现雄虫。雌虫属于渐变态，个体发育包括卵、若虫和成虫3个虫态，没有蛹期，自孵化后外形没有太大的改变，口器十分强劲，无翅。

石蒜绵粉蚧的生殖方式为产雌孤雌生殖，在不良环境下仍无雄虫产生，所有2龄若虫均发育为3龄若虫，所有雌成虫均能产卵，且卵均能发育为雌虫。孤雌生殖使害虫繁殖速度极快，后代数可呈几何基数增长，该生殖方式也有利于刚传入种群的定殖。因此，明确石蒜绵粉蚧的生殖方式对其种群的数量动态具有重要的作用，同时也对害虫综合治理措施提供理论指导。

石蒜绵粉蚧是多食性刺吸式昆虫，直接刺吸为害寄主植物的同时，还能够分泌蜜露，导致霉污病。石蒜绵粉蚧低龄若虫善爬，没有固定的取食位置，而高龄若虫的爬行能力减弱，有相对固定的取食位置，若虫的觅食和雌成虫的产卵均具有群聚性。石蒜绵粉蚧具有繁殖能力强，种群增长速度快，世代重叠严重等种群优势。石蒜绵粉蚧只有在刚孵化和各龄期蜕皮时体表无蜡质层覆盖，这时候是进行防治的最佳时期，化学药剂可达到最大防效。并且基于蚧虫与蚂蚁互惠互利的共生关系，因此，找出与石蒜绵粉蚧有共生关系的蚂蚁并控制其数量也可以有效的控制该虫的种群数量。对石蒜绵粉蚧生物学特性的研究有助于掌握其发生发展规律，为今后进一步的研究奠定基础，对于制定合理的防治策略和防治措施十分重要。

此后，李思怡在对该蚧虫生物学特性、生殖方式研究的基础上，又开展了温度对石蒜绵粉蚧生长发育及繁殖的影响生态学特性研究，介绍如下。

（1）材料与方法。

①试验材料。同上。

②试验方法。

不同温度下发育历期的测定：试验在人工气候箱内进行，设置20℃、23℃、26℃、29℃和32℃（±1℃）共5个温度梯度，相对湿度均为（80±5）%，光周期14L：10D。挑取处于产卵盛期的石蒜绵粉蚧20头，置于直径5.5cm塑料培养皿中，以新鲜莴苣叶饲养，放入（25±1）℃气候箱中让其自然产卵，第2天可获得同日龄的初孵1龄若虫。挑取大小一致、发育良好的单头初孵若虫接于剪裁为1cm×3cm大小的新鲜莴苣叶片上，将叶片置入平放的外径为1.5cm的试管内，以保鲜膜封口，每个温度处理50头，重复3次。为减少水汽影响，在莴苣叶下方放置与其大小相近的湿润定性滤纸，每天定时加等量水保持试纸湿润，平均2～3d更换叶片，每天定时观察并记录每一龄期的蜕皮时间及死亡率。

发育起点温度和有效积温的测定：采用最小二乘法计算发育起点温度（C）和有效积温（K）。将石蒜绵粉蚧各虫态和整个世代不同温度下的发育历期N换算成对应温度下的发育速率V（$V=1/N$）。计算石蒜绵粉蚧各虫态和世代的发育起点温度C和有效积温K。

数据处理：根据不同温度下石蒜绵粉蚧若虫期各龄期的发育历期数据，在Excel 2010中进行初步处理，用DPS 5.0进行单因素试验统计分析检验各虫态指标，并用Tukey氏检验各参数均值之间的差异显著性。用Marquardt法对石蒜绵粉蚧各虫态发育速率（V）和温度（t）关系进行数学模型拟合，根据R和F值进行显著性差异分析，选择拟合程度最好的回归方程。根据不同温度下石蒜绵粉蚧的1龄若虫、2龄若虫、3龄若虫、成虫及世代的存活率和成虫的繁殖率数据，组建不同温度下试验种群生命表，计算种群趋势指数I。

（2）结果与分析。

①不同温度下石蒜绵粉蚧各龄期发育历期。结果见表4-2。石蒜绵粉蚧的发育历期受温度的影响显著，随着温度的降低，石蒜绵粉蚧若虫的发育历期增长。20℃时1龄、2龄和3龄若虫的发育历期最长，分别为16.78d、9.75d和9.22d；23℃时分别为12.60d、9.21d和8.67d；26℃时分别为11.86d、8.26d和7.54d；29℃时分别为11.16d、8.16d和6.85d；32℃时发育历期最短，分别为7.52d、5.30d和5.09d。其中1龄若虫的发育历期最长，在20℃时1龄若虫发育历期明显长于23～29℃，而32℃时则明显短于23～29℃。2龄若虫的发育历期在20～29℃时无显著性差异。

表4-2　不同温度下石蒜绵粉蚧若虫期的发育历期（d）

温度（℃）	1龄若虫	2龄若虫	3龄若虫	若虫期
20	16.78 ± 0.24Aa	9.75 ± 0.19Aa	9.22 ± 0.13Aa	35.75 ± 0.37Aa
23	12.60 ± 0.43Bb	9.21 ± 0.29Bab	8.67 ± 0.05Aa	30.48 ± 0.28Bb
26	11.86 ± 0.20Bbc	8.26 ± 0.24Bbc	7.54 ± 0.26Bb	27.67 ± 0.17Cc
29	11.16 ± 0.32Bc	8.16 ± 0.12Bc	6.85 ± 0.04Bb	26.50 ± 0.21Cd
32	7.52 ± 0.22Cd	5.30 ± 0.15Cd	5.09 ± 0.16Cc	17.90 ± 0.10De

注：表中数据为平均值±标准误（$N=3$），同列数据后不同的大写和小写字母分别表示在0.01和0.05水平差异显著（Tukey氏多重比较）。

②不同温度下石蒜绵粉蚧的成虫寿命和繁殖力。结果见表4-3。石蒜绵粉蚧成虫寿命和繁殖力不同温度条件下均存在一定差异。随着温度的降低，石蒜绵粉蚧产卵前期和成虫寿命均增长，其中在32℃时产卵前期和成虫寿命最短，分别为11.14d和36.77d；20℃时最长，分别为30.17d和82.11d。石蒜绵粉蚧的产卵期在20℃时最长，为19.72d；32℃最短，为8.05d。石蒜绵粉蚧的产卵量明显受温度的影响，随着温度的升高而减小。石蒜绵粉蚧最大产卵量为20℃，达88.02粒/雌；最小为32℃，仅有37.61粒/雌。

表4-3　不同温度下石蒜绵粉蚧的成虫寿命和繁殖力

温度（℃）	产卵前期（d）	产卵期（d）	单雌产卵量	成虫寿命（d）
20	30.17 ± 0.25Aa	19.72 ± 0.09Aa	88.02 ± 6.52Aa	82.11 ± 0.38Aa
23	22.76 ± 0.14Bb	19.00 ± 0.10Ab	79.76 ± 6.97ABab	65.23 ± 0.69Bb
26	17.36 ± 0.13Cc	15.86 ± 0.08Bc	75.59 ± 5.51ABab	60.54 ± 0.17Cc
29	14.11 ± 0.07Dd	10.70 ± 0.24Cd	55.03 ± 7.19BCbc	55.25 ± 0.09Dd
32	11.14 ± 0.07Ee	8.05 ± 0.06De	37.61 ± 4.03Cc	36.77 ± 0.26Ee

③石蒜绵粉蚧发育速率与温度的关系。根据表4-2和表4-3的数据，将石蒜绵粉蚧各虫态在不同温度下的发育历期（N）转换为发育速率（V）之后，在DPS中用Marquardt法进行拟合，其参数值如表4-4。结果显示，Logistic模型可以较好地拟合石蒜绵粉蚧发育速率（V）与温度（t）之间的关系。

表4-4　石蒜绵粉蚧发育速率与温度的关系模型

发育阶段	预测模型	相关系数R^2	F值	P值
1龄若虫	$V=0.063\,278-\ln[1-0.000\,037\mathrm{EXP}（+0.233\,892t）]$	0.933 2	13.967 5	0.066 8
2龄若虫	$V=0.107\,576-\ln[1+0.000\,000\mathrm{EXP}（+0.472\,859t）]$	0.974 5	38.252 5	0.025 5
3龄若虫	$V=0.103\,955-\ln[1-0.000\,037\mathrm{EXP}（+0.222\,570t）]$	0.990 3	101.805 7	0.009 7
若虫期	$V=2.441\,3-\ln[1+10.696\,0\mathrm{EXP}（-0.002\,407t）]$	0.925 6	12.442 9	0.074 4
产卵前期	$V=-0.031\,144-\ln[1-0.022\,968\mathrm{EXP}（+0.049\,949t）]$	0.999 2	1 248.620 3	0.000 8
世代	$V=1.854\,1-\ln[1+5.469\,2\mathrm{EXP}（-0.001\,459t）]$	0.985 8	69.658 7	0.014 2

④温度对石蒜绵粉蚧各虫态存活率的影响。结果见表4-5。石蒜绵粉蚧各虫态的存活率在26℃时最高。温度对石蒜绵粉蚧若虫的存活率影响因龄期的不同而有差异。

不同温度下1龄若虫的存活率较低，随着虫龄增长，2龄、3龄若虫和产卵前期对温度的适应性增强，存活率较高，但32℃时产卵前期的存活率明显低于其他温度。

表4-5　不同温度下石蒜绵粉蚧的存活率（%）

温度（℃）	1龄若虫	2龄若虫	3龄若虫	若虫期	产卵前期
20	60.00 ± 2.00Bb	91.08 ± 0.76Aa	92.69 ± 0.19Aa	50.67 ± 1.33Bb	85.57 ± 0.97Bb
23	65.33 ± 0.63Bb	89.89 ± 0.29Aa	92.89 ± 1.71Aa	55.58 ± 0.42Bb	90.41 ± 1.86ABab
26	82.51 ± 1.20Aa	91.22 ± 0.88Aa	98.09 ± 0.95Aa	67.33 ± 1.33Aa	95.07 ± 0.96Aa
29	40.67 ± 2.40Cc	90.90 ± 0.61Aba	92.83 ± 1.44Aa	32.67 ± 1.33Cd	88.15 ± 0.74ABb
32	46.67 ± 0.67Cc	91.36 ± 2.56Aa	92.18 ± 1.57Aa	39.33 ± 1.76Cc	69.63 ± 1.67Cc

⑤石蒜绵粉蚧的发育起点温度和有效积温。根据不同温度下该粉蚧的发育历期数据，经计算得到石蒜绵粉蚧不同温度下的发育起点温度和有效积温见表4-6。结果显示，1～3龄若虫的发育起点温度分别为11.58℃、10.99℃和8.29℃，有效积温分别为161.73d · ℃、116.6d · ℃和126.67d · ℃；整个若虫期的发育起点温度为10.58℃，有效积温为404.72d · ℃；发育起点最高的为产卵前期，为13.47℃，有效积温为212.16d · ℃；石蒜绵粉蚧完成一个世代的发育起点温度为12.23℃，有效积温为770.9d · ℃。

表4-6　石蒜绵粉蚧若虫期的发育起点温度和有效积温

发育阶段	发育起点温度（℃）	有效积温（d · ℃）
1龄若虫	11.58	161.73
2龄若虫	10.99	116.60
3龄若虫	8.29	126.67
若虫期	10.58	404.72
产卵前期	13.47	212.16
世代	12.23	770.90

表4-7　不同温度下石蒜绵粉蚧试验种群生命

发育阶段	进入各发育期虫数/参数值				
	20℃	23℃	26℃	29℃	32℃
初孵若虫	150	150	150	150	150

（续表）

发育阶段	进入各发育期虫数/参数值				
	20℃	23℃	26℃	29℃	32℃
2龄若虫	90	98	124	61	70
3龄若虫	82	88	113	55	64
成虫	76	82	111	51	59
产卵期	65	74	105	45	41
每雌平均产虫数	88.02	79.76	75.59	55.03	37.61
预计2代初孵若虫数	5 721.30	5 902.24	7 936.95	2 476.35	1 542.01
种群趋势指数	38.14	39.35	52.91	16.51	10.28

⑥不同温度下石蒜绵粉蚧试验种群生命表。根据石蒜绵粉蚧各虫态在不同温度条件下的存活率和繁殖力资料，组建了不同温度下石蒜绵粉蚧试验种群生命表（表4-7）。表4-7中的初孵若虫150头为假定数，各虫态的存活率、每雌平均产虫数均为实际观察值。26℃时存活率最大。随着温度的降低，各虫态的每雌平均产虫数逐渐增多，20℃时最大，为87.98粒。

温度对石蒜绵粉蚧种群的种群趋势有显著影响，20～32℃种群趋势指数I均大于1甚至大于10，表明石蒜绵粉蚧在下一代的种群数量均呈增长的趋势，且增长幅度很大。其中在26℃时种群趋势指数最大，为52.91，即在26℃时，经过一个世代后，种群数量可达到原来的52.91倍。

（3）小结。温度是决定石蒜绵粉蚧能否建立稳定种群的最基本因素。石蒜绵粉蚧各虫态的发育历期均随温度的降低而增长，若虫期的发育历期在20℃下最长，为35.75d；若虫期最短的发育历期发生在32℃时，为17.90d。此外，温度显著影响石蒜绵粉蚧的存活率，在26℃时若虫期的存活率最高，为67.33%。各虫态的温度与发育速率的关系均符合Logistic模型。该粉蚧世代的发育起点温度为12.23℃，有效积温为770.90d·℃。随着温度的升高，石蒜绵粉蚧在产卵前期时的成虫寿命缩短；成虫产卵量在20℃时达到最高，为88.02粒/雌；最小为32℃，仅为37.61粒/雌；在20～32℃种群趋势指数都大于1，石蒜绵粉蚧对温度的适应范围广。但在32℃时，产卵前期存活率明显降低，高温不利于石蒜绵粉蚧的繁殖。温度对石蒜绵粉蚧的生长发育、存活、繁殖及种群增长有显著的影响，26℃是最适宜石蒜绵粉蚧生长发育和繁殖的温度。

本试验是在室内恒温条件下进行的，虽然不能完全模拟自然环境中复杂的环境因素对石蒜绵粉蚧的综合影响，但研究结果仍然具有参考意义，为加强认识该虫，了解其种群发生动态，以及预测预报等工作提供了一定的理论参考。

目前为止，国内外对石蒜绵粉蚧的研究尚且很不成熟，急需全面开展对石蒜绵粉蚧各方面的研究，对该虫入侵扩散定殖的风险进行更为科学的分析和评估刻不容缓，同时应大力推进其综合防治方法的研究，探索更加高效减耗的熏蒸、辐射、冷热处理等检疫处理方法，必须加强对进口多肉植物的检验检疫工作，防止石蒜绵粉蚧大肆传入我国并泛滥成灾，而对于我国石蒜绵粉蚧发生区，积极研究利用天敌的生物防控措施，减少化学药剂的使用，综合治理，严防该虫在我国扩大为害范围。双管齐下，保护我国的农林业生态。

4.2.2.2　二斑叶螨的抗性机理

二斑叶螨（*Tetranychus urticae*）是一种杂食性世界农业害螨，可为害140科1 100多种寄主植物，目前多肉植物上的二斑叶螨有逐渐加重的趋势。该害螨对杀虫、杀螨剂抗性发展极为迅速，是目前发现的节肢动物中抗药性最高的生物之一。阿维菌素、螺虫乙酯是市面上用的较多的杀虫杀螨剂，随着它们的长期、大量、高频次使用不可避免的存在产生抗药性的风险，然而二斑叶螨对这两种药剂的抗性机理尚不明确。

害螨体内代谢杀虫杀螨剂能力的增强，是螨类产生抗药性的重要机制，参与代谢抗性的酶主要包括多功能氧化酶系（MFOs）、谷胱甘肽转移酶系（GSTs）及羧酸酯酶系（CarEs）等。二斑叶螨对外来有毒物质代谢分解能力增强是其对农药产生抗性的重要原因。为探索二斑叶螨对阿维菌素和螺虫乙酯的抗性机理，引入杨顺义（2014）研究成果，以期实现对多肉植物二斑叶螨的高效防治，内容如下。

（1）材料与方法。

①试验材料。

供试二斑叶螨：敏感品系（SS），初始虫源采自田间，在实验室内采用雌雄单系（一雌一雄在饲养台上饲养）繁殖饲养，然后将其后代转移到盆栽豇豆苗上大量饲养，不接触任何药剂，培养约120代后作为敏感品系。抗阿维菌素品系（Av-R），室内经阿维菌素喷雾处理18代培育汰选而来，抗性达到180.56倍。抗螺虫乙酯品系（Sp-R），室内经螺虫乙酯喷雾处理18代培育汰选而来，抗性达到90.58倍。

供试主要试剂：考马斯亮蓝G-250（瑞士Fluka公司）；牛血清蛋白（上海源聚生物科技有限公司）；毒扁豆碱、还原性辅酶Ⅱ（NADPH）（瑞士Sigma公司）；还原性谷胱甘肽（GSH）、1-氯-2,4-二硝基苯（CDNB）（上海生工生物科技有限公司）；α-萘酚；固蓝B盐；对硝基苯酚；对硝基苯甲醚；α-乙酸萘酯；盐酸；三氯甲烷；无水乙醇；丙酮；磷酸二氢钠、磷酸氢二钠、十二烷基硫酸钠（SDS）。

供试仪器：Elx酶标仪（美国BioTek仪器股份有限公司）；Z323K台式冷冻高速离心机（德国HERMLEL abortechnik GmbH公司）；HH-S8数显恒温水浴锅；LDZX-30KB立式压力蒸汽灭菌器；艾柯超低有机型实验室专用超纯化水机；AR224CN电子天平；96孔酶标板；移液枪。

②试验方法。

a. 蛋白质浓度测定。

试剂配制：

50μg/mL考马斯亮蓝G-250试剂：称取0.012 5g考马斯亮蓝G-250，溶于6.25mL 95%的乙醇中，然后加入85%的磷酸12.5mL，再用蒸馏水定容至250mL，过滤后棕色容量瓶贮存。

100μg/mL牛血清蛋白标准液：称取0.01g牛血清蛋白，用蒸馏水定容至25mL，使用时再稀释4倍，即为100μg/mL。

0.1M pH值7.0磷酸缓冲液：分别称取磷酸二氢钠3.901 3g、磷酸氢二钠8.956 3g，并用蒸馏水溶解定容至250mL（浓度均为0.1M）；然后将0.1M磷酸二氢钠和0.1M磷酸氢二钠按照体积比39∶61的比例混合、摇匀，即为0.1M pH值7.0磷酸缓冲液。

蛋白质标准曲线测定：用0.1M pH值7.0磷酸缓冲液将100μg/mL牛血清蛋白标准液分别稀释为5μg/mL、10μg/mL、20μg/mL、40μg/mL、60μg/mL、80μg/mL浓度梯度。按照表4-8中的用量在酶标板中分别加入考马斯亮蓝G-250试剂、牛血清蛋白液标准液，对照加入0.1M pH值7.0磷酸缓冲液50μL，37℃。水浴条件下反应10min后，595nm处测定OD值。每处理重复3次。

表4-8　蛋白质标准曲线的测定

试剂（μL）	牛血清蛋白浓度（μg/mL）							
	CK	5	10	20	40	60	80	100
50μg/mL考马斯亮蓝G-250	200	200	200	200	200	200	200	200
牛血清蛋白	0	50	50	50	50	50	50	50
0.1M pH值7.0磷酸缓冲液	50	0	0	0	0	0	0	0
37℃水浴反应10min，595nm处测定各反应OD值								

酶源蛋白浓度测定：采用考马斯亮蓝染色法测定。参比孔（CK）和待测孔均加入200μL考马斯亮蓝G-250，待测孔分别加入酶液50μL，参比孔以等量的磷酸缓冲液

（各解毒酶酶源制备时所用的缓冲液）代替酶液，待37℃水浴条件下反应10min后，于595nm处测定OD值。每处理3次生物重复、2次技术重复。

数据处理：OD值采用Elx酶标仪自带的Gen5数据分析软件进行统计。以牛血清蛋白实际含量（μg）为横坐标，各处理OD值与对照OD值之差的平均值为纵坐标，制作蛋白质标准曲线。根据蛋白质标准曲线计算二斑叶螨各种群解毒酶的蛋白质含量（μg/mL）。

b. MFOs活性的测定。

试剂配制：1×10^{-2}M对硝基苯酚溶液；0.1mM对硝基苯甲醚丙酮液；0.1M pH值7.8磷酸缓冲液；1mM NADPH溶液；1M盐酸溶液以及0.5M NaOH溶液。

对硝基苯酚标准曲线测定：将1×10^{-2}M对硝基苯酚溶液用0.5M NaOH溶液稀释成10^{-5}M后，按照表4-9的试剂用量和操作步骤进行对硝基苯酚标准曲线的测定。反应体系为300μL，各处理分别加入不同体积的对硝基苯酚溶液，用NaOH溶液补充至300μL，每处理重复3次。

酶源制备：分别挑取SS种群和田间种群二斑叶螨雌成螨各3管，每管200头，加入0.1M pH值7.8磷酸缓冲液2mL冰浴研磨匀浆后，在4℃、10 000g条件下高速离心15min，取上清液置4℃冰箱保存、备用。

表4-9　对硝基苯酚标准曲线测定

试剂（μL）	CK	1	2	3	4	5	6
10^{-5}M对硝基苯酚	0	30	90	120	150	210	270
0.5M NaOH	300	270	240	180	150	90	30
25℃水浴反应10min，400nm处测定各反应OD值							

MFOs活性测定方法：以对硝基苯甲醚作为底物，氧和NADPH为电子供体，在MFOs作用下发生氧脱甲基作用，生成对硝基苯酚，37℃反应30min后，用盐酸终止反应，再用三氯甲烷、NaOH溶液进行萃取，于400nm处测定各反应的OD值。每处理3次生物重复、2次技术重复。具体操作步骤如表4-10所示。

表4-10　二斑叶螨不同品系MFOs活性测定方法

试剂（μL）	参比孔（CK）	处理孔
10^{-5}M对硝基苯甲醚	10	10
0.1M pH值7.8磷酸缓冲液	190	90
1mM NADPH	100	100

（续表）

试剂（μL）	参比孔（CK）	处理孔
酶液	0	100
反应体系混匀，37℃水浴振荡反应30min		
加1M盐酸终止反应	100	100
三氯甲烷萃取	500	500
静置10min后，于三氯甲烷层吸取250μL到另一组离心管内		
0.5M NaOH萃取	300	300
静置10min后，取水相250μL于酶标板中，400nm处测定OD值		

数据处理：各处理的OD值减对照OD值，以对硝基苯酚含量为横坐标，OD值为纵坐标，测定对硝基苯酚标准曲线。MFOs活性的测定根据各处理的OD值，代入标准曲线，求出对硝基苯酚的生成量，用来表示MFOs的酶活力。所得酶活力除以反应体系中的实际蛋白含量，即得MFOs的酶比活力。所有数据采用DPS6.05软件进行单因素方差分析，并用Duncan新复极差法（DMRT，$P<0.05$）多重比较。

c. GSTs活性的测定。

试剂配制：66mM pH值7.0磷酸缓冲液（含2mM EDTA）；50mM GSH；30mM CDNB（先配成100mM的CDNB，锡箔纸密封、避光保存，用时再稀释3倍，即为30mM）。

酶源制备：分别挑取SS品系、Av-R品系和Sp-R品系二斑叶螨雌成螨各3管，每管200头，加入66mM pH值7.0磷酸缓冲液2mL冰浴研磨匀浆后，在4℃、10 000g条件下高速离心15min，取上清液置4℃冰箱保存、备用。

GSTs活性测定方法：以CDNB和GSH为底物，在GSTs催化反应下，每50s测定一次各反应在340nm处的OD值，计算10min内OD值的变化量（$\triangle OD_{340}$）。每处理3次生物重复，2次技术重复。具体操作步骤如表4-11所示。

依照下列公式计算GSTs酶活力：

$$GSTs活力单位（μM/min）=（\triangle OD_{340} \times v）/（\varepsilon \times L）$$

式中，$\triangle OD_{340}$为每分钟OD值的变化量；v为反应总体系；ε为产物的消光系数，固定值为0.009 6L/（μM·cm）；L为光程（1cm）。

$$GSTs比活力μM/（min·g）=GSTs酶活力单位/酶源蛋白含量$$

所有数据采用单因素方差分析，并用Duncan新复极差法（DMRT，$P<0.05$）进行多重比较。

表4-11 二斑叶螨不同品系GSTs活性测定方法

试剂（μL）	参比孔（CK）	待测孔
66mM pH值7.0磷酸缓冲液	260	240
50mM GSH	30	30
30mM CDNB	10	10
酶液	0	20

d. CarEs活性的测定。

试剂配制：1×10^{-3}M α-萘酚、底物（0.03M α-醋酸萘酯与1×10^{-4}M毒扁豆碱以体积比1∶1的比例混匀）、显色剂（1%固蓝B盐和5% SDS以体积比2∶5的比例混匀）、0.04M pH值7.0磷酸缓冲液。

α-萘酚标准曲线测定：α-萘酚标准曲线测定的试剂用量及操作步骤如表4-12所示。反应总体系200μL，将各反应物混匀后，30℃水浴反应10min，600nm测定OD值。每处理重复3次。

酶源制备：分别挑取SS种群、Av-R品系和Sp-R品系二斑叶螨雌成螨各3管，每管200头，加入0.04M pH值7.0磷酸缓冲液2mL冰浴充分研磨匀浆后，于4℃、10 000g条件下高速离心15min，取上清液置4℃冰箱保存、备用。

CarEs活性测定方法：以含有等体积毒扁豆碱的α-醋酸萘酯为底物，各处理加入酶液75μL，对照则以等量0.04M pH值7.0磷酸缓冲液代替酶液，30℃水浴反应10min后加入显色剂25μL，继续30℃水浴反应10min，600nm测定各反应OD值。每处理3次生物重复、2次技术重复。具体步骤如表4-13所示。

表4-12 α-萘酚标准曲线测定

试剂（μL）处理	CK	1	2	3	4	5	6
1×10^{-3}M α-萘酚	0	5	10	20	30	40	50
0.04M pH值7.0磷酸缓冲液	175	170	165	155	145	135	125
显色剂	25	25	25	25	25	25	25
30℃水浴反应10min，600nm处测定各反应OD值							

表4-13 二斑叶螨不同品系CarEs活性测定方法

试剂（μL）	参比孔（CK）	处理孔
底物	100	100

（续表）

试剂（μL）	参比孔（CK）	处理孔
0.04M pH值7.0磷酸缓冲液	75	0
酶液	0	75
反应体系混匀，30℃水浴反应10min		
显色剂	25	25
30℃水浴反应10min，600nm处测定OD值		

数据处理：各处理的OD值减去对照OD值，以α-萘酚含量为横坐标，OD值为纵坐标，测定α-萘酚标准曲线。CarEs活性测定各处理的OD值，代入标准曲线，求出相应的α-萘酚生成量，用来表示CarEs的酶活力。所得酶活力除以反应体系中的实际蛋白含量，即得CarEs的酶比活力。所有数据采用DPS 6.05软件进行单因素方差分析，并用Duncan新复极差法（DMRT，$P<0.05$）多重比较。

（2）结果与分析。

①蛋白质、对硝基苯酚以及a-萘酚标准曲线。

蛋白质标准曲线：以牛血清蛋白实际含量（μg）为x轴，OD值为y轴，蛋白质标准曲线为$y=0.065\ 0x+0.009\ 0$，$R^2=0.991\ 4$。

对硝基苯酚标准曲线：以对硝基苯酚实际含量（nM）为x轴，OD值为y轴，对硝基苯酚标准曲线为$y=0.379\ 4x-0.008\ 3$，$R^2=0.990\ 6$。

α-萘酚标准曲线：以α-萘酚实际含量（nM）为x轴，OD值为y轴，α-萘酚标准曲线为$y=0.082\ 9x+0.110\ 2$，$R^2=0.992\ 9$。

②二斑叶螨不同品系MFOs、GSTs和CarEs活性测定结果。

二斑叶螨不同品系MFOs活性比较：二斑叶螨SS品系、Av-R品系和Sp-R品系MFOs活性测定结果如表4-14所示，Av-R品系、Sp-R品系MFOs比活力均显著高于SS品系（$P<0.05$），Av-R品系MFOs比活力达0.196nmol/（mg·min），Sp-R品系MFOs比活力则为0.141nmol/（mg·min），与SS品系MFOs比活力的相对比值分别为3.06倍和2.20倍。结果说明，Av-R品系和Sp-R品系抗性的产生与MFOs的活力增强有关。

表4-14 二斑叶螨不同品系MFOs活性比较

药剂	品系	蛋白含量（μg/mL）	总活力（nmol/min）	比活力[nmol/（mg·min）]	相对比值 R/S
阿维菌素	SS	53.641 ± 2.192	0.010 ± 0.001b	0.064 ± 0.003b	—
Avermectin	Av-R	56.205 ± 2.154	0.033 ± 0.001a	0.196 ± 0.007a	3.06

（续表）

药剂	品系	蛋白含量 （μg/mL）	总活力 （nmol/min）	比活力 [nmol/（mg·min）]	相对比值 R/S
螺虫乙酯	SS	53.641 ± 2.192	0.010 ± 0.001b	0.064 ± 0.003b	—
Spirotetramat	Sp-R	58.051 ± 0.137	0.025 ± 0.002a	0.141 ± 0.004a	2.20

二斑叶螨不同品系GSTs活性比较：二斑叶螨SS品系、Av-R品系和Sp-R品系GSTs活性的测定相关结果见表4-15，Av-R品系GSTs比活力为1 124.93nmol/（mg·min），Sp-R品系GSTs比活力为1 251.89nmol/（mg·min），与SS系比活力的相对比值分别为1.26倍和1.40倍，Av-R品系、Sp-R品系的GSTs比活力与SS品系差异显著（P<0.05）。因此，GSTs活性的增强也是Av-R品系和Sp-R品系抗性产生的原因之一。

表4-15　二斑叶螨不同品系GSTs活性比较

药剂	品系	蛋白含量 （μg/mL）	总活力 （nmol/min）	比活力 [nmol/（mg·min）]	相对比值 R/S
阿维菌素	SS	60.51 ± 1.38	1.08 ± 0.03b	895.57 ± 40.27b	—
Avermectin	Av-R	58.10 ± 1.47	1.31 ± 0.05a	1 124.93 ± 12.46a	1.26
螺虫乙酯	SS	60.51il.38	1.08 ± 0.03b	895.57 ± 40.27b	—
Spirotetramat	Sp-R	58.41 ± 0.58	1.46 ± 0.02a	1 251.89 ± 17.69a	1.40

二斑叶螨不同品系CarEs活性比较：二斑叶螨SS品系、Av-R品系和Sp-R品系CarEs活性测定结果如表4-16所示。Av-R品系和Sp-R品系的CarEs比活力分别为19.74nmol/（mg·min）和18.73nmol/（mg·min），与SS种群相比，Av-R品系和Sp-R品系的CarEs总活力和比活力均有显著升高（P<0.05），但是两个抗性品系的CarEs比活力与敏感品系CarEs比活力的相对比值均小于1.34。

表4-16　二斑叶螨不同品系CarEs活性比较

药剂	品系	蛋白含量 （μg/mL）	总活力 （nmol/min）	比活力 [nmol/（mg·min）]	相对比值 R/S
阿维菌素	SS	57.90 ± 2.56	1.92 ± 0.23b	14.73 ± 0.94b	—
Avermectin	Av-R	57.18 ± 0.21	2.54 ± 0.10a	19.74 ± 0.38a	1.34
螺虫乙酯	SS	57.90 ± 2.56	1.92 ± 0.23b	14.73 ± 0.94b	—
Spirotetramat	Sp-R	58.46 ± 1.67	2.46 ± 0.08a	18.73 ± 0.29a	1.27

（3）小结。二斑叶螨对阿维菌素和螺虫乙酯抗性的产生与解毒酶活性增强有关，因抗阿维菌素品系和抗螺虫乙酯品系MFOs、GSTs和CarEs的活性都有不同程度的增强。这3种解毒酶中，尤以MFOs活性的变化为最大，因此MFOs的活力增强是Av-R品系和Sp-R品系抗性产生的主要原因之一。当然，其他酶类是否参与抗性的形成，还有待进一步研究。

通过解毒酶活性的变化能在一定程度上明确二斑叶螨抗性形成的原因，后续应在继续汰选获得更高水平抗性种群的基础上，通过增效剂的增效作用测定解毒酶对阿维菌素和螺虫乙酯的直接作用试验，以及通过分离纯化3种解毒酶并比较研究纯化产物的动力学和毒理学特性，以便更好地明确解毒酶代谢与二斑叶螨对两种药剂抗性机制的关系。

4.2.3 几种害虫的综合防治技术

4.2.3.1 高效生防菌株筛选

石蒜绵粉蚧是近年我国新记录的一种有害生物，在福建漳州的多肉植物种植基地发生为害严重，呈转移扩散之势，急需防控。目前，有关石蒜绵粉蚧防控的研究还较少，且偏重于使用化学措施，易造成"3R"、环境污染和生物多样性下降等负面问题，需寻找更加环保的措施协同控害。生物防治是一种安全、有效、持久的控害方法，其中挖掘、利用虫生真菌已是害虫生防的重要发展方向和研究热点之一。

金龟子绿僵菌（*Metarhizium anisopliae*）是一种地理分布和寄主范围广泛，对人、畜、作物、害虫天敌及自然环境相对安全的虫生真菌，在国内外已被广泛用于害虫生物防治。菌株F061和FM-03分别由台湾联发生物科技股份有限公司和福建省农业科学院植物保护研究所研发，已被证实对柑橘粉蚧（*Planococcus citri*）的致死效果均达82%以上，鉴于金龟子绿僵菌具有一定的杀虫广谱性，笔者期盼这2株菌株也能用于防控石蒜绵粉蚧。为此，黄鹏等（2019）以金龟子绿僵菌F061和FM-03为供试菌株，室内测定这2株菌株对石蒜绵粉蚧的毒力和防效，探讨它们对石蒜绵粉蚧的生防潜力和应用前景，为利用虫生真菌防控该虫提供技术支持。

（1）材料与方法。

①试验材料。

供试菌株：金龟子绿僵菌F061（又称台湾黑僵菌F061）由台湾联发生物科技股份有限公司提供；金龟子绿僵菌FM-03从受感染的暗黑鳃金龟（*Holotrichia parallela*）幼虫上分离获得，已保藏于中国微生物菌种管理委员会普通微生物中心（保藏号：CGMCC No.13774）；2株菌株保存和活化采用改良培养基（酵母膏3g、

KH_2PO_4 1g、$MgSO_4 \cdot 7H_2O$ 0.5g、KCl 0.5g、$FeSO_4$ 0.01g、乳糖30g、琼脂粉20g和蒸馏水1 000mL，pH值7）；取斜面保存的2株菌株接种到培养基平板上，置于温度（25±1）℃、相对湿度（90±5）%、光周期12L：12D的HGZ-150型光照培养箱内活化培养7d备用。

供试虫源及多肉：石蒜绵粉蚧采集于福建漳州龙海市九湖镇邹塘村的多肉种植基地，在室温25～28℃、相对湿度50%～60%、光周期12L：12D条件下饲养，取次代蜕皮3d的雌成虫备用。红心莲多肉也来自邹塘村的多肉种植基地，取1年生、叶片平展且无病虫的健康植株，连培植袋一起带到实验室，用无菌水轻洗植株茎叶，自然恢复后备用。

②试验方法。

供试菌株对石蒜绵粉蚧的室内毒力测定：采用浸虫法测定。取活化的菌株F061和FM-03，先往培养皿中加入10mL含0.05%吐温-80的无菌水，再用灭菌玻片刮下分生孢子，后经3层纱布过滤得孢子原液，分别计算2株菌株的孢子浓度；用无菌水将2株菌株的孢子原液均稀释成$1×10^8$孢子/mL、$1×10^7$孢子/mL、$1×10^6$孢子/mL、$1×10^5$孢子/mL和$1×10^4$孢子/mL 5个处理浓度，以0.05%吐温-80无菌水为对照，每个处理3次重复。取直径9cm的培养皿，依次铺入相同直径的花泥和滤纸各1片，花泥厚0.5cm吸水6mL，滤纸上再放1片红心莲多肉的叶片，叶柄用湿棉花包裹并紧贴滤纸；接着用软毛笔分别往2株菌株的每个处理菌液中挑取石蒜绵粉蚧雌成虫30头，浸泡10s后挑到滤纸上，晾干2min后再挑到叶片上，盖上培养皿；后将培养皿置于温度（25±1）℃、相对湿度（90±5）%、光周期12L：12D的MGC-350HP-2型人工气候箱内，每天定时观察并挑除死亡虫体单独培养，以虫体长出菌丝确认有效侵染加以计数，观察至所有处理中试虫的死亡数连续2d未发生变化为止，再统计石蒜绵粉蚧雌成虫的累计校正死亡率，然后计算2株供试菌株的致死中浓度LC_{50}和致死中时LT_{50}。

供试菌株对石蒜绵粉蚧的室内防效测定：采用盆栽喷雾法测定。取活化的菌株F061和FM-03，按照上面的方法配制浓度为$1×10^8$孢子/mL的孢子悬浮液，以0.05%吐温-80无菌水为对照，每个处理3次重复。取红心莲多肉30株，用软毛笔随机往每株叶片上挑取石蒜绵粉蚧雌成虫30头，均匀分成3组；第1组用手持喷雾器均匀喷施100mL菌株F061孢子悬浮液，第2组均匀喷施100mL菌株FM-03孢子悬浮液，第3组均匀喷施100mL 0.05%吐温-80无菌水；将3组盆栽置于温度25～28℃、相对湿度80%～90%、光周期12L：12D的实验室内，并用80目养虫笼隔离；分别在喷施菌液后的第4天、6天、8天和10天，定时观察并挑除死亡虫体单独培养，以虫体长出菌丝确认有效侵染加以计数，计算2株供试菌株对石蒜绵粉蚧雌成虫的室内防效。

数据统计与分析：利用DPS 7.05数据处理软件，分别构建金龟子绿僵菌F061和

FM-03对石蒜绵粉蚧雌成虫的时间-剂量-死亡率（TDM）模型，模型经Pearson卡方和Hosmer-Lemeshow检验后用于计算2株供试菌株对石蒜绵粉蚧雌成虫的LC_{50}和LT_{50}，后根据各处理试虫的实际死亡情况，取累计死亡率达50%以上处理时间的LC_{50}和处理浓度的LT_{50}作为有效的LC_{50}和LT_{50}；采用T检验法，对2株供试菌株的室内防效进行差异性比较。利用GraphPad Prism 7绘图软件，绘制石蒜绵粉蚧雌成虫受2株供试菌株侵染后的累计校正死亡率图及2株供试菌株对石蒜绵粉蚧雌成虫的LC_{50}、LT_{50}变化趋势图和室内防效图。

（2）结果与分析。

①石蒜绵粉蚧受2株供试菌株侵染后的累计校正死亡率。石蒜绵粉蚧雌成虫受菌株F061和FM-03侵染10d后的死亡数停止发生变化，1×10^5和1×10^4孢子/mL处理的累计校正死亡率相对较低，最高仍仅43.68%；而2株菌株其他3个处理的累计校正死亡率均有明显提高，特别是1×10^8孢子/mL处理浓度的累计校正死亡率分别达83.15%和91.95%（图4-7）。

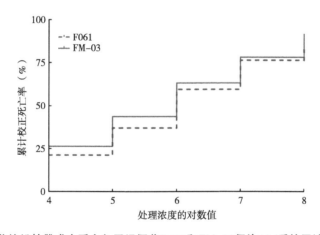

图4-7　石蒜绵粉蚧雌成虫受金龟子绿僵菌F061和FM-03侵染10d后的累计校正死亡率

②2株供试菌株对石蒜绵粉蚧的TDM模型。2个TDM模型的时间和剂量参数均达到显著水平（$P<0.05$），说明2株菌株对石蒜绵粉蚧雌成虫的侵染均显著受剂量浓度和侵染时间的影响；2株菌株的累积死亡时间效应参数τ均随侵染时间的延长而增大，说明它们对石蒜绵粉蚧雌成虫的致死效应均随侵染时间的延长而增强；菌株FM-03的剂量效应斜率β、条件死亡时间效应参数γ和累积死亡时间效应参数τ均大于菌株F061的对应参数值，说明石蒜绵粉蚧雌成虫对菌株FM-03剂量浓度和侵染时间的变化更为敏感；2个TDM模型均通过Pearson卡方和Hosmer-Lemeshow检验（$\chi^2 < \chi^2_{0.05}$，$P>0.05$），拟合优度较高，能准确地描述2株供试菌株对石蒜绵粉蚧雌成虫时间与剂量效应的互作关系（表4-17）。

表4-17　金龟子绿僵菌F061和FM-03对石蒜绵粉蚧雌成虫的TDM模型

供试菌株	条件死亡率模型					累计死亡率模型			
	参数	估计值	标准误	t检验	P	参数	估计值	方差	协方差
F061	β	0.521 8	0.009 5	54.878 4	0.000 1	β	0.521 8	0.000 0	0.000 0
	γ_1	−16.708 1	0.000 0	1.67×10^9	0.000 1	τ_1	−16.708 1	0.504 6	0.000 0
	γ_2	−16.708 1	0.000 0	1.67×10^9	0.000 1	τ_2	−16.014 9	0.126 2	0.000 0
	γ_3	−6.697 2	3.835 9	2.106 0	0.048 7	τ_3	−6.697 1	7.424 0	0.005 1
	γ_4	−6.098 0	4.838 8	2.260 2	0.035 1	τ_4	−5.660 2	5.432 2	0.007 2
	γ_5	−4.973 7	6.879 8	2.022 9	0.044 0	τ_5	−4.566 0	9.715 9	0.016 3
	γ_6	−4.734 1	6.884 2	2.687 7	0.025 7	τ_6	−3.953 4	4.599 6	0.017 3
	γ_7	−4.579 9	6.580 1	2.006 0	0.040 5	τ_7	−3.525 2	2.001 7	0.016 5
	γ_8	−5.756 8	3.596 1	3.600 8	0.017 5	τ_8	−3.423 2	1.450 7	0.015 3
	γ_9	−6.216 2	2.711 0	2.293 0	0.027 3	τ_9	−3.363 8	1.227 1	0.014 5
	γ_{10}	−16.399 1	0.000 0	1.64×10^9	0.000 1	τ_{10}	−3.363 8	1.227 1	0.014 5
	Pearsonχ^2=30.438 3，df=39，$\chi^2_{0.05}$=54.572 0，P=0.862 7					Hosmer−Lemeshowχ^2=0.618 1，df=8，$\chi^2_{0.05}$=15.507 0，P=0.999 7			
FM−03	β	0.446 2	0.009 0	49.688 7	0.000 1	β	0.446 2	0.000 1	0.000 1
	γ_1	−16.182 9	0.000 0	1.62×10^9	0.000 1	τ_1	−16.182 9	0.660 1	0.000 0
	γ_2	−7.873 1	1.664 9	4.729 0	0.000 1	τ_2	−7.872 9	1.828 7	0.001 1
	γ_3	−5.484 1	5.234 2	3.087 7	0.001 2	τ_3	−5.396 3	15.150 9	0.010 3
	γ_4	−5.009 6	6.068 1	2.325 6	0.014 1	τ_4	−4.491 2	9.638 6	0.013 5
	γ_5	−4.297 1	7.227 7	2.194 5	0.035 6	τ_5	−3.696 3	9.247 1	0.019 6
	γ_6	−4.605 4	5.837 1	2.278 9	0.024 9	τ_6	−3.357 8	4.520 3	0.017 8
	γ_7	−3.884 1	7.067 8	3.049 5	0.005 8	τ_7	−2.893 6	3.213 9	0.018 6
	γ_8	−4.480 4	4.889 8	2.416 3	0.045 2	τ_8	−2.707 4	1.829 8	0.016 9
	γ_9	−5.069 3	3.375 8	2.501 7	0.021 2	τ_9	−2.617 4	1.403 1	0.015 8
	γ_{10}	−15.869 3	0.000 0	1.59×10^9	0.000 1	τ_{10}	−2.617 4	1.403 1	0.015 8
	Pearsonχ^2=48.750 7，df=39，$\chi^2_{0.05}$=54.572 0，P=0.161 5					Hosmer−Lemeshowχ^2=8.306 8，df=8，$\chi^2_{0.05}$=15.507 0，P=0.404 1			

注：γ和τ的下标表示处理后时间（d）。

③2株供试菌株对石蒜绵粉蚧的剂量效应。接菌后1～4d，由于2株菌株各处理中石蒜绵粉蚧雌成虫的实际累计死亡率均未达50%，TDM模型估测出前4d的LC_{50}均偏大，超出试验设计浓度范围。接菌后5～8d后，2株菌株的LC_{50}均随侵染时间的延长而递减，但同一侵染时间下的LC_{50}呈现差异；菌株F061的LC_{50}在$5.55 \times 10^5 \sim 6.34 \times 10^7$孢子/mL；而菌株FM-03的$LC_{50}$在$1.11 \times 10^5 \sim 2.90 \times 10^7$孢子/mL（图4-8）。

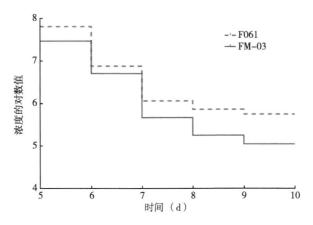

图4-8　金龟子绿僵菌F061和FM-03对石蒜绵粉蚧雌成虫的LC_{50}

④2株供试菌株对石蒜绵粉蚧的时间效应。2株菌株的1.00×10^4和1.00×10^5孢子/mL处理中，由于石蒜绵粉蚧雌成虫的实际累计死亡率始终未达50%，两处理的LT_{50}均超出TDM模型估测范围。2株菌株其他3个处理的LT_{50}均随菌液浓度的升高而缩短，但同一浓度时的LT_{50}也呈现差异；菌株F061的LT_{50} 5.04～7.27d，而菌株FM-03的LT_{50} 4.67～6.66d（图4-9）。

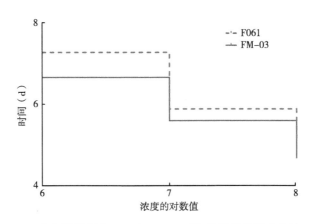

图4-9　金龟子绿僵菌F061和FM-03对石蒜绵粉蚧雌成虫的LT_{50}

⑤2株供试菌株对石蒜绵粉蚧的室内防效。2株菌株1.00×10^8孢子/mL处理浓度对石蒜绵粉蚧雌成虫的室内防效也随试验时间的延长而提高；在喷施4d和6d后，

2种菌剂室内防效的差异还不显著；但在喷施8d和10d后，菌剂FM-03的室内防效分别为75.82%和81.32%，显著高于同一时期下F061菌剂68.22%和74.06%的室内防效（图4-10）。

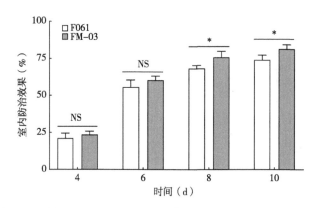

图4-10 金龟子绿僵菌F061和FM-03（1×10⁸孢子/mL）对石蒜绵粉蚧的室内防治效果

注：*表示差异显著；NS表示差异不差异。

（3）小结。生物防治因其安全、有效、持久等特点，在当今世界各国的害虫防控中倍受推崇。现阶段，有关石蒜绵粉蚧生物防治的报道还相对较少，Gautam等（2007）发现*Brumoides lineatus*、*B. suturalis*、*Scynnus coccivora*、*Cheilomenes sexmaculata*和*Nephus regularis* 5种捕食性瓢虫可取食石蒜绵粉蚧，Hayon等（2016）发现*Diadiplosis donaldi*、*D. multifila*、*Dicrodiplosis manihoti*、*Lestodiplosis* sp.和*Trisopsis tyroglyphi* 5种捕食性瘿蚊可取石蒜绵粉蚧，Zu等（2018）发现拟褐长索跳小蜂（*Anagyrus pseudofuscus*）可寄生石蒜绵粉蚧，但如何有效应用这些天敌防控石蒜绵粉蚧尚未见报道，因此有必要寻找另外一种安全、有效且经济的生防物用于防控石蒜绵粉蚧。虫生真菌是农作物害虫的一类重要致病菌，其种类多、安全有效、易大量生产，在害虫生物防治中占有重要的地位。金龟子绿僵菌是当前主要的虫生真菌之一，其菌株F061和FM-03已被证实对柑橘粉蚧具有良好的致死效果，但这2株菌株对石蒜绵粉蚧是否也高效，尚未明确，影响了这2株菌株在石蒜绵粉蚧生防中的应用。由于不同地理和寄主来源的菌株具有一定的寄主专化性，其对目标害虫的活性也存在差异，因此测定这2株菌株对石蒜绵粉蚧的室内毒力和防效，探讨它们对石蒜绵粉蚧的生防潜力和应用前景，对利用虫生真菌防控该虫具有重要意义。

毒力和防效分别是衡量虫生真菌生防潜力和应用前景的重要指标。黄鹏等（2019）测定金龟子绿僵菌F061和FM-03对石蒜绵粉蚧的室内毒力和防效，发现2株菌株对石蒜绵粉蚧的时间—剂量互作效应明显，剂量效应随侵染时间的延长逐渐升高，时间效应随浓度的升高逐渐增强，这与先前研究中2株菌株对柑橘粉蚧的时间—剂量互作效应类似；最终菌株F061对石蒜绵粉蚧的侵染致死率、LC_{50}和LT_{50}分别达83.15%、5.55×10^5孢子/mL和5.04d，这与该菌株对柑橘粉蚧的侵染效果类似；而菌株FM-03对石蒜绵粉蚧的侵染致死率、LC_{50}和LT_{50}分别达91.95%、1.11×10^5孢子/mL和4.67d，高于该菌株对柑橘粉蚧的侵染效果，这可能与菌株的寄主专化性或寄主的免疫能力差异有关；此外，2株菌株对石蒜绵粉蚧的室内防效也随试验时间的延长而提高，最终分别达74.06%和81.32%，这与殷凤鸣等（2000）利用蜡蚧轮枝菌（*Verticillium lecanii*）室内防控湿地松粉蚧（*Oracella acuta*）的效果类似。可见，2株菌株均可引入用于防控多肉植物上的石蒜绵粉蚧，菌株FM-03可优先开发应用，菌株F061可作为备选菌株使用。

虫生真菌是生物农药的重要组成部分，只有在室内和田间对目标害虫均表现出良好防治效果的菌株，才有生防应用价值。此外，虫生真菌在田间施用时会存在着杀虫速度慢、防效不稳定等不足之处，在一定程度上限制了虫生真菌的应用和推广，但有研究表明虫生真菌与适量的某些化学药剂联合使用，不仅可提升防治效果，还可以减少化学药剂用量，延缓害虫抗药性问题。因此，后续可在验证这2株菌株对石蒜绵粉蚧田间防效的基础上，探讨它们与化学药剂的协同使用方式和效果；同时，进一步细化研究供试菌株对石蒜绵粉蚧其他虫态的侵染效果及对该虫生长发育、生殖等生物学特性的影响，为利用虫生真菌防控石蒜绵粉蚧等害虫提供技术支持。

4.2.3.2　植物提取物制备应用

二斑叶螨（*Tetranychus urticae*）可寄生于多种多肉植物，以口器刺吸叶片及嫩茎，是一种世界性的有害生物。目前，对二斑叶螨的治理主要使用传统的化学农药，长期使用化学农药不仅造成严重的环境污染，同时导致害螨产生抗药性，害螨药物防治效果降低，加重了害螨对多肉植物造成的损失。在人口迅速增长、环境污染严重的今天，研究和开发高效、低毒和对环境友好的植物源农药具有重要意义。

植物本身含有次生代谢物用于抗御害虫，次生代谢物能与害虫长期协同进化，对环境污染低，对人、畜健康无害。我国植物资源丰富，植物源杀螨剂开发潜力大，能够为寻找杀螨植物提供坚实的基础。植物源杀螨剂在我国的发展前景十分广阔，在今后的害虫综合防治中具有重要意义。为推动应用植物源杀螨剂有效控制二斑叶螨为害，引入郭宇俊等（2019）的研究成果，以期为筛选高效的杀螨活性物质提供数据基础，内容如下。

（1）材料与方法。

①试验材料。

植物材料：14科18种植物，植物名称和供试部位见表4-18。将植物材料洗净阴干后，分别放入粉碎机中粉碎，过直径0.180mm的筛子，密封后保存于冷藏柜中备用。醇提物的制备：分别称取20g植物粉碎物，加入5倍体积的体积分数为95%的乙醇，室温下浸提3d（每隔5h振荡1次），过滤。重复操作，每种植物浸提3次，将3次滤液合并，用旋转蒸发仪减压浓缩，获得膏状提取物，称重，计算提取率后于冷藏柜中保存。测试物的准备：取膏状提取物置于锥形瓶中，加入少量无水乙醇溶解后，再加入体积分数为0.3%的吐温-80水溶液溶解制成质量浓度为10mg/mL的供试药液，备用。

供试螨：二斑叶螨实验室饲养。饲养在温度为（25±1）℃、湿度为60%~65%，每天光照与黑暗时间比为16h∶8h的人工气候箱中。

②试验方法。

二斑叶螨触杀活性测定：玻片浸渍法并稍加改进，将双面胶粘于载玻片的一端，用细头油画笔轻轻挑取活泼的雌成螨，将其背部粘在双面胶上，保证螨足不被粘在双面胶上，在显微镜下剔除不合格的雌成螨，用油画笔触动螨体，螨足不动者为不合格。最终保留每个载玻片上螨的头数$n=30$。将载玻片一端置于供试药液或空白对照溶液中，5s后取出，用滤纸吸干螨四周多余的药液，放入人工气候箱中。24h后观察螨虫存活数量，用油画笔触动螨体，螨足不动者为死亡，计算校正死亡率。以质量浓度为0.3%吐温-80水溶液为对照，每个处理重复3次。

螨卵触杀活性测定：叶片浸渍法并略加改良，在培养皿中放入具有一定湿度的棉花，将新鲜的黑豆叶片放在棉花上，用细头油画笔轻轻挑取活泼的雌成螨，用湿棉花将叶片围好，以防止害螨逃逸。待雌成螨产卵后，在显微镜下剔除多余的卵，留下30枚卵，将叶片浸入植物提取物供试药液或质量浓度为0.3%吐温-80对照药液中，5s后取出，用滤纸小心吸去多余药液。置于人工气候箱中培养，7d后观察孵化情况，没有孵化的卵视为死亡，统计各测试组螨卵的孵化率，每个处理重复3次。

高效杀螨活性植物提取物对二斑叶螨的毒力测定：将波斯菊、银杏、紫花地丁、四季海棠和烟草提取物配制成12.8mg/mL、6.4mg/mL、3.2mg/mL、1.6mg/mL和0.8mg/mL 5个不同质量浓度的供试药液，采用玻片浸渍法对二斑叶螨的雌成螨进行毒力活性测定。

数据统计分析：使用SPSS 18软件Probit分析，并计算毒力回归方程、半数致死质量浓度（LC50）及95%置信区间。利用DPS软件进行Duncan显著性分析。

表4-18 18种测试植物名录

植物名称	拉丁名	科名	供试部位
四季海棠	*Begonia semperflorens*	秋海棠科（Begoniaceae）	全株
槐树	*Sophora japonica*	蝶形花科（Papilionaceae）	枝叶
楸树	*Catalpa bungei*	紫葳科（Bignoniaceae）	枝叶
狗尾巴草	*Setaria viridis*	禾本科（Gramineae）	全株
龙葵	*Solanum nigrum*	茄科（Solanaceae）	全株
平车前	*Plantago depressa*	车前科（Plantaginaceae）	全株
艾草	*Vaniot*	菊科（Asteraceae）	全株
酸枣	*Ziziphus jujuba*	鼠李科（Rhamnaceae）	枝叶
苍耳	*Xanthium sibiricum*	菊科（Asteraceae）	全株
回回蒜	*Ranunculus chinenisi*	毛茛科（Ranunculaceae）	全株
银杏	*Ginkgo biloba*	银杏科（Ginkgoaceae）	叶
波斯菊	*Cosmos bipinnatus*	菊科（Asteraceae）	全株
蒲公英	*Taraxacum mongolicum*	菊科（Asteraceae）	全株
水柳	*Homonoia ripari*	大戟科（Euphorbiaceae）	枝叶
紫花地丁	*Viola philippica*	堇菜科（Violaceae）	全株
三叶草	*Trifolium* sp.	豆科（Leguminosae）	全株
爬山虎	*Parthenocissus tricuspidata*	葡萄科（Vitaceae）	茎叶
烟草	*Nicotiana tabacum*	茄科（Solanacea）	全株

（2）结果与分析。

①18种植物的乙醇提取物提取率。由表4-19可见，植物用体积浓度为95%的乙醇浸提，槐树的浸提率最低，仅为6.4%，蒲公英的浸提率最高，为17.05%。18种供试植物的乙醇提取率由高到低依次为：蒲公英、酸枣、爬山虎、狗尾巴草、苍耳、三叶草、紫花地丁、艾草、回回蒜、楸树、四季海棠、银杏、烟草、龙葵、波斯菊、平车前、水柳、槐树。

②18种植物乙醇提取物对二斑叶螨的触杀作用。由表4-19可见，当质量浓度为10mg/mL的18种植物乙醇提取物处理二斑叶螨24h后，所测试的18种植物乙醇提取物对二斑叶螨雌成螨有不同程度的触杀作用。波斯菊、烟草、银杏杀螨作用较强，

校正死亡率达到90%以上；四季海棠、紫花地丁、平车前、龙葵、狗尾巴草、三叶草、爬山虎、蒲公英和回回蒜的乙醇提取物也有一定的杀螨活性，校正死亡率在50%~80%；槐树、楸树、艾草、酸枣、苍耳、水柳的乙醇提取物杀螨作用较弱，校正死亡率低于50%。

③18种植物乙醇提取物对二斑叶螨卵的触杀作用。18种植物乙醇提取物对二斑叶螨卵的触杀活性结果见表4-20。波斯菊、苍耳、烟草、龙葵、银杏、紫花地丁和酸枣的乙醇提取物对二斑叶螨卵的孵化有较好的抑制作用，四季海棠、槐树、艾草、三叶草、爬山虎、蒲公英的乙醇提取物对螨卵的触杀活性较弱，楸树、狗尾巴草、平车前、回回蒜、水柳的乙醇提取物对二斑叶螨卵无触杀作用。

表4-19　18种植物乙醇提取物对二斑叶螨雌成螨的触杀活性（n=30）

植物名称	提取率（%）	24h校正死亡率（%）
四季海棠	11.36	77.81 ± 1.90bB
槐树	6.40	38.92 ± 1.90hGH
楸树	11.40	31.12 ± 1.90hiHI
狗尾巴草	15.40	71.13 ± 5.10bcdBC
龙葵	10.43	70.03 ± 5.77bcdBC
平车前	8.93	64.45 ± 1.95deCDE
艾草	14.00	37.77 ± 3.87hGH
酸枣	16.70	47.84 ± 8.40gFG
苍耳	14.75	25.57 ± 7.68iI
回回蒜	12.83	73.37 ± 5.77bB
银杏	10.83	95.57 ± 5.09aA
波斯菊	10.37	95.53 ± 3.87aA
蒲公英	17.05	58.87 ± 5.10efDE
水柳	7.52	4.33 ± 5.13jj
紫花地丁	14.43	77.77 ± 3.87bB
三叶草	14.75	55.53 ± 3.87fEF
爬山虎	15.40	66.67 ± 3.35cdeBCD
烟草	10.64	92.23 ± 3.87aA
0.3%吐温-80水溶液	—	0

表4-20 18种植物乙醇提取物对二斑叶螨卵的触杀活性（n=30）

植物名称	孵化率（%）
四季海棠	82.22 ± 1.91fgEFG
槐树	87.82 ± 1.91deBCDE
楸树	96.70aA ± 1.96abAB
狗尾巴草	94.43 ± 1.96abAB
龙葵	74.43 ± 1.96hijH
平车前	91.10 ± 1.91bcdABCD
艾草	84.43 ± 1.96efDEF
酸枣	78.91 ± 3.81ghFGH
苍耳	72.23 ± 3.87jH
回回蒜	86.67 ± 3.35defCDE
银杏	75.53 ± 3.87hijGH
波斯菊	54.47 ± 3.87kl
蒲公英	88.92 ± 3.81cdeBCDE
水柳	93.30 ± 1.96abcABC
紫花地丁	77.77 ± 3.87ghiFGH
三叶草	84.43 ± 1.96efDEF
爬山虎	87.80 ± 1.91deBCDE
烟草	73.33 ± 5.77ijH
0.3%吐温-80水溶液	97.80 ± 1.91aA

注：同列数据多重比较，字母不同表示存在差异，大写字母表示差异极显著（P<0.01），小写字母表示差异显著（P<0.05）。

④5种植物乙醇提取物对二斑叶螨的毒力作用比较。18种植物乙醇提取物通过对二斑叶螨雌成螨和卵进行触杀活性测定，发现波斯菊、银杏、烟草、四季海棠和紫花地丁5种植物提取物对二斑叶螨表现出较好的生物活性。将5种植物的乙醇提取物分别配成12.8mg/mL、6.4mg/mL、3.2mg/mL、1.6mg/mL、和0.8mg/mL 5个不同质量浓度的供试药液，对二斑叶螨雌成螨的触杀毒力进行线性回归分析，进一步评价这5种植物提取物对二斑叶螨的毒力。由表4-21可见，波斯菊、银杏、烟草、紫花地丁、四季海棠5种植物乙醇提取物物对二斑叶螨雌成螨均表现出较好的触杀效果，LC_{50}分别为3.178mg/mL、3.642mg/mL、3.200mg/mL、5.535mg/mL和5.522mg/mL。

表4-21　5种植物乙醇提取物对二斑叶螨雌成螨的毒力（n=30）

植物名称	提取率（%）	相关系数	LC$_{50}$（mg/mL）	95%置信区间
波斯菊	y=2.209 6x+4.184 2	0.960 0	3.178	2.508～3.945
银杏	y=2.299 0x+2.666 0	0.973 4	3.642	2.907～4.486
烟草	y=2.283 5x+1.255 7	0.986 1	3.200	2.287～4.973
紫花地丁	y=0.067 0x+0.008 0	0.979 0	5.535	4.618～6.815
四季海棠	y=2.278 4x-0.547 8	0.998 2	5.522	4.501～6.734

（3）小结。为推动应用植物源杀螨剂有效控制二斑叶螨危害，对14科18种植物的乙醇提取物进行杀螨室内活性测定，波斯菊、银杏、烟草、紫花地丁、四季海棠和回回蒜等具有一定的杀螨活性，波斯菊、银杏和烟草作用较为显著；波斯菊、苍耳、烟草、龙葵、银杏、紫花地丁和酸枣的乙醇提取物对二斑叶螨卵的孵化有较好的抑制作用，波斯菊的作用较强。

波斯菊（Cosmos bipinnatus），又叫秋英，喜光喜温暖，为菊科秋英属一年生或多年生草本植物，其既是一种重要的观赏性植物，也是一种中药材。通过对波斯菊乙醇提取物的制备，在应用中对二斑叶螨雌成螨与卵具有较好的触杀作用，这为多肉植物害螨生防提出了新路径——开发利用植物源杀螨剂。今后，应进一步研究其他有机溶剂提取物对二斑叶螨的杀螨活性，以及进一步通过纯化有效成分，寻找活性单体，阐明毒理机制，为开发新型植物杀螨剂奠定基础。当然，针对多肉植物上的其他害虫也是如此。

4.2.3.3　捕食性天敌效能评价

二斑叶螨（Tetranychus urticae）是多种多肉植物上的主要害螨，利用捕食螨是当前绿色防控二斑叶螨的主要手段。加州新小绥螨（Neoseiulus californicus）和巴氏新小绥螨（Neoseiulus barkeri）均隶属于植绥螨科（Phytoseiidae）新小绥属（Neoseiulus）。加州新小绥螨具有对温湿度适应范围广、对杀螨剂有抗性、耐饥饿能力强等特点，且能生活在害螨的结网中，已被开发为重要的天敌商品，通过田间的大量释放用于防治大暴发时的叶螨；巴氏新小绥螨食性广泛，除捕食叶螨和蓟马外，还能捕食蚜虫、木虱、粉虱、介壳虫、蚊蝇类幼虫和跳虫、线虫等，也被广泛应用于农业生物防治中。捕食功能反应是研究天敌对其猎物捕食能力大小的经典方法。为推动"以螨治螨"生防技术在多肉植物害螨防控中的应用，选择出更加高效有用的捕食螨，引入王蔓等（2019）的研究成果，以期为多肉植物二斑叶螨生物防治资源物的选择提供依据，内容如下。

（1）材料与方法。

①试验材料。

供试螨源：二斑叶螨用叶片水盘法在室内建立实验室种群，饲养条件为：温度（25±1）℃，相对湿度（60±5）%，光周期16L：8D。加州新小绥螨和巴氏新小绥螨由福建农业科学院植物保护研究所提供，试验所用加州新小绥螨和巴氏新小绥螨均为雌成螨。

供试仪器：RLD-400A-4人工气候箱（宁波乐电仪器制造有限公司），JSZ-8-040030双目解剖镜（深圳市晨晟光学仪器有限公司）。

②试验方法。

捕食功能反应：挑选健康活跃、个体大小一致的加州新小绥螨和巴氏新小绥螨雌成螨，先用二斑叶螨饲喂后再饥饿24h用于试验（捕食螨挑选处理方法下同）。在干净叶盘（所有叶盘叶片面积控制在2.5cm×3.5cm）中分别设置二斑叶螨不同螨态的5个密度梯度。卵：5粒/叶盘、10粒/叶盘、15粒/叶盘、20粒/叶盘、25粒/叶盘；幼螨：4头/叶盘、8头/叶盘、12头/叶盘、16头/叶盘、20头/叶盘；第一若螨：4头/叶盘、8头/叶盘、12头/叶盘、16头/叶盘、20头/叶盘；第二若螨：3头/叶盘、6头/叶盘、9头/叶盘、12头/叶盘、15头/叶盘；雌成螨2头/叶盘、4头/叶盘、6头/叶盘、8头/叶盘、10头/叶盘。然后，再分别挑入1头经饥饿处理的加州新小绥螨或巴氏新小绥螨雌成螨，置于温度为（25±1）℃，相对湿度为（60±5）%，光周期为16L：8D的人工气候箱内，24h后统计二斑叶螨各个螨态被捕食的数量，每个处理重复3次。

采用Holling圆盘方程$N_a = aTN/(1 + aT_hN)$对数据进行拟合，式中，N为猎物初始密度；N_a为猎物被捕食量；a为瞬时攻击率；T为捕食者总利用时间（1d）；T_h为处理1头猎物所需要的时间；a/T_h用来评价捕食者的捕食能力；$1/T_h$为日最大捕食量。

捕食选择性：准备2个新鲜叶盘，每个叶盘挑入二斑叶螨5个螨态各30头，然后挑入1头经饥饿处理的加州新小绥螨或巴氏新小绥螨雌成螨，置于人工气候箱内，24h后统计二斑叶螨各个螨态被捕食的数量，每个处理重复3次。

用选择系数Q表示捕食螨对二斑叶螨各螨态的选择性，Q=某螨态被捕食数占总捕食的百分比/某螨态占猎物总数的百分比，当$Q>1$时表示捕食螨对该螨态猎物嗜食，当$Q<1$时表示捕食螨对该螨态猎物非嗜食，当$Q=1$时表示捕食螨对该螨态猎物是随机捕食。

捕食干扰效应：准备10个新鲜叶盘，分别挑30头二斑叶螨雌成螨到新鲜的叶盘中。在每个叶盘中，分别接入经饥饿处理的加州新小绥螨或巴氏新小绥螨雌成螨1头、3头、5头、7头、9头，置于人工气候箱内，24h后统计二斑叶螨被捕食的数量，每个处理重复3次。

采用Hassell-Verely模型方程$E=QP^{-m}$拟合加州新小绥螨和巴氏新小绥螨捕食二斑叶螨的密度干扰效应，以反映加州新小绥螨和巴氏新小绥螨自身密度对其捕食过程的干扰作用。式中，E为捕食作用率；Q为搜寻常数；P为捕食螨的密度；m为干扰系数。

数据分析：各模拟方程的理论值与实际值的卡方（x^2）检验均采用SPSS 19.0软件进行统计分析，参数均采用最小二乘法估计，利用Duncan氏新复极差法对数据进行差异显著性检验。

（2）结果与分析。

①捕食功能反应。加州新小绥螨和巴氏新小绥螨对二斑叶螨各螨态的捕食功能反应均可以很好地拟合Holling Ⅱ圆盘方程（表4-22、表4-23）。方程的相关系数$r=0.976 \sim 0.990$（加州新小绥螨，表4-22）、$0.958 \sim 0.988$（巴氏新小绥螨，表4-23）$>r_{(0.05,3)}=0.878$，表明加州新小绥螨和巴氏新小绥螨的捕食量与二斑叶螨的密度显著相关，用拟合方程计算得到的理论值与实测值进行卡方检验，得出$\chi^2=0.127 \sim 0.287$（加州新小绥螨，表4-22）、$0.013 \sim 1.308$（巴氏新小绥螨，表4-23）$<\chi^2_{(0.05,4)}=9.488$，表明理论值与实测值差异不显著，拟合的Holling Ⅱ型圆盘方程能较好地描述试验数据。

瞬时攻击率a和处理时间T_h之比可以衡量天敌对害虫的控制能力，a/T_h值越大，表示天敌对害虫的控制能力越强。由表4-22、表4-23可以看出，加州新小绥螨和巴氏新小绥螨对二斑叶螨各螨态的捕食能力均随着螨态的增大而降低，对卵的捕食能力最强，其次是幼螨、第一若螨、第二若螨、成螨。巴氏新小绥螨对二斑叶螨卵、幼螨的a/T_h值（89.7、51.5）（表4-23）大于加州新小绥螨（57.8、39.6）（表4-23），分别高出55.2%和30.1%，而加州新小绥螨对二斑叶螨第一若螨、第二若螨的a/T_h值（38.2、35.4）（表4-22）大于巴氏新小绥螨（22.8、16.5）（表4-23），分别高出67.5%和114.5%，两种捕食螨对二斑叶螨雌成螨的a/T_h值相同，均为4.5（表4-22、表4-23），说明加州新小绥螨对二斑叶螨卵、幼螨的捕食能力弱于巴氏新小绥螨，而对二斑叶螨第一若螨、第二若螨的捕食能力强于巴氏新小绥螨，两种捕食螨对二斑叶螨雌成螨的捕食能力相当。综合比较两种捕食螨对二斑叶螨各螨态的a/T_h值可看出，加州新小绥螨对二斑叶螨的捕食能力更强一些。加州新小绥螨和巴氏新小绥螨对二斑叶螨卵、幼螨的理论最大日捕食量分别为51.7粒、44.6头（表4-22）和83.9粒、52.5头（表4-23），对二斑叶螨第一若螨、第二若螨的理论最大日捕食量分别为35.0头、33.7头（表4-22）和19.7头、11.7头（表4-23）。

表4-22　加州新小绥螨对二斑叶螨各螨态的功能反应

螨态	圆盘方程	相关系数（r）	χ^2	瞬时攻击率（a）	处理时间（T_h）	最大日捕食量（$1/T_h$）	捕食能力（a/T_h）
卵	$N_a=1.116\ 3N/(1+0.215\ 7N)$	0.977	0.129	1.116 3	0.019 3	51.7	57.8
幼螨	$N_a=0.950\ 1N/(1+0.040\ 7N)$	0.976	0.156	0.950 1	0.022 4	44.6	39.6
第一若螨	$N_a=1.092\ 8N/(1+0.026\ 5N)$	0.982	0.128	1.092 8	0.028 6	35.0	38.2
第二若螨	$N_a=1.050\ 5N/(1+0.031\ 1N)$	0.983	0.287	1.050 5	0.029 6	33.7	35.4
成螨	$N_a=0.835\ 2N/(1+0.155\ 4N)$	0.990	0.127	0.835 2	0.186 2	5.4	4.5

表4-23　巴氏新小绥螨对二斑叶螨各螨态的功能反应

螨态	圆盘方程	相关系数（r）	χ^2	瞬时攻击率（a）	处理时间（T_h）	最大日捕食量（$1/T_h$）	捕食能力（a/T_h）
卵	$N_a=1.068\ 6N/(1+0.012\ 7N)$	0.977	0.627	1.068 6	0.011 9	83.9	89.7
幼螨	$N_a=1.056\ 7N/(1+0.019\ 0N)$	0.976	1.308	1.056 7	0.019 0	52.5	51.5
第一若螨	$N_a=1.159\ 7N/(1+0.058\ 8N)$	0.982	0.153	1.159 7	0.050 7	19.7	22.8
第二若螨	$N_a=1.369\ 5N/(1+0.115\ 7N)$	0.983	0.013	1.369 5	0.085 3	11.7	16.5
成螨	$N_a=1.168\ 2N/(1+0.303\ 3N)$	0.990	0.087	1.168 2	0.259 6	3.9	4.5

②捕食选择性。加州新小绥螨和巴氏新小绥螨均对二斑叶螨的卵和幼螨表现出嗜食性（$Q>1$），而对二斑叶螨的第一若螨、第二若螨和成螨没有嗜食性（$Q<1$）（表4-24、表4-25），但加州新小绥螨对二斑叶螨幼螨的嗜食性（$Q=2.0$）大于对卵的嗜食性（$Q=1.5$）（表4-24），巴氏新小绥螨相反，对二斑叶螨卵的嗜食性（$Q=3.1$）大于对幼螨的嗜食性（$Q=1.4$）（表4-25）。当二斑叶螨各螨态同时存在时，两种捕食螨均会优先选择捕食二斑叶螨的卵和幼螨。

表4-24　加州新小绥螨对二斑叶螨不同螨态的捕食选择性

螨态	被捕食数量	被捕食率（%）	选择系数（Q）
卵	3.0 ± 0.6	10.0	1.5
幼螨	3.8 ± 0.2	12.8	2.0
第一若螨	1.7 ± 0.3	5.6	0.8
第二若螨	1.0 ± 0.6	3.3	0.5
成螨	0.3 ± 0.3	1.1	0.2

表4-25　巴氏新小绥螨对二斑叶螨不同螨态的捕食选择性

螨态	被捕食数量	被捕食率（%）	选择系数（Q）
卵	9.7 ± 1.5	32.2	3.1
幼螨	4.3 ± 0.3	14.4	1.4
第一若螨	1.3 ± 0.3	4.4	0.4
第二若螨	0.3 ± 0.3	1.1	0.1
成螨	0	0	0

③捕食干扰效应。在二斑叶螨密度和捕食空间一定的情况下，加州新小绥螨和巴氏新小绥螨对二斑叶螨的总捕食量随自身密度的增加而增大，捕食作用率随捕食螨自身密度的增加而逐渐减小（表4-26），说明加州新小绥螨和巴氏新小绥螨在捕食二斑叶螨时，个体间存在相互干扰和竞争。模拟获得加州新小绥螨和巴氏新小绥螨对二斑叶螨的干扰效应模型分别为$E=0.072\,0P^{-0.328}$、$E=0.065\,4P^{-0.324}$，相关系数$r=0.988$（加州新小绥螨）、0.960（巴氏新小绥螨）$>r_{(0.01,3)}=0.959$，表明两种捕食螨单头雌成螨的日平均捕食量与其自身密度极显著相关。经卡方适合性检验得出$\chi^2=0.250$（加州新小绥螨）、0.384（巴氏新小绥螨）$<\chi^2_{(0.05,4)}=9.488$，表明理论值与实测值差异不显著，试验数据与模型的拟合性良好。加州新小绥螨的干扰系数比巴氏新小绥螨稍大，说明加州新小绥螨在捕食二斑叶螨时的种内干扰效应更强一些。

表4-26　加州新小绥螨和巴氏新小绥螨的捕食干扰效应

捕食螨种类	捕食螨密度	总捕食量	捕食作用率（%）	Hassell–Verley方程
加州新小绥螨	1	2.2 ± 0.2cd	0.072	加州新小绥螨
巴氏新小绥螨		1.8 ± 0.2d	0.061	$E=0.072\,0P^{-0.328}$

捕食螨种类	捕食螨密度	总捕食量	捕食作用率（%）	Hassell-Verley方程
加州新小绥螨	3	4.3 ± 0.7bcd	0.048	加州新小绥螨 $E=0.072\,0P^{-0.328}$
巴氏新小绥螨		4.7 ± 0.4bcd	0.052	
加州新小绥螨	5	6.8 ± 0.9ab	0.046	
巴氏新小绥螨		6.0 ± 1.0abc	0.040	
加州新小绥螨	7	8.0 ± 1.0ab	0.038	巴氏新小绥螨 $E=0.065\,4P^{-0.324}$
巴氏新小绥螨		7.3 ± 0.3ab	0.035	
加州新小绥螨	9	9.2 ± 1.4a	0.034	
巴氏新小绥螨		8.0 ± 0.6ab	0.030	

（3）小结。功能反应被广泛用于评估捕食性昆虫和螨类的有效性。加州新小绥螨和巴氏新小绥螨对二斑叶螨各螨态的功能反应均为Holling Ⅱ型，这与其他条件下研究的这两种捕食螨对二斑叶螨的捕食功能反应类型一致，说明环境条件不同不会改变捕食者的捕食功能反应类型，只会改变捕食功能反应参数。

捕食者的消耗率通常与猎物大小成反比，随着猎物二斑叶螨螨态的增大，加州新小绥螨和巴氏新小绥螨对其的捕食能力逐渐下降，对卵的捕食能力大于对幼螨、若螨和成螨的捕食能力。但也有学者发现，加州新小绥螨对二斑叶螨幼螨和若螨的控制能力大于对卵的控制能力，这可能与研究条件如捕食空间大小不一致有关。

为推动"以螨治螨"生防技术在多肉植物害螨防控中的应用，选择出更加高效有用的捕食螨，引入王蔓等（2019）的研究成果，可知，巴氏新小绥螨对二斑叶螨卵、幼螨的捕食能力强于加州新小绥螨，而加州新小绥螨对二斑叶螨若螨的捕食能力强于巴氏新小绥螨，两种捕食螨对二斑叶螨雌成螨的捕食能力相当，但综合比较两种捕食螨对二斑叶螨各螨态的a/T_h值可知，加州新小绥螨对二斑叶螨的捕食能力更强一些。与巴氏新小绥螨相比，加州新小绥螨的种内干扰效应稍大，但考虑到其具有较强的捕食能力，同时对温湿度适应范围广、耐饥饿能力强、对杀螨剂有抗性、可以生活在害螨的结网里等优势，可优先选择加州新小绥螨作为多肉植物二斑叶螨绿色防控的生物防治剂，但其田间防效还需进一步验证。

4.2.3.4 药剂施用技术探讨

仙人掌类植物是目前市场流行的小盆栽花卉多肉品种。近年其种植面积逐年扩大，而大面积的种植也带来了病虫害的流行。仙人掌白盾蚧（*Diaspis echinocacti*）是仙人掌科（Cactaceae）和景天科（Crassulaceae）植物的重要害虫之一。该害虫的雌成虫和若虫聚集于受害植物，介壳重叠成堆，紧贴在寄主肉质茎和叶片上，吮吸汁液为害，严重影响生长和经济价值。目前，介壳虫一般采用内吸性杀虫剂喷雾防治，但药液往往受到仙人掌科植物表皮上的刺，以及介壳（蜡质）的阻挡，难以接触球茎表面，从而无法起到很好的内吸杀虫效果。吡虫啉是一种优秀的内吸杀虫剂，能被植物根部吸收并传导至叶片。若采用吡虫啉药液灌根处理仙人掌，理论上来看可对仙人掌白盾蚧起一定防效。然而，吡虫啉在仙人掌科植物上的内吸特性，以及防治仙人掌白盾蚧时具体用量和真实防治效果尚未可知。为此，董金龙等（2019）以仙人掌科中的流行品种——金琥（*Echinocactus grusonii*）为代表植物，采用灌根施药的方法，探讨了吡虫啉在金琥上的内吸特性及其对仙人掌白盾蚧的防效，以期改进仙人掌白盾蚧防治用药的施用技术。

（1）材料与方法。

①试验材料。

供试药剂：98%吡虫啉原油（山东海利尔化工有限公司），98.5%吡虫啉标准品（苏州遍净植保科技有限公司）；色谱级乙腈、正己烷、丙酮、甲醇、甲酸和氯化钠（上海麦克林生化科技有限公司），120～400目的活性炭，无水硫酸钠，60～100目的弗罗里硅土。

仪器设备：高效液相色谱-串联质谱仪（Agilent 1260-6470），旋转蒸发器RE-301（上海科兴仪器有限公司），粉碎机WR-50（鹤壁市天冠仪器仪表有限公司），旋涡混合器UVS-1（北京优晟旋涡混合仪），离心机Allegra X-15R（美国贝克曼库尔特有限公司），氮吹仪BYN200-2（上海秉越电子仪器有限公司）。

供试植物：金琥，从苗圃中选择球茎约为10cm的金琥，逐一移栽至花盆中，以河沙为基质，置于玻璃温室内（25℃，D：L=16：8，相对湿度50%），脱毒30d后用于后续试验。

②试验方法。

吡虫啉在仙人掌上的内吸特性分析：挑选移栽30d后、无病虫为害的金琥球茎。用丙酮将吡虫啉原油制成20%母液，后用蒸馏水稀释为1 600mg/L、800mg/L、400mg/L、200mg/L、100mg/L、50mg/L和25mg/L浓度梯度，分别以I1600、I800、I400、I200、I100、I50和I25为处理代号，以100mL 0.01%丙酮水溶液为对照。缓慢浇灌100mL药液于金琥基部河沙上，后置于人工气候箱（25℃，D：L=16：8，相对湿度50%）。于1d、3d、5d、7d和9d后，分别取金琥球茎顶部、中部和底部0.5cm厚表皮（约10g），混合匀浆后置于4℃下储存，待测。

样品中吡虫啉含量采用液相色谱—串联质谱法检测，具体操作流程如下。

标准工作曲线工作液：根据需要用空白样品溶液将标准储备液稀释成5ng/mL、10ng/mL、50ng/mL、100ng/mL、250ng/mL的混合标准工作溶液，当样品取样量为2g时，相当于样品中含有5μg/kg、10μg/kg、50μg/kg、100μg/kg、250μg/kg吡虫啉。

称取2g样品（精确到0.01g）置于50mL具塞离心管中，加入15mL乙腈，以14 000r/min均质30s，以3 000r/min离心5min，将上层乙腈置另一个50mL离心管中，再加入15mL乙腈，重复上述操作，合并乙腈提取液，加入过量氯化钠振摇，以3 000r/min离心5min，将上层乙腈提取液过无水硫酸钠柱，收集于浓缩瓶中。再用5mL乙腈洗涤无水硫酸钠柱，在45℃下旋转蒸发至近干。

用5mL丙酮分两次将残渣转移至净化柱中，用80mL正己烷—丙酮（1+1，体积比）洗脱。收集全部洗脱液，在45℃以下水浴上减压浓缩至干，用甲醇—水（1+1，体积比）定容至2.0mL，混匀，将溶液通过0.45μm滤膜，供液相色谱—串联质谱仪测定。

液相色谱—串联质谱条件：色谱柱：C8柱（5μm，150mm×4.6mm）；流速300μL/min；进样量10μL；电喷雾离子源；监测离子对（m/z）为256.0/209.3。

本试验重复3次。

吡虫啉对仙人掌白盾蚧的防效研究：挑选球茎上白粉蚧数量大于50头的金琥球茎。配置1 600mg/L、800mg/L、400mg/L、200mg/L、100mg/L、50mg/L、25mg/L、10mg/L和5mg/L浓度梯度吡虫啉溶液，以100mL 0.01%丙酮水溶液为对照。缓慢浇灌100mL药液于金琥基部河沙上，后置于人工气候箱（25℃，D：L=16：8，相对湿度50%），3d后再次浇灌同等药量，15d后挑取试虫，于体式显微镜下检查。试验重复5次。

防效计算方法：

虫口减退率（%）=（施药前活虫数-施药后活虫数）/施药前活虫数×100

校正防效（%）=处理组虫口减退率-对照组虫口减退率

（2）结果与分析。

①吡虫啉在仙人掌中的内吸特性。7个不同浓度吡虫啉处理的仙人掌表皮中，吡虫啉检出量随时间变化而提高，均于第5天达到最大检出量，并在第7天降低（图4-11a）。在第5天时，不同处理浓度的仙人掌中吡虫啉检出量从大到小依次为I1 600>I800>I400>I200>I100>I50>I25；I1 600和I800检出量分别为（51.53±3.19）mg/kg和（49.06±3.51）mg/kg，二者无显著差异（$P=0.78$），而其他处理的检出量则存在显著差异（$P<0.05$）。药后第5天吡虫啉检出量的趋势线分析结果表明，在施药浓度为1 240mg/L时，吡虫啉的检出量可达最大值54mg（图4-11b）。

②灌根法对仙人掌白盾蚧的防效。仙人掌白盾蚧的虫口减退率在15d内随着吡虫啉浓度增加而上升，吡虫啉对试虫的校正防效也随其浓度增加而上升（图4-12）。

尤其浓度在5～100mg/L时，吡虫啉浓度与试虫虫口减退率间存在显著的线性关系（$\chi^2=0.041$）（图4-12a）；吡虫啉浓度在400mg/L以上时，防效显著高于浓度低于100mg/L时的防效（$P<0.05$）。

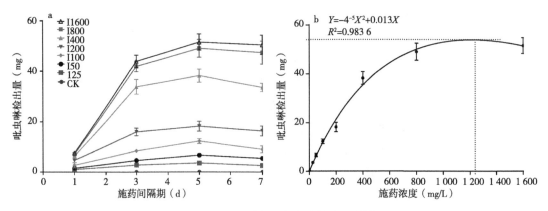

图4-11　吡虫啉在仙人掌中的内吸特性

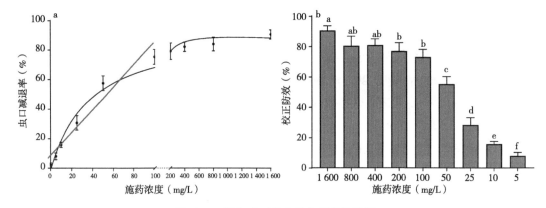

图4-12　灌根法对仙人掌白盾蚧的防效

（3）小结。吡虫啉是一种经典的内吸性杀虫剂，可被植株通过根、茎和叶吸收，并在全株传导。董金龙等采用液相色谱法，明确了金琥可通过根部吸收后将吡虫啉传导至球茎表皮；同时还发现，不同浓度药液灌根处理后金琥球茎表皮层的吡虫啉浓度在第5天时达到最高值，且在施药浓度为1 240mg/L可达最高值（临界点）。这说明，仙人掌对吡虫啉的吸收和传导是一个缓慢的富集和代谢过程，这符合吡虫啉杀虫速度慢、持效期长的特性。此外，临界点的发生说明植株对药剂的吸收量是有限的，这可能是植物的一种自我保护机制，一旦吸收量超过了临界点，就可能会产生药害。

仙人掌白盾蚧体表覆盖一层致密的蜡质层，采用定向喷雾给药时，杀虫剂往往很难接触到虫体，根部给药（灌根法）是防治此类害虫的一种特殊施药方法。采用灌根法施用吡虫啉时，对仙人掌白盾蚧的防效在浓度较低（<100mg/L）时存在剂量

效应，且在药剂浓度达到一定高度（>400mg/L）时防效不再发生显著变化。这说明灌根施用吡虫啉对仙人掌白盾蚧均有较好的防效，最高可达90%以上。但是，吡虫啉在较高浓度时防效并不会随浓度升高而显著上升，这也印证了植株对药剂的吸收临界点。

总之，通过施药技术探讨，证实了吡虫啉通过根部给药可被仙人掌植物内吸、传导至球茎表皮，并对仙人掌白盾蚧有较好的防效。

下　篇

多肉植物病虫害绿色防控技术应用

5 植物病虫害绿色防控技术

5.1 绿色防控的概念及意义

5.1.1 绿色防控的概念

植物病虫害绿色防控是指以确保农业生产、农产品质量和农业生态环境安全为目标，以减少化学农药使用量为目的，优先采取生态调控、生物防治、物理防控和科学用药等环境友好型技术措施控制植物病虫为害的有效行为。

实施绿色防控是贯彻"公共植保，绿色植保"理念的具体行动，是确保农业增效、农作物增产、农民增收和农产品质量安全的有效途径，是推进现代农业科技进步和生态文明建设的重大举措，是促进人与自然和谐发展的重要手段。

5.1.2 绿色防控的意义

（1）绿色防控是贯彻"预防为主、综合防治"植保方针，实施绿色植保战略的重要举措。综合防治要求以农业防治为基础，因地因时制宜，合理运用化学防治、农业防治、生物防治、物理防治等措施，达到经济、安全、有效地控制病虫为害的目的。

（2）绿色防控是持续控制病虫灾害，保障农业生产安全的重要手段。目前，我国防治农作物病虫害主要依赖化学防治措施，在控制病虫为害损失的同时，也带来了病虫抗药性上升和病虫暴发概率增加等问题。通过推广应用生态调控、生物防治、物理防控、科学用药等绿色防控技术，不仅有助于保护生物多样性，降低病虫害暴发概率，实现病虫害的可持续控制，而且有利于减轻病虫为害损失，保障粮食丰收和主要农产品的有效供给。

（3）绿色防控是促进标准化生产，提升农产品质量安全水平的必然要求。传统的农作物病虫害防治措施既不符合现代农业的发展要求，也不能满足农业标准化生产的需要。大规模推广农作物病虫害绿色防控技术，可以有效解决农作物标准化生产过程中的病虫害防治难题，显著降低化学农药的使用量，避免农产品中的农药残留超标，提升农产品质量安全水平，增加市场竞争力，促进农民增产增收。

（4）绿色防控是降低农药使用风险，保护生态环境的有效途径。病虫害绿色防控技术属于资源节约型和环境友好型技术，推广应用生物防治、物理防控等绿色防控技术，不仅能有效替代高毒、高残留农药的使用，还能降低生产过程中的病虫害防控作业风险，避免人、畜中毒事故。同时，还显著减少农药及其废弃物造成的面源污染，有助于保护农业生态环境。

5.2 绿色防控的策略及指导原则

5.2.1 绿色防控的策略

植物病虫害的绿色防控主要是通过防治技术的选择和组装配套，从而最大限度地确保农业生产安全、农业生态环境安全和农产品质量安全。从策略上突出强调以下几个方面。

一是强调健身栽培。从土、肥、水、品种和栽培措施等方面入手，培育健康植物。培育健康的土壤生态，良好的土壤生态是植物健康生长的基础；采用抗性或耐性品种，抵抗病虫害侵染；采用适当的肥、水以及间作、套种等科学栽培措施，创造不利于病虫害发生和发育的条件，从而抑制病虫害的发生与为害。

二是强调病虫害预防。从生态学入手，改造害虫虫源地和病菌的滋生地，破坏病虫害的生态循环，减少虫源或菌源量，从而减轻病虫害的发生或流行。了解害虫的生活史以及病害的循环周期，采取生态、生物、物理或化学调控措施，破坏病虫的关键繁殖环节，从而抑制病虫害的发生。

三是强调发挥农田生态服务功能。发挥农田生态系统的服务功能，核心是充分保护和利用生物多样性，降低病虫害的发生程度。既要重视土壤和田间的生物多样性保护和利用，同时也要注重田边地头的生物多样性保护和利用。生物多样性的保护与利用不仅可以抑制田间病虫暴发成灾，而且可以在一定程度上抵御外来病虫害的入侵。

四是强调生物防治的作用。绿色防控注重生物防治技术的采用与发挥生物防治的作用。通过农田生态系统设计和农艺措施的调整来保护与利用自然天敌，从而将病虫害控制在经济损失允许水平以内；也可以通过人工增殖或释放天敌，使用生物制剂来防治病虫害。

5.2.2 绿色防控的指导原则

5.2.2.1 指导思想

坚持以科学发展观为指导，贯彻"预防为主、综合防治"植保方针和"公共植保、绿色植保"的植保理念，分区域、分作物优化集成农作物病虫害绿色防控配套技术。通过加大政策扶持和宣传发动等措施，大力示范推广绿色防控关键技术，为农业生产安全、农产品质量安全及生态环境安全提供支撑作用。

5.2.2.2 主要原则

（1）栽培健康植物。绿色防控就是要把病虫害防控工作作为人与自然和谐系统的重要组成部分，突出其对高效、生态、安全农业的保障作用。实现绿色防控首先应遵循栽培健康植物的原则，从培育健康的植物和良好的植物生态环境入手，使植物生长健壮，并创造有利于天敌的生存繁衍，而不利于病虫发生的生态环境。在病虫防控中，栽培健康的植物可以通过以下途径来实现。

一是通过合理的农业措施培育健康的土壤生态环境。良好的土壤管理措施可以改良土壤的墒情，提高植物养分的供给和促进植物根系的发育，从而增强植物抵御病虫害的能力和抑制有害生物的发生。反之，不利于植物生长的土壤环境会降低植物对有害生物的抵抗能力，同时可能会使植物产生吸引有害生物为害的信号。

二是选用抗性或耐性品种。选用抗性或耐性品种是栽培健康植物的基础。通过种植抗性品种，可以减轻病虫为害，降低化学农药的使用，同时有利于绿色防控技术的组装配套。

三是培育壮苗。包括培育健壮苗木和大田调控植物苗期生长，特别是合理地使用植物免疫诱抗剂，可以提高植株对病虫的抵抗能力，为植物的健壮生长打下良好的基础。

四是种子（苗木）处理。包括晒种、浸拌种子、种子包衣、嫁接等。

五是平衡施肥。通过测土配方施肥，培育健康的植物，即采集土壤样品，分析化验土壤养分含量，按照植物需要营养元素的规律，按时按量施肥，为植物健壮生长创造良好的营养条件。特别是要注意有机肥，氮、磷、钾复合肥料及微量元素肥料的平衡施用，避免偏施氮肥。

六是合理的田间管理。包括适期播种、中耕除草、合理灌溉、适当密植等。

七是生态环境调控。生态调控措施如果园种草、田埂种花、农作物立体种植、设施栽培等。

（2）保护利用生物多样性。实施绿色防控必须遵循充分保护利用农田生态系统生物多样性的原则。利用生物多样性，可调整农田生态中病虫种群结构，设置病虫害传播障碍，调整作物受光条件和田间小气候，从而减轻作物病虫害压力和提高产量，是实现绿色防控的一个重要方向。利用生物多样性，从功能上来说，可以增加农田生态系统的稳定性，创造有利于有益的种群稳定和增长的环境，既可有效抑制有害生物的暴发成灾，又可抵御外来有害生物的入侵。保护利用生物多样性，可以通过以下途径来实现。

一是提高农田生态系统的多样性。如在我国一些水稻主产区实施的稻—鸭、稻—蟹共育以及稻—灯—鱼等生产方式，就是利用农田生态系统多样性的例子。

二是提高作物的多样性。包括间作、套种以及立体栽培等措施。

三是提高作物品种的多样性。如在我国西南稻区推广不同遗传背景的水稻品种间作，利用有利于病菌稳定化选择和病害生态学原理，可以有效地减轻稻瘟病的发生和流行。

（3）保护应用有益生物。保护和应用有益生物来控制病虫害，是绿色防控必须遵循的一个重要原则。通过保护有益生物的栖息场所，为有益生物提供充足的替代食物，应用对有益生物影响最小的防控技术，可有效地维持和增加农田生态系统中有益生物的种群数量，达到自然控制病虫为害的效果。田间常见的有益生物，如捕食性、寄生性天敌和昆虫微生物，在一定的条件下均可有效地将害虫抑制在经济损失允许水平以下。保护和应用有益生物来控制病虫害，可以通过以下途径来实现。

一是采用对有益生物种群影响最小的防治技术来控制病虫害。如采用性诱、食诱、色诱和光诱等选择性诱杀害虫技术；采用局部和保护性施药技术可以避免大面积地破坏有益生物的种群。

二是采用保护性耕作措施。例如在冬闲田种植苜蓿、紫云英等覆盖作物可以为天敌昆虫提供越冬场所。

三是为有益生物建立繁衍走廊或避难所。例如在新疆南部棉区生长季节前期田边种植苜蓿条带，可以为瓢虫等棉蚜的天敌提供种群繁衍场所；在水稻田埂上种植芝麻，可以为寄生性天敌提供补充营养的食源。

四是人工繁殖和释放天敌。如人工繁殖和释放赤眼蜂防治玉米螟，丽蚜小蜂防治温室白粉虱等。

（4）科学使用农药。实施绿色防控必须遵循科学使用农药原则。农药作为防控病虫害的重要手段，具有不可替代的作用。但与此同时，农药带来的负面效应也是不可忽视的，一方面是因农药残留引起的食物中毒和使用农药管理不当造成的人、畜中毒；另一方面是使用农药造成的环境污染等。科学使用农药，充分发挥其正面的、积极的作用，避免和减轻其负面效应是实现绿色防控的最终目标，可以通过以下途径来实现科学使用农药。

一是优先使用生物农药或高效、低毒、低残留农药。绿色防控强调尽量使用农业措施、物理以及生态措施来减少农药的使用，但在大多数情况下，必须使用农药才能有效地控制病虫为害，在选择农药品种时，一定要优先使用生物农药或高效、低毒、低残留农药。

二是要对症施药。农药的种类不同，防治范围和对象也不同，因此要做到对症用药。在决定使用一种农药时，必须了解这种农药的性能和防治对象的特点，这样才能收到预期的效果。即使同一种药剂，由于制剂规格不同，使用方法常常也不一样。

三是要有效、低量、无污染。农药使用不是越多越好，随意增加农药用量、使用次数，不仅增加成本而且还容易造成药害，加重污染，在高浓度、高剂量的作用下，害虫和病原菌的抗药性增强，给以后的防治带来潜在危险。配药时，药剂浓度要准确，切不可随意增加浓度。还要严格掌握施药时间、次数和方法，根据病虫害发生规律，在适当时间内用药，喷药次数主要根据药剂残效期和气候条件确定。施药方法应根据病虫害发生规律、为害部位、药剂说明来选择。废弃的农药包装必须统一集中处理，忌乱扔于田间地头，以免造成污染。

四是交替轮换用药。要交替使用不同作用机理、不同类型的农药，避免长时间单一使用同一类农药而产生抗药性。

五是严格按安全间隔期用药。绿色防控的主要目标就是要避免农药残留超标，保障农产品质量安全。在农作物上使用农药一定要严格遵守安全间隔期，杜绝农药残留超标现象。

5.3　绿色防控技术开发及应用

5.3.1　绿色防控技术的开发

自2006年提出"公共植保、绿色植保"理念以来，我国植保工作者积极开拓创新，大力开发植物病虫害绿色防控技术，取得显著进展。

一是开发了植物免疫诱抗技术。开发了以氨基寡糖、超敏蛋白为主的植物免疫诱抗技术及系列产品。

二是开发了理化诱控技术及系列产品。利用特定蛋白质对昆虫的引诱作用，开发了橘小实蝇等"食诱"技术及产品；利用昆虫趋光性，开发和进一步完善了频振式诱虫灯、投射式诱虫灯等"光诱"技术及产品；利用昆虫趋化性，开发了性诱剂测报、性诱剂诱捕和昆虫信息素迷向等"性诱"技术及产品；利用昆虫趋色和趋化性，开发了黄板、蓝板，以及色板与性诱剂组合的"色诱"技术及产品。

三是开发了驱害避害技术及系列产品。利用昆虫的生物趋避性,开发了植物驱避害虫应用技术。田间常用的驱避植物有蒲公英、鱼腥草、薄荷、大葱、韭菜、除虫菊、番茄、花椒、芝麻、金盏花等。利用昆虫的物理隔离、颜色负趋性等原理,开发了适用不同害虫的系列防虫网产品和银灰色地膜等驱害避害技术及产品。

四是开发了一系列新的生物防治技术及产品。开发了天然除虫菊素、蛇床子素、苦参碱、小檗碱等植物源农药防治蔬菜、果树、茶树、花卉等病虫害技术,以及宁南霉素、春雷霉素、申嗪霉素、多抗霉素等抗生素防治植物病虫害技术;进一步完善了赤眼蜂、丽蚜小蜂、平腹小蜂等天敌繁育和释放技术;开发了捕食螨防治柑橘、温室蔬菜和花卉螨害技术及产品;进一步推进了真菌、细菌、昆虫病毒等微生物制剂防治水稻、玉米、马铃薯、棉花、茶树、蔬菜和花卉病虫害技术的开发与应用。

五是开发了利用生物多样性控害技术。进一步完善了果园生草技术,增加果园生物多样性,为果园天敌昆虫提供繁育场所;利用了小麦不同抗性基因背景,通过品种混播增加遗传多样性,研发了小麦条锈病遗传多样性控制技术;进一步完善了稻—鸭、稻—蟹等共育技术,开发了稻—灯—鱼等生物多样性应用技术。

六是开发了生态工程技术。利用生态工程原理,进一步完善了以改造蝗虫滋生地环境为主,配套种植香花槐、冬枣、苜蓿等植物生态控蝗技术,稻田深耕灌水灭蛹技术,小麦条锈菌越夏菌源区治理技术等。

5.3.2 绿色防控技术的应用

2006年以来,全国各地积极开展绿色防控技术推广与应用,绿色防控技术推广应用范围不断扩大,面积不断增加,从2006年的10个省启动示范到目前全国各省级行政区都有了一定规模的绿色防控技术推广应用。据不完全统计,现绿色防控技术推广应用作物已经涉及水稻、小麦、玉米、马铃薯、棉花、大豆、花生、蔬菜、果树、茶树、花卉等作物,以及蝗虫、蓟马、害螨、锈病、炭疽病等重大病虫。调查表明,物理诱控、昆虫信息素诱控、天敌昆虫、生物农药、农用抗生素、驱避剂、生态调控等绿色防控技术应用面积较2006年以前有了大幅度增加。"十二五"期间,率先在大中城市蔬菜基地、南菜北运蔬菜基地、北方反季节蔬菜基地和农业部园艺产品标准园区示范推广农作物病虫害绿色防控技术,全国蔬菜、水果、茶叶病虫害绿色防控覆盖面达到播种面积的50%以上,其他农作物病虫害绿色防控覆盖面达到30%以上,绿色防控实施区域内化学农药使用量减少20%以上,确保了农药安全使用和农产品质量安全。

绿色防控技术推广与应用,取得了良好的经济效益、生态效益和社会效益。水稻上采用性诱+天敌、性诱+生物农药等，可以节本增效220～300元/（hm^2·年）、减少施药1～2次；蔬菜上用性诱+色板、性诱+微生农药等，可以节约成本75～225元/（hm^2·年）、减少施药50%以上。应用杀虫灯+赤眼蜂+白僵菌控制玉米螟绿色防控技术，防治效果在70%以上，可增收玉米10%～30%，每公顷增加经济收入1 500元。对全国绿色防控示范区进行调查，发现绿色防控示范区自然天敌数量呈明显上升趋势，防治成本平均可降低10%以上，化学农药使用量可减少15%以上，辐射带动区减少化学农药使用10%以上。推广应用绿色防控技术，不仅农药使用量减少，农药残留期缩短，农产品质量提高，有利于保护自然天敌和农业生态环境，而且可有效减少化学品投入，减少用工量，减轻劳动强度，社会效益良好。

5.4 绿色防控的关键及主推技术

5.4.1 绿色防控的关键技术

目前，植物病虫害绿色防控的关键技术主要包括植物检疫、生态调控、生物防治、物理机械防控和化学控制等技术。

5.4.1.1 植物检疫技术

也叫法规防治，是指一个国家或地区由专门机构依据有关法律法规对植物及其产品进行检验和处理，禁止或限制危险性病、虫、杂草等人为的传入或传出，或者传入后为限制其继续扩散所采取的一系列植物保护措施。

（1）植物检疫的任务。禁止危险性病、虫及杂草随着植物及其产品由国外输入或由国内输出；将国内局部地区已经发生的危险性病、虫及杂草封锁在一定的范围内，防止传入未发生地区，采取措施消灭；当危险性病、虫及杂草传入新地区时，采取紧急措施，就地消灭。

植物检疫分为对内植物检疫（国内检疫）和对外植物检疫（国际检疫）。对内植物检疫是由县级以上农林业行政主管部门所属的植物检疫机构实施。其中农业植物检疫名单由国家农业农村部制定，省（市、自治区）农业农村厅制定本省补充名单，并报国家农业农村部备案；疫区、保护区的划定有省农业农村厅提出，省政府批准，并报国家农业农村部备案；对调运的种子等植物繁殖材料和已列入检疫名单的植物、植物产品，在运出发生疫情的县级行政区之前必须经过检疫；对无植物检疫对象的种苗繁育基地实施产地检疫；从国外引进的可能潜伏有危险性病虫的种子等繁殖材料必须进行隔离试种。

对外植物检疫是由国家出入境检验检疫局（现国家海关总署）设在对外港口、国际机场及国际交通要道的出入境检验检疫机构实施。防止本国未发生或只在局部发生的检疫性病虫草由人为途径传入或传出国境；禁止植物病原物、害虫、土壤及植物疫情流行国家、地区的有关植物、植物产品进境；经检疫发现的含有检疫性病虫草的植物及植物产品作除害、退回或销毁处理，其中处理合格的准予进境；输入植物需进行隔离检疫的在出入境检验检疫机构指定的场所检疫；对规定要进行检疫的出入境物品实施检疫；对进出境的植物及其产品的生产、加工、储藏过程实行检疫监督。

（2）植物检疫对象的确定。确定植物检疫对象的原则，一是国内尚未发现或只在局部地区发生；二是危险性大，一旦传入可能造成农林业重大损失，且传入后难以防控的；三是能随植物及其产品、包装材料等远距离传播的。

中华人民共和国成立以来，我国先后制定了《植物检疫条例》和《中华人民共和国进出境动植物检疫法》，颁布了《全国农业植物检疫性有害生物名单》和《中华人民共和国进境植物检疫性有害生物名录》。如2009年6月4日，农业部公布的《全国农业植物检疫性有害生物名单》和《应施检疫的植物及植物产品名单》中，全国农业植物检疫性有害生物涉及昆虫9种、线虫2种、细菌6种、真菌6种、病毒3种、杂草3种，共29种；应施检疫的植物及植物产品涉及：稻、麦、玉米、高粱、豆类、薯类等作物的种子、块根、块茎及其他繁殖材料和来源于发生疫情的县级行政区域的上述植物产品；棉、麻、烟、茶、桑、花生、向日葵、芝麻、油菜、甘蔗、甜菜等作物的种子、种苗及其他繁殖材料和来源于发生疫情的县级行政区域的上述植物产品；西瓜、甜瓜、香瓜、哈密瓜、葡萄、苹果、梨、桃、李、杏、梅、沙果、山楂、柿、柑、橘、橙、柚、猕猴桃、柠檬、荔枝、枇杷、龙眼、香蕉、菠萝、杧果、咖啡、可可、腰果、番石榴、胡椒等作物的种子、苗木、接穗、砧木、试管苗及其他繁殖材料和来源于发生疫情的县级行政区域的上述植物产品；花卉的种子、种苗、球茎、鳞茎等繁殖材料及切花、盆景花卉；蔬菜作物的种子、种苗和来源于发生疫情的县级行政区域的蔬菜产品；中药材种苗和来源于发生疫情的县级行政区域的中药材产品；牧草、草坪草、绿肥的种子种苗及食用菌的种子、细胞繁殖体和来源于发生疫情的县级行政区域的上述植物产品；麦麸、麦秆、稻草、芦苇等可能受检疫性有害生物污染的植物产品及包装材料。但我们应该清楚，植物检疫对象会随时代的变化而不同，每年仍在不断的补充完善。

（3）植物检疫检验的方法。检验的方法很多，其中随种子、苗木及植物产品运输传播的病、虫、杂草，如有明显的症状和容易辨认的形态特征的，可用直接检验法；对在作物种子或其他粮食中混有菌核、苗瘿、虫体、虫瘿、杂草种子的，多采用过筛检验法；种子、苗木及植物产品，无明显病虫为害症状的，多采用解剖检验法。此外，常用的检疫检验方法还有种子发芽检验、隔离试种检验、分离培养检验、比重检验、漏斗分离检验、洗涤检验、荧光反应检验、染色检验、噬菌体检验、血清检验、生物化学反应检验、电镜检验、DNA探针检验等。

5.4.1.2　生态调控技术

指在全面分析植物、有害生物与环境因素三者相互关系的基础上，运用各种生态调控措施，压低有害生物的数量，提高植物抗性，创造有利于植物生长发育而不利于有害生物发生的田园生态环境，直接或间接地消灭或抑制有害生物发生与为害的方法。此技术是目前最经济、最基本的防控方法，但这种防控方法的效果有局限性，当有害生物大发生时，还必须采用其他防控措施。

（1）选用抗病（虫）的植物品种。理想的植物品种应是具有良好的园艺性状，又对病虫害、不良环境条件等有较好的综合抗性。具有抗（耐）病（虫）性的品种在有害生物绿色防控中发挥了重要作用，培育抗病（虫）品种的方法有系统选育、杂交育种、辐射育种、化学诱变、单倍体育种和转基因育种等。

（2）使用无病虫害的繁殖材料。生产和使用无病虫害种子及其他繁殖材料，可以有效地防止病虫害传播和压低病、虫源基数，故应尽可能在无病或轻病地区建立种子生产基地，并采取严格的防病和检验措施。

建立各级种子田生产无病虫害种子及其他繁殖材料。播种前进行选种，用机械筛选、风选或用盐水、泥水漂选等方法汰除种子间混杂的菌核、菌瘿、虫瘿、植物病残体、病秕粒和虫卵。对种子表面和内部带菌的要进行种子处理，如温汤浸种或选用杀菌剂处理。

（3）加强栽培管理。

①建立合理的种植制度。单一种植模式为病虫害提供了稳定的生态环境，容易导致病虫害猖獗发生。合理轮作有利于植物生长，提高其抗病虫害的能力，又能恶化某些病虫害的生态环境，达到减轻病虫为害的目的。轮作是控制土传病害初侵染源以及地下害虫的关键措施，如防控枯萎病、青枯病、根结线虫病、地老虎、蛴螬、蝼蛄等病虫，寄主植物与非寄主植物轮作，在一定时期内可以使病虫处于"饥饿"状态而削弱致病力或减少病原及害虫的基数。对一些地下害虫实行1～2年水旱轮作，土传病害轮作年限需要再长一些，可取得较好的防控效果。合理的间套种能明显抑制某些病虫害的发生和为害。

②中耕和深耕。适时中耕和植物收获后及时深耕，不仅可以改变土壤的理化性状，有利于植物的生长发育，提高植物抗性，还可恶化在土壤中越冬的病原菌和害虫生存条件，达到减少初侵染源和害虫虫源的目的。深耕可将病虫暴露于表土或深埋土壤中，且机械能损伤害虫，达到控制病虫害的目的。

③覆盖技术。通过地膜覆盖，达到提高地温、保持土壤水分、促进植物生长发育和提高植物抗病虫害的目的。地膜覆盖栽培可以控制某些地下害虫和土传病害。将高脂膜加水稀释后喷到植物体表，形成一层很薄的膜层，膜层允许氧和二氧化碳通过，真菌不能在植物组织内扩展，从而控制了病害；高脂膜稀释后还可喷洒在土壤表面，控制土壤中的病原物，减小发病概率。

④合理密植。其有利于植物的生长发育。种植密度过大，会造成田间郁蔽，通风透光不良，植物徒长，抗性降低，进而有利于病虫害的发生为害；同时，种植密度过大也易使田间湿度增大，利于病害的发生为害。

⑤加强田间管理。其可改善植物生长发育条件，又能有效控制病虫害的发生。合理施肥和追肥有利于植物生长，提高植物抗病虫能力，如果氮肥施用过多，植物徒长，有利于病虫害发生。灌水量过大和灌水方式不当，不仅使田间湿度增大，有利于病害发生，而且流水还能传播病害。中耕除草，既可疏松土壤、增温保墒，又可清除杂草、恶化病虫的滋生条件，还能直接消灭部分病虫。清洁田园能减少病虫基数，减轻下一季植物病虫害的发生为害。

5.4.1.3　生物防治技术

指以有益生物及其生物的代谢产物控制有害生物的方法。生物防治技术不仅可以改变生物种群组成成分，而且可以直接消灭病虫害；对人、畜、植物安全，不伤害天敌，不污染环境，不会引起害虫的再猖撅和产生抗性，对一些病虫害有长期的控制作用。但是，它也存在一些局限性，不能完全代替其他防控方法，必须与其他防控方法有机地结合在一起，才能最有效地防控有害生物。

（1）利用天敌昆虫防控害虫。具体涉及捕食性天敌昆虫和寄生性天敌昆虫的利用。常见的捕食性天敌昆虫有蜻蜓、螳螂、猎蝽、草蛉、虎甲、步甲、瓢甲、胡蜂、食虫虻、食蚜蝇等，这些昆虫在其生长发育过程中捕食量很大。如利用瓢甲可以有效地控制蚜虫；1头草蛉1天可捕食几十甚至上百头蚜虫，所以利用草蛉取食蚜虫、蓟马、白粉虱等都有明显的防控效果。常见的寄生性天敌昆虫主要是寄生蜂和寄生蝇类，它们寄生在害虫各虫态的体内或体表，以害虫的体液或内部器官为食，使害虫死亡。在自然界中，每种害虫都有数种甚至上百种寄生性天敌昆虫。天敌昆虫的利用途径如下。

①保护和利用本地天敌昆虫。害虫的自然天敌昆虫种类虽然很多，但实际控制作用受各种自然因素和人为因素的影响，不能很好地发挥控制害虫的作用。为充分发挥自然天敌对害虫的控制作用，必须有效保护天敌昆虫，使其种群数量不断增加。好的耕作栽培制度是保护利用天敌的基础，保护天敌安全越冬、合理安全使用农药等措

施，都能有效地保护天敌昆虫。

②天敌昆虫的大量繁殖和释放。通过室内人工大量饲育天敌昆虫，按照防控需要在适宜的时间释放到田间消灭害虫，见效快。

③引进天敌昆虫。从国外或外地引进天敌昆虫防控本地害虫，是生物防治中常用的方法。我国曾引进澳洲瓢虫防控柑橘吹绵蚧取得成功。

（2）利用微生物及其代谢产物防控病虫害。利用病原微生物防控病虫害，对人、畜、作物和水生动物安全，无残毒，不污染环境，微生物农药制剂使用方便，并能与某些化学农药混合使用。

①利用微生物防控害虫。包括真菌、细菌和病毒等昆虫病原微生物。

真菌：已知的致病真菌有530多种，经常在防控害虫中使用的有白僵菌和绿僵菌等。被昆虫病原真菌侵染死亡的害虫，虫体僵硬，体上有白色、绿色等颜色的霉状物。主要用于防控菜青虫、地老虎、斜纹夜蛾等害虫，取得显著防效，但在桑蚕饲养区不宜使用。

细菌：在已知的病原细菌中，作为微生物杀虫剂在农业生产中广泛使用的有苏云金杆菌和乳状芽孢杆菌等。被昆虫病原细菌侵染死亡的害虫，虫体软化，有臭味。苏云金杆菌主要用于防控鳞翅目害虫，乳状芽孢杆菌主要用于防控金龟甲幼虫。

病毒：已发现的昆虫病原病毒主要是核多角体病毒（NPV）、质型颗粒体病毒（CPV）和颗粒体病毒（GV）。被病毒侵染死亡的害虫，往往以腹足或臀足黏附在植株上，体躯呈"一"字形或"V"字形下垂，虫体变软，组织液化，胸部膨大，体壁破裂后流出白色或褐色的黏液，无臭味。我国利用病毒防控小菜蛾、菜青虫、黄地老虎、桑毛虫、斜纹夜蛾、松毛虫等都取得了显著成效，但是，昆虫病毒只能在寄主活体上培养，不能用人工培养基培养。一般在从田间捕捉的活虫或室内大量饲养的活虫上接种病毒，当害虫发生时，喷洒经过粉碎的感病害虫稀释液，也可将带病毒昆虫释放于害虫的自然种群中传播病毒。

②利用微生物及其代谢产物防控植物病害。通过微生物的作用减少病原物的数量，促进植物生长发育，提高植物产量和质量的目的。

抗生作用的利用：一种微生物产生的代谢产物抑制或杀死另一种微生物的现象，称为抗生作用（拮抗作用）。具有抗生作用的微生物称为抗生菌，其主要来源于放线菌、真菌和细菌。

交互保护作用的利用：在寄主植物上接种亲缘相近而致病力较弱的菌株，能保护寄主不受致病力强的病原物侵害的现象，称为交互保护作用。其主要用于植物病毒病的防控。

利用真菌防控植物病原真菌：如木霉菌可以寄生在立枯丝核菌、腐霉菌、小菌核菌和核盘菌等多种植物病原真菌上，起到防控病害的作用。

（3）利用昆虫激素防控害虫。昆虫分泌的、具有活性的、能调节和控制昆虫各种生理功能的物质，称为激素。其中，由内分泌器官分泌到体内的激素称为内激素，由外激素腺体分泌到体外的激素称为外激素。

①外激素的应用。已经发现的外激素有性外激素、结集外激素、追踪外激素及告警外激素，其中性外激素广泛用于害虫测报和害虫防控。

②内激素的应用。昆虫的内激素主要有保幼激素、蜕皮激素及脑激素。利用保幼激素可改变害虫体内激素的含量，破坏害虫正常的生理功能，造成畸形、死亡。如利用保幼激素防控蚜虫等。

5.4.1.4 物理机械防控技术

指利用各种物理因子、人工和器械防控有害生物的方法。此防控技术见效快，防控效果好，不发生环境污染，可作为有害生物预防和防控的辅助措施，也可作为有害生物在发生时或其他方法难以解决时的一种应急措施。

（1）物理防控技术。包括温度处理、光波利用、微波辐射等。

①温度处理。各种有害生物对环境温度都有一定的要求，在超过适宜温度范围以外的条件下，均会导致失活或死亡。据此特性，可利用高温或低温来控制和杀死有害生物。如沸水浸种、日光晒种等措施可杀死豌豆象或蚕豆象，而又不影响其发芽率及品质。种子的温汤浸种是利用一定温度的热水杀死病原物。如将植物种子放在55℃左右温水中浸种10min可以预防炭疽病等。感染病毒病的植株，在较高温度下处理较长时间，可获得无病毒的繁殖材料。土壤蒸气消毒通常用80～95℃蒸气处理30～60min，绝大部分的病原物可被杀死。利用低温进行果蔬保鲜，可以抑制有害生物的繁殖和为害。北方利用储粮害虫抗冻能力较差的特性，可在冬季打开仓库门窗通风防控储粮害虫等。

②光波利用。利用害虫的趋光性，可以设置频振式杀虫灯等杀灭害虫。

③微波辐射。是借助微波加热快和加热均匀的特点来处理某些园艺产品和植物种子的病虫。辐射法是利用电波、γ射线、X射线、红外线、紫外线、超声波等电磁辐射技术处理种子或土壤，以杀死害虫和病原微生物等。如直接用32.2万伦琴的钴60γ射线照射仓库害虫可使害虫立即死亡，即使使用6.44万伦琴剂量也有杀虫效力。部分未被杀死的害虫，虽可正常生活和产卵，但生殖力受到损害，所产卵粒不能孵化，达到防控害虫的目的。

（2）机械防控技术。包括捕杀法、诱杀法、阻隔法、汰选法等。

①捕杀法。根据害虫生活习性，利用人工或简单的器械捕捉或直接消灭害虫的方

法。如人工扒土捕杀地老虎幼虫，用振落法防控叶甲、金龟甲，人工摘除卵块等。

②诱杀法。利用害虫的趋性，除用灯光诱杀外，还可利用害虫的趋化性，采用食饵诱杀，如利用糖、酒、醋毒液防控夜蛾类害虫。利用害虫的栖息或群集习性进行潜所诱杀，如利用草把诱蛾的方法诱杀黏虫。利用害虫的趋色习性进行黄、蓝板诱杀，如防控多种蚜虫、斑潜蝇、蓟马等。

③阻隔法。人为设置各种障碍，切断各种病虫侵染途径的方法。如果实套袋，树干涂白、涂胶，粮面压盖，纱网阻隔，土壤覆膜或盖草等方法，能有效阻止害虫产卵、为害，也可防止病害的传播蔓延，甚至可因覆盖增加了土壤温湿度，加速病残体腐烂，减少病害初侵染来源而防病。

④汰选法。利用害虫体形、体重的大小或被害种子与正常种子大小及比重的差异，进行器械或液相分离的方法，剔出带病虫的种子。常用的有风选、筛选、盐水选种等方法。

5.4.1.5 化学控制技术

指利用各种化学药剂控制病虫害的方法。其优点是杀虫、杀菌谱广，效果好，使用方法简便，不受地域、季节限制，便于大面积机械化防控等；缺点是容易引起人、畜中毒，环境污染，杀伤天敌，并引起次要害虫再猖獗。如果长期使用同一种农药，可使某些病虫产生抗药性等。目前，当病虫害大发生时，化学控制仍是最常用的方法。

（1）农药的类别。农药是在植物病虫害防控中广泛使用的各类药物的总称。农药的种类很多，为了使用方便，常按农药的来源、用途及作用分类。

①按农药的来源及化学性质分类。可分为矿物源（无机）农药、有机合成农药、生物源农药等。

矿物源（无机）农药：指由天然矿物原料加工配制而成的农药，其有效成分是无机化合物。这类农药品种少，药效低，对有些植物不安全，逐渐被有机农药、生物农药取代。如硫酸铜、波尔多液、石硫合剂等。

有机合成农药：指通过有机化学合成方法生产的农药，其有效成分是有机化合物，分子结构复杂。有机农药具有药效高、见效快、用量少、用途广等特点，已成为生产上使用最多的一类农药。其缺点是使用不当会污染环境和植物产品，某些品种对人、畜有高毒，对有益生物和天敌没有选择性。如有机磷类、氨基甲酸酯类、拟除虫菊酯类等。

生物源农药：指利用生物资源生产的农药，包括动物源农药（性诱剂、保幼激素、蜕皮激素等）、植物源农药（烟碱、苦参碱、川楝素、除虫菊素等）和微生物源农药（苏云金杆菌、白僵菌、绿僵菌等）。与有机农药相比，生物农药具有对人、畜毒性较低，选择性强，易降解，不易污染环境和植物产品等优点。

②按农药的用途分类。可分为杀虫剂、杀菌剂、杀螨剂、杀鼠剂、杀线剂、除草剂、杀软体动物剂和植物生长调节剂等。

杀虫剂：用以防控农、林、卫生、仓储及畜牧等方面害虫的药剂。

杀菌剂：能够直接杀灭或抑制植物病原菌生长和繁殖的药剂。

杀螨剂：用以防控害螨的药剂。

杀鼠剂：用以防除鼠类等啮齿动物的药剂。

杀线剂：用以防控植物寄生性线虫的药剂。

除草剂：能够杀灭有害植物的药剂。

杀软体动物剂：防控为害植物的软体动物的药剂。

植物生长调节剂：调节植物生长发育的药剂，也称植物外源激素。

③按农药的作用方式分类。可分为杀虫剂、杀菌剂、除草剂等。

a.杀虫剂。包括胃毒剂、触杀剂、内吸剂、熏蒸剂和特异性杀虫剂等。

胃毒剂：指通过消化系统进入虫体内，使害虫中毒死亡的药剂，如敌百虫等，这类农药对咀嚼式口器和舐吸式口器的害虫非常有效。

触杀剂：指通过与害虫虫体接触，药剂经体壁进入虫体内，使害虫中毒死亡的药剂，如多数有机磷杀虫剂、拟除虫菊酯类杀虫剂，这类农药可用于防控各种口器的害虫，但对体被蜡质分泌物的的介壳虫、木虱、粉虱等效果差。

内吸剂：指药剂易被植物组织吸收，并在植物体内运输，传导到植物的各部分，或经过植物的代谢作用而产生更毒的代谢物，当害虫取食植物时中毒死亡的药剂，如吡虫啉等，这类农药对刺吸式口器的害虫特别有效。

熏蒸剂：指药剂能在常温下气化为有毒气体，通过气门进入害虫的呼吸系统，使害虫中毒死亡的药剂，如敌敌畏等，这类农药应在密闭条件下使用，效果才好。

特异性杀虫剂：指其本身并无多大毒性，而是以特殊的性能作用于昆虫，按其作用的不同可分为生长调节剂、引诱剂、驱避剂、不育剂、拒食剂等。

昆虫生长调节剂，指通过昆虫胃毒或触杀作用进入昆虫体内，阻碍几丁质形成，影响内表皮生成，使昆虫蜕皮变态时不能顺利蜕皮，卵的孵化和成虫的羽化受阻或虫体成畸形而发挥杀虫的效果。此类药剂活性高、毒性低、残留少，具有明显的选择性，对人、畜和其他有益生物安全，但杀虫作用缓慢，残效期短，如灭幼脲Ⅲ、优乐得、抑太保、除虫脲等。

引诱剂，指药剂以微量的气态分子将害虫引诱于一起集中歼灭。此类药剂又分为食物引诱剂、性引诱剂和产卵引诱剂3种，使用较广的是性引诱剂，如食心虫性诱剂、透翅蛾性诱剂等。

驱避剂，指作用于保护对象，使害虫不愿意接近或发生转移、潜逃现象，达到保护作物的目的，如驱蚊油、樟脑等。

不育剂，指作用于昆虫的生殖系统，使雄性或雌雄不育，如噻替派、六磷胺等。

拒食剂，指药剂被害虫取食后，破坏害虫的正常生理功能，食欲减退，很快停止取食，最后引起害虫饥饿死亡。此类药剂只对咀嚼式口器害虫有效，如拒食胺等。

b. 杀菌剂。包括保护剂、治疗剂、铲除剂和免疫剂等。

保护剂：指在植物感病前把药剂喷布于植物体表面，形成一层保护膜，阻止病原物的侵染，从而使植物免受其害的药剂，如波尔多液、代森锌等。

治疗剂：指在植物感病后喷布药剂，以杀死或抑制病原物，使植物病害减轻或恢复健康的药剂，如三唑酮、甲基硫菌灵、乙膦铝等。

铲除剂：指对病原菌有直接强烈杀伤作用的药剂。此类药剂常为植物生长不能忍受，一般只用于播前土壤处理、植物休眠期使用或种苗处理，如霉多克、石硫合剂等。

免疫剂：指利用化学物质使被保护植物获得对病原菌的抵抗能力，如乙膦铝等。

c. 除草剂。包括灭生性除草剂和选择性除草剂2种。

灭生性除草剂：指药剂在植物间无选择性或选择性较差，施用后能杀伤所有接触药剂的植物，如百草枯、草甘膦等。

选择性除草剂：指药剂在常用剂量下施用，能有选择性地杀死或抑制某些目标种类的植物，而对另一些非靶标种类的植物则安全无害，如敌草胺等。除草剂的选择性可分为以下类型。

位差选择性，是利用杂草与植物在土壤中位置的差异而获得的选择性。

时差选择性，是利用杂草与植物发芽或出苗时间不同而获得的选择性。

形态选择性，是利用杂草与植物的形态差异而获得的选择性。

生理选择性，是利用植物根、茎、叶对除草剂吸收与输导差异而获得的选择性。

生物化学选择性，是利用除草剂在植物体内生物化学反应差异而获得的选择性。

（2）农药的剂型。未经加工的农药叫原药。为使原药能附着在虫体和植物体上，充分发挥药效，在原药中加入一些辅助剂，加工制成药剂，称作剂型。目前，常用的农药剂型有粉剂、可湿性粉剂、乳油（乳剂）、颗粒剂、水剂等。

①粉剂。指由原药加填充料，经机械粉碎混合制成的粉状制剂。其不易被水湿润，不能分散和悬浮于水中，不能加水喷雾。高浓度的用于拌种，低浓度的可用于喷粉。

②可湿性粉剂。指由原药加填充料及湿润剂，经机械粉碎混合制成的粉状制剂。

其由于加入了湿润剂，易被水湿润、分散和悬浮，粉粒又细小，可供喷雾使用。因分散性差、浓度高，不能用作喷粉，否则易产生药害。

③乳油（乳剂）。指由原药加乳化剂和有机溶剂后制成的透明油状制剂。其适于加水喷雾，加水后成为乳状液，防控病虫效果比同种药剂的其他剂型好，一般药效期较长。

④颗粒剂。指由原药或某种剂型加载体后制成的颗粒状制剂。常用的载体有黏土、炉渣、细沙、锯末等。其药效期较长，使用方便，可以撒于植物心叶内、播种沟内。

⑤水剂。指将水溶性原药直接溶于水中而制成的制剂。用时加水稀释到所需浓度即可使用。

此外，还有种衣剂、拌种剂、浸种剂、缓释剂、胶悬剂、胶囊剂、熏蒸剂、烟剂、气雾剂、片剂等。

（3）农药的使用方法。利用化学农药防控病虫，需根据防控对象的发生规律及对天敌昆虫和环境的影响选择适当的药剂。要准确计算用药量，严格掌握配药浓度。要选择适宜的施药器械，采用正确的方法施药。要考虑与其他防控方法的配合，才能达到经济、安全、有效的防控目标病虫。目前，常用的施药方法有喷粉、喷雾、拌种、毒饵和熏蒸等。

①喷粉。指利用喷粉机具喷施粉剂农药，是施用药剂最简单的方法，尤其适用于干旱缺水地区。用于喷粉的剂型是粉剂。其缺点是用药量大，黏附性差，易被风吹、雨水冲，易污染环境。

②喷雾。指利用手动、机动和电动喷雾机具将药液分散成细小的雾点，喷布到作物或防控对象上的一种常用的施药方法。常用的剂型为乳油、可湿性粉剂、水剂、胶悬剂等。农药的湿润展布性能，雾滴的大小，植物、害虫体表的结构及喷雾技术、气候条件等也会影响防控效果。

如果利用高效喷雾机械将极少量药液雾化成为极细小的雾滴，均匀地覆盖在带病虫害的植物体上，称为超低容量喷雾，其加水量比常规喷雾少，药液浓度高，用药量也少，作业效率高。

③拌种。指播种前将药粉或药液与种子均匀混合的方法，其主要用于防控地下害虫和由种子传播的病虫害。拌种必须混合均匀，以免影响种子发芽。

把种子、种薯、种苗在一定浓度的药剂中浸放一定时间，以消灭其中的病虫害，或使它们吸收一定量的有效药剂在出苗前后达到防病治虫的目的，称为浸种或浸苗。

④毒饵。指将药剂拌入害虫喜食的饵料中制成毒饵，利用农药胃毒作用防控害虫，常用于防控地下害虫、鼠类等。毒饵的饵料可选用秕谷、麦麸、米糠等害虫喜食

的食物。

⑤熏蒸。指利用药剂的挥发性气体，通过熏蒸作用杀死害虫或病原菌的方法。其常用于防控仓库、育苗棚等密闭条件下的病虫。

此外，还有撒毒土、灌根、涂抹、泼浇等方法。

（4）安全合理使用农药。就是要贯彻"经济、安全、有效"的原则，安全合理用药以提高药效。利用绿色防控的理念使用农药应特别注意以下几个问题。

①根据病虫害及寄主特点选择药剂及剂型。各种药剂都有一定的性能及防控范围，在施药前应根据防控的病虫害种类、发生程度、发生规律、植物种类、生育期等选择合适的药剂和剂型，做到对症下药，避免盲目用药。注意严格执行"禁止和限制使用高毒和高残留农药"规定，尽可能选用安全、高效、低毒的农药。

②根据病虫害特点适时用药。了解病虫害发生及发展规律，抓住有利时机用药，既可节约用药，又能提高防效，而且不易发生药害。如使用药剂防控害虫，应在低龄幼虫期用药，否则不仅害虫为害植物造成损失，而且害虫的虫龄越大，抗药性越强，防控效果也越差。使用药剂防控病害，要在寄主发病前或发病初期用药，如果使用保护性杀菌剂必须在病原物接触、侵入寄主前使用。气候条件和物候期也影响对农药使用时间的选择。

③正确掌握农药的使用方法及用药量。掌握农药的正确使用方法，不仅能充分发挥农药的防效，还能减少对有益生物的杀伤、植物的药害和农药的残留。农药剂型不同，使用方法也不同，如粉剂不能用于喷雾、可湿粉不宜用于喷粉、烟剂要在密闭条件下使用。要按规定的单位面积用药量、浓度使用农药，不可随意增加单位面积用药量、使用浓度及次数，否则不仅浪费农药，增加成本，更重要的是易使植物产生药害，甚至造成人、畜中毒。使用农药以前，还要特别注意农药的有效成分含量，然后再确定用药量。如杀菌剂福星乳油的有效成分含量有10%与40%的，其中10%乳油稀释2 000～2 500倍液使用，40%乳油则要稀释8 000～10 000倍液使用。

④合理轮换使用农药。长期使用一种农药防控某种害虫或病害，易使害虫或病原菌产生抗药性，降低农药防控效果，增加防控难度。很多害虫对拟除虫菊酯类杀虫剂，一些病原菌对内吸性杀菌剂的部分品种，均容易产生抗药性，如果增加用药量、浓度和次数，害虫或病原菌的抗药性会进一步增大，故应合理轮换使用不同作用机制的农药品种。

⑤科学复配和混合用药。将2种或2种以上的对病害或虫害具有不同作用机制的农药混合使用，可以提高防效，甚至可以达到同时兼治几种病虫害的防控效果，扩大防控范围，降低防控成本，延缓害虫和病原菌产生抗药性，延长农药品种使用年限。如灭多威与拟除虫菊酯类药剂混用、有机磷制剂与拟除虫菊酯类药剂混用、甲霜灵与代

森锰锌混用等。农药之间能否混用，主要取决于农药本身的化学性质，要求混合后不能产生化学和物理变化；混用后不能提高对人、畜和其他有益生物的毒性和危害；混用后要提高药效，但不能提高农药的残留量；混用后应具有不同的防控作用和防控对象，但不能产生药害。

在合理使用农药的同时，更应做到安全使用农药，要防止植物药害的产生，更要防止农药对人、畜及其他有益生物的毒性和危害。

一是防止农药对植物的药害。药害是指因农药使用不当对植物产生的伤害。根据药害产生的快慢，分为慢性药害和急性药害。慢性药害指在喷药后缓慢出现药害的现象，常要经过较长时间或多次施药后才能出现。其症状一般为植株生长发育受到抑制，生长发育缓慢，植株矮小，开花结果延迟，落花落果增多；叶片增厚，硬化发脆，容易穿孔破裂；叶片、果实畸形；根部肥大粗短，产量低，品质差等。急性药害指在喷药后很快（几小时或几天内）出现药害的现象。其症状一般是叶面产生各种斑点、穿孔，甚至灼焦枯萎、黄化、落叶；果实上的药害主要是产生种种斑点或锈斑，影响果品的品质；根系发育不良或形成"黑根""鸡爪根"；种子不能发芽或幼苗畸形；落叶、落花、落果等，甚至全株枯死。要避免药害的发生，必须根据防控对象和植物生长特性，正确选用农药，按规定的用量、浓度和时间使用农药。

二是防止农药对有益生物的毒害。选用农药种类或使用的用量、浓度不当，不仅杀死害虫，也会杀死害虫的天敌，易引起次要害虫再猖獗。如杀伤蜜蜂等传粉昆虫，杀伤鱼类及有益水生生物。要保护环境，保护有益生物，就要注意把握药剂剂型、使用方法、用量、浓度、用药时间的选择。如防控刺吸式口器害虫选用内吸剂，改喷雾为涂茎或拌种，有利于保护天敌；在人工释放天敌昆虫之前，要待药剂的药效期过后再释放天敌；适当降低施药浓度，也有利于保护天敌，虽然没有彻底消灭害虫，但残留下来的害虫有利于天敌的取食、繁殖，既保护了天敌昆虫，又控制了害虫。

三是农药对人、畜的毒性。农药对高等动物的毒害作用称为毒性。毒性可以分为急性毒性、亚急性毒性和慢性毒性3类。急性毒性是指一次服用、接触或吸入药剂后，在短期内表现出中毒症状的毒性，如误食剧毒有机磷农药的急性中毒。亚急性毒性是指动物在一段时间内（30～90d）连续服用或接触一定剂量农药后，表现与急性中毒类似的症状，有时也可引起局部病理变化的毒性。慢性毒性是指长期（6个月以上，甚至终生）接触或摄入小剂量农药后，逐渐表现中毒症状的毒性。慢性毒性使农药在体内积累，引起内脏机能受损，阻碍正常生理代谢过程，主要表现为"三致"（致癌、致畸、致突变）作用。

农药的毒性常用致死中量LD_{50}来表示，致死中量是使试验动物死亡半数所需的剂量，一般用mg/kg为计量单位，这个数值越大，表示农药的毒性越小。目前，我国农药急性毒性暂行分级标准，见表5-1。

表5-1　中国农药急性毒性暂行分级标准（卫生部）

给药途径	I（高毒）	II（中毒）	III（低毒）
大白鼠口服（mg/kg）	<50	50～500	>500
大白鼠经皮[mg/（kg·24h）]	<200	200～1 000	>1 000
大白鼠吸入[g/（m³·h）]	<2	2～10	>10

（5）常用农药应用技术。农药种类繁多，应用时应尽量选择高效、低毒、低残留、无异味的药剂防控植物病虫。

①杀虫剂。目前广泛使用的杀虫剂包括有机磷类杀虫剂、氨基甲酸酯类杀虫剂、拟除虫菊酯类杀虫剂、生物源类杀虫剂、特异性昆虫生长调节剂及其他合成类杀虫剂。详见表5-2。

表5-2　常见杀虫剂的种类及其性能简介

药剂类型	药剂名称	常见剂型	作用方式	防控对象	使用方法	药剂性质
	敌百虫	90%晶体 80%可溶性粉剂 2.5%粉剂	胃毒 触杀	多种咀嚼式口器害虫	喷雾 灌根 喷粉	高效、低毒、低残留、广谱。室温下存放稳定，易吸湿受潮。在弱碱下可分解为敌敌畏
	敌敌畏	80%乳油 50%乳油	触杀 熏蒸 胃毒	多种植物害虫	喷雾 熏蒸	广谱性杀虫剂，击倒力强，在碱性和高温条件下易消解
有机磷类	辛硫磷（肟硫磷、倍腈松）	50%和75%乳油 25%微胶囊剂 3%和5%颗粒剂	触杀 胃毒	地下害虫、鳞翅目幼虫及蚜、蚧等	喷雾 拌种 浇灌 拌土	低毒、残留小、高效，遇碱、光易分解
	马拉硫磷	45%和25%乳油 3%粉剂	触杀 胃毒 熏蒸	蚜虫、吹绵蚧、刺蛾、红蜡蚧等	喷雾 喷粉	对人、畜毒性较低，残效期短，遇酸碱均易分解；对蜜蜂有高毒，对皮肤有刺激性
	丙硫磷（氯丙磷）	50%乳油 40%可湿性粉剂	触杀 胃毒 熏蒸	鳞翅目幼虫	喷雾	对人、畜低毒

（续表）

药剂类型	药剂名称	常见剂型	作用方式	防控对象	使用方法	药剂性质
有机磷类	喹硫磷（爱士卡）	25%乳油 5%颗粒剂	触杀胃毒	鳞翅目幼虫、蚜虫、叶蝉及螨类等	喷雾撒施	中毒、广谱、高效、低残留，遇酸易水解，降解速度快，对鱼、蜜蜂有高毒
	乐斯本（毒死蜱）	40.7%乳油	触杀胃毒熏蒸	鳞翅目幼虫、蚜虫、潜叶蝇、害螨及地下害虫	喷雾	高效、中毒、在土壤中残留期长，对皮肤有刺激性
氨基甲酸酯类	抗蚜威（辟蚜雾）	50%可湿性粉剂 10%烟剂	触杀熏蒸内吸	蚜虫	喷雾熏蒸	高效、速效、中等毒性、低残留的选择性杀蚜剂
	丁硫克百威（好年冬）	20%乳油	内吸触杀胃毒	蚜虫、叶蝉、食心虫、跳甲、卷叶蛾、介壳虫	喷雾	经口毒性中等，经皮毒性低，持效期长，杀虫谱广
	灭多威（万灵）	24%水剂 20%乳油 10%可湿性粉剂	内吸触杀胃毒	多种鳞翅目害虫卵和幼虫、蚜虫、叶甲等	喷雾	经口毒性高，接触毒性极低，遇碱易分解，分解快，残毒低
	硫双威（拉维因）	75%可湿性粉剂 37.5%胶悬剂	内吸触杀胃毒	棉铃虫、烟青虫及各种夜蛾等	喷雾	经口毒性高，经皮毒性低。高效、广谱、持久、安全
	甲萘威（西维因）	25%、85%可湿性粉剂	触杀内吸	多种同翅目害虫和鳞翅目幼虫	喷雾	中等毒性，遇碱易分解，对蜜蜂有高毒
	异丙威（叶蝉散）	20%乳油 10%烟剂	触杀胃毒熏蒸	叶蝉、飞虱、蓟马	喷雾喷粉	中等毒性，遇强碱和强酸均易分解，对蜜蜂有高毒
	速灭威（治灭虱）	20%乳油 25%可湿性粉剂	触杀熏蒸	叶蝉、蚜虫、介壳虫	喷雾喷粉	中等毒性，遇碱易分解，对蜜蜂有高毒

（续表）

药剂类型	药剂名称	常见剂型	作用方式	防控对象	使用方法	药剂性质	
拟除虫菊酯类	溴氰菊酯（敌杀死）	2.5%乳油	触杀	多种植物害虫	喷雾	中等毒性	
	氰戊菊酯（速灭杀丁、速灭菊酯）	20%乳油	触杀胃毒	多种植物害虫	喷雾	中等毒性	
	氯氰菊酯（兴棉宝、安绿宝）	10%乳油	触杀胃毒拒食	多种鳞翅目害虫、蚜虫等	喷雾	对人、畜中毒，高效、低残留	
	顺式氯氰菊酯（高效灭百可）	5%和10%乳油 5%可湿性粉剂	胃毒触杀	多种鳞翅目害虫、蚜虫等	喷雾	中等毒性，在植物上稳定性好，能抗雨水冲刷	
	甲氰菊酯（灭扫利）	20%乳油	拒避触杀	鳞翅目、同翅目、鞘翅目、半翅目害虫、叶螨等	喷雾	中等毒性	光稳定性好，在碱性液中易分解。高效。田间残效期5~7d。连续使用也易导致害虫产生抗性。对水生动物毒性高
	三氟氯氰菊酯（功夫菊酯）	2.5%和5%乳油	胃毒触杀	鳞翅目害虫、蚜虫、叶螨等	喷雾	高效低毒，杀虫谱广，杀虫作用快，持效长	
	顺式氰戊菊酯（来福灵）	5%乳油	触杀胃毒拒食	鳞翅目、半翅目、双翅目的幼虫	喷雾	对人、畜中毒，对鱼、蜜蜂高毒	
	联苯菊酯（天王星、虫螨灵）	2.5%和10%乳油	触杀胃毒	鳞翅目、同翅目害虫及螨类等	喷雾	对人、畜中毒	
	高效氯氟氰菊酯（保得、拜虫杀）	2.5%乳油	触杀胃毒	鳞翅目幼虫及多种刺吸式口器害虫	喷雾	对人、畜低毒，杀虫谱广，作用迅速，持效期长	
	氟胺氰菊酯（马扑立克）	20%乳油	触杀胃毒	植物多种害虫及螨类等	喷雾	对人、畜中毒	
	氟硅菊酯（施乐宝、硅白灵）	5%和80%乳油	触杀胃毒	对白蚁有良好的驱避作用	喷雾	对人、畜低毒	
	绿色威雷	8%微胶囊水悬剂	触杀	鞘翅目成虫及部分食叶性害虫	喷雾	对人、畜中毒	

（续表）

药剂类型	药剂名称	常见剂型	作用方式	防控对象	使用方法	药剂性质
特异性昆虫生长调节剂	灭幼脲（灭幼脲三号）	25%、50%胶悬剂	胃毒触杀	鳞翅目幼虫	喷雾	对人、畜低毒，对天敌昆虫安全。遇碱和强酸易分解，常温下贮存较稳定，残效期15～20d
	除虫脲（敌灭灵）	20%悬浮剂	胃毒触杀	柑橘木虱、鳞翅目幼虫等	喷雾	对人、畜低毒，对光、热较稳定，遇碱易分解
	氟啶脲（定虫隆、抑太保）	5%乳油	胃毒触杀	对鳞翅目幼虫有特效	喷雾	对人、畜低毒
	氟虫脲（卡死克）	5%乳油	触杀胃毒	鳞翅目、鞘翅目、双翅目、半翅目害虫和害螨	喷雾	对人、畜低毒，对光、热和水解的稳定性好，残效期长，虫、螨兼治
	扑虱灵（优乐得）	25%可湿性粉剂	胃毒触杀	白粉虱、介壳虫、叶蝉等	喷雾	对人、畜低毒，对天敌较安全，药效高、残效期长、残留量低
	灭蝇胺	75%可湿性粉剂	内吸	潜叶蝇	喷雾	对人、畜低毒
	虫酰肼（米满）	20%悬浮剂	触杀	对鳞翅目幼虫特效	喷雾	对人、畜低毒
	氟苯脲（农梦特）	5%乳油	触杀胃毒	对鳞翅目幼虫特效	喷雾	对人、畜低毒
	氟铃脲（盖虫散）	5%乳油	胃毒触杀	鳞翅目幼虫	喷雾	对人、畜无毒
	抑食肼（虫死净）	5%乳油	胃毒	对鳞翅目、鞘翅目、双翅目害虫高效	喷雾	对人、畜低毒
生物源杀虫剂	阿维菌素（灭虫灵、爱福丁）	1.0%、0.6%和1.8%乳油	触杀胃毒熏蒸	双翅目、鞘翅目、同翅目、鳞翅目害虫和螨类	喷雾	高效、广谱杀虫、杀螨剂，对人、畜高毒
	富表甲氨基阿维菌素	0.5%乳油	触杀胃毒	鳞翅目、鞘翅目、同翅目、斑潜蝇及螨类	喷雾	对人、畜低毒

药剂 类型	药剂名称	常见剂型	作用 方式	防控对象	使用 方法	药剂性质
生物源 杀虫剂	多杀霉素 （催杀）	2.5%和48% 悬浮剂	胃毒 触杀	蓟马、鳞翅目 幼虫等害虫	喷雾	对人、畜低毒
	苏云金杆菌	100亿活芽孢可湿 性粉剂 Bt乳剂	胃毒	鳞翅目、双 翅目、鞘翅 目、直翅目 害虫	喷雾	对人、畜低毒
	白僵菌	50亿~70亿个孢 子/g粉剂	触杀	鳞翅目、同 翅目、膜翅 目、直翅目 害虫	喷雾	对人、畜及环境安全，对蚕感 染力很强
	块状耳霉菌 （杀蚜霉素、 杀蚜菌剂）	200万菌体/mL 悬浮剂	胃毒 触杀 内吸	蚜虫、椿象、 白粉虱、潜 叶蛾、蓟马、 叶蝉	喷雾	对人、畜及环境安全
	核多角体病毒	粉剂、可湿性粉 剂、水分散粒剂	胃毒	鳞翅目幼虫	喷雾	对人、畜、有益动物及环境 安全
	烟碱	10%乳油	触杀 胃毒 熏蒸	鳞翅目、半 翅目、缨翅 目、双翅目 害虫	喷雾	对人、畜低毒
	茴蒿素	0.65%水剂	胃毒	鳞翅目幼虫	喷雾	对人、畜低毒
	印楝素	0.1%~1%印楝素 种核乙醇提取液	拒食 忌避 内吸	鳞翅目、同翅 目、鞘翅目 等多种害虫	喷雾	对人、畜、鸟及天敌安全
	川楝素	0.5%乳油	胃毒 触杀 拒食	鳞翅目、同翅 目、鞘翅目 等多种害虫	喷雾	对人、畜安全
	苦参碱 （苦参、蚜螨 敌、苦参素）	1%醇溶液 0.2%和0.3%水剂 1.1%粉剂	触杀 胃毒	鳞翅目幼 虫、蚜虫、 螨类等多 种害虫	喷雾 喷粉	对人、畜低安全
	除虫菊素	3%乳油	触杀 胃毒	鳞翅目、同翅 目、膜翅目 等多种害虫	喷雾	对人、畜安全

（续表）

药剂类型	药剂名称	常见剂型	作用方式	防控对象	使用方法	药剂性质
其他合成类杀虫剂	吡虫啉（蚜虱净）	10%、20%、25%可湿性粉剂 5%、10%乳油	内吸 触杀 胃毒	刺吸式口器害虫	喷雾	对人、畜低毒
	吡蚜酮	25%可湿性粉剂	触杀 内吸	刺吸式口器害虫	喷雾	对人、畜低毒
	阿克泰（阿可泰、锐胜）	25%水分散粒剂 25%悬浮剂	胃毒 触杀 内吸	多种刺吸式口器害虫及地下害虫	喷雾 种子处理	对人、畜低毒，持效期可达1个月左右
	全垒打（安打）	30%水分散粒剂 15%悬浮剂	触杀 胃毒	鳞翅目害虫	喷雾	对人、畜低毒
	溴虫腈（除尽、吡咯胺、虫螨腈）	10%悬浮剂	触杀 胃毒 内吸	鳞翅目、鞘翅目、同翅目、双翅目、半翅目多种害虫及螨类等	喷雾	对人、畜低毒，防效高、持效期长
	啶虫脒（莫比朗）	3%乳油	触杀 胃毒 内吸	同翅目害虫	喷雾	对人、畜低毒，杀虫迅速、持效期长

②杀菌剂。目前广泛使用的杀菌剂包括无机杀菌剂、非内吸性杀菌剂、内吸性杀菌剂、生物源杀菌剂和混合杀菌剂等。详见表5-3。

表5-3　常见杀菌剂的种类及其性能

药剂类型	药剂名称	常见剂型	作用方式	防控对象	使用方法	药剂性质
无机杀菌剂	波尔多液	1%等量式	保护	多种植物病害	喷雾	部分植物对其较敏感，对人、畜低毒
	石硫合剂	29%水剂 20%膏剂 45%结晶	保护 铲除	多种植物的白粉病、锈病、叶斑病及螨类、介壳虫	喷雾	部分植物对其较敏感，对人、畜低毒
	氢氧化铜（可杀得）	77%可湿性粉剂 61.4%悬浮剂	保护	霜霉病、叶斑病等	喷雾	对人、畜低毒

（续表）

药剂类型	药剂名称	常见剂型	作用方式	防控对象	使用方法	药剂性质
无机杀菌剂	铜高尚（三元基铜）	27.12%悬浮剂	保护治疗	多种植物的真菌及细菌性病害	喷雾	对人、畜及植物安全，勿与强酸、碱性物质混用
	氧化亚铜（靠山、铜大师）	56%水分散微粒剂 86.2%可湿性粉剂	保护治疗	霜霉病、疫病、叶斑病等	喷雾	对人、畜低毒
	王铜（碱式氯化铜、氧氯化铜）	30%悬浮剂	保护	霜霉病、疫病、叶斑病等	喷雾	对人、畜低毒
非内吸性杀菌剂	福美双（秋兰姆、赛欧散）	50%可湿性粉剂	保护	炭疽病、立枯病、霜霉病、疫病等	喷雾	对人、畜低毒，遇酸分解，不能与含铜药剂混用
	百菌清（达克宁）	75%可湿性粉剂 40%、72%悬浮剂 40%烟剂	保护治疗	叶斑病、炭疽病、白粉病、霜霉病等	喷雾熏蒸	对人、畜低毒，附着性好，耐雨水冲刷，不耐强碱
	烯唑醇（速保利）	2%、5%和12.5%可湿性粉剂 12.5%乳油	保护治疗	白粉病、锈病等	喷雾	对人、畜低毒，对光、热和潮湿稳定，遇碱分解失效
	代森锰锌（大生、喷克）	70%可湿性粉剂 25%悬浮剂	保护	霜霉病、炭疽病、疫病、叶枯病、叶斑病	喷雾	对人、畜低毒，遇酸、碱易分解，高温时遇潮湿也易分解
	代森锌（兰博、蓝克）	65%和80%可湿性粉剂	保护	晚疫病、霜霉病、白锈病等	喷雾	对人、畜低毒，遇碱或含铜药剂易分解
	乙烯菌核利（农利灵）	50%可湿性粉剂	保护治疗	灰霉病、褐斑病、菌核病	喷雾	对人、畜低毒
	醚菌酯（阿米西达）	25%悬浮剂	保护治疗铲除	多种真菌性病害	喷雾土壤处理	对人、畜低毒
	咪鲜胺（施保克）	25%和45%乳油 45%水乳剂	保护铲除	子囊菌和半知菌引起的多种病害	喷雾	对人、畜低毒
内吸性杀菌剂	甲霜灵（瑞毒霉）	25%可湿性粉剂 35%种子处理剂	保护治疗	对霜霉菌、腐霉菌、疫霉菌所致病害特效	喷雾	强内吸性杀菌剂，可双向传导，极易产生抗性菌，对人、畜低毒

（续表）

药剂类型	药剂名称	常见剂型	作用方式	防控对象	使用方法	药剂性质
内吸性杀菌剂	甲基硫菌灵（甲基硫菌灵）	50%和70%可湿性粉剂 40%胶悬剂	保护治疗	炭疽病、灰霉病、白粉病、褐斑病等	喷雾	遇碱易分解失效，极易产生抗药性，对人、畜低毒
	三唑酮（粉锈宁）	15%和25%可湿性粉剂 20%乳油	保护治疗	白粉病、黑粉病、锈病等	喷雾	对人、畜低毒，对酸碱都较稳定
	丙环唑（敌力脱）	25%乳油 25%可湿性粉剂	保护治疗	白粉病、黑粉病、锈病、叶斑病等	喷雾	对人、畜低毒，遇碱易分解失效
	三乙膦酸铝（疫霉灵）	40%和80%可湿性粉剂 90%可溶性粉剂	保护治疗	霜霉菌和疫霉菌所致的病害	喷雾	对人、畜低毒，遇酸碱易分解失效
	氟硅唑（福星）	10%和40%乳油	治疗	白粉病、叶斑病、锈病、黑星病	喷雾	对人、畜低毒，遇酸碱易分解失效
	苯菌灵（苯莱特）	50%可溶性粉剂	保护治疗	子囊菌半知菌亚门真菌引起的多种植物病害	喷雾	对人、畜低毒，遇酸碱易分解失效
	噻菌铜（龙克菌）	20%悬浮剂	保护治疗	对细菌性病害有特效，对真菌性病害也有效	喷雾	对人、畜低毒
	腈菌唑（叶斑清）	40%、25%和5%乳油 40%可湿性粉剂	保护治疗	子囊菌、担子菌和半知菌亚门真菌引起的多种植物病害	喷雾	对人、畜低毒
	苯醚甲环唑（世高）	10%水分散粒剂	保护治疗铲除	叶斑病、炭疽病、早疫病、白粉病、锈病等	喷雾	对人、畜低毒
	霜霉威盐酸盐（普力克）	72.2%水剂	保护治疗	霜霉病、猝倒病、疫病、黑胫病等	喷雾	对人、畜低毒
	异菌脲（扑海因）	50%可湿性粉剂 25%悬浮剂	保护治疗	灰霉病、菌核病及多种叶斑病	喷雾	对人、畜低毒
	腐霉利（速克灵）	50%可湿性粉剂	保护治疗	灰霉病、菌核病等	喷雾	对人、畜低毒

（续表）

药剂 类型	药剂名称	常见剂型	作用 方式	防控对象	使用 方法	药剂性质
内吸性 杀菌剂	乙霉威 （万霉灵）	50%可湿性粉剂	保护 治疗	与硫菌灵或速克灵 等药剂混用防控灰 霉病	喷雾	对人、畜低毒
	恶霉灵 （土菌消）	15%和30%水剂 70%可湿性粉剂	保护	猝倒病、立枯病等 苗期病害	土壤 处理	对人、畜低毒
	嘧霉胺 （施佳乐）	20%和40%悬浮剂 12.5%乳油 20%可湿性粉剂	保护 治疗 熏蒸	灰霉病、枯萎病	喷雾	对人、畜低毒
	敌磺钠 （敌克松）	50%和75%可溶性 粉剂	保护	猝倒病、立枯病、 炭疽病等	土壤 处理	对人、畜中毒
生物源 杀菌剂	链霉素（农 用链霉素）	72%可溶性粉剂 15%可湿性粉剂	治疗	各种植物细菌性 病害	喷雾	对人、畜低毒，不能碱性 物质混合
	多抗霉素（多 效霉素、宝 丽安）	1.5%、2%、3%和 10%可湿性粉剂	保护 治疗	多种真菌引起的叶 斑病、腐烂病、灰 霉病、白粉病、霜 霉病、枯萎病等	喷雾	对人、畜低毒，对碱不 稳定
	梧宁霉素 （四霉素）	0.15%水剂	内吸 治疗	对腐烂病、溃疡 病、黑斑病等特效	喷雾 涂抹	对人、畜低毒
	中生霉素 （克菌康）	1%水剂 10%可湿性粉剂	保护 内吸 铲除	白粉病、细菌性及 部分真菌性病害	喷雾	对人、畜低毒
	菌克毒克 （宁南霉素）	2%水剂	保护 治疗	病毒病及真菌、细 菌病害	喷雾	对人、畜低毒
	嘧肽霉素 （博联生物 菌素）	4%水剂	保护 治疗	病毒病	喷雾	对人、畜低毒
	武夷菌素	2%水剂	保护 治疗	霜霉病、白粉病、 炭疽病	喷雾	对人、畜低毒，强碱性条 件下不稳定
	抗霉菌素120 （120农用抗 菌素）	2%和4%水剂	保护 治疗	白粉病、炭疽病、 锈病、枯萎病	喷雾	对人、畜低毒，碱性条件 下不稳定

（续表）

药剂类型	药剂名称	常见剂型	作用方式	防控对象	使用方法	药剂性质
生物源杀菌剂	木霉菌（特立克）	2亿活孢子/g可湿性粉剂	保护	猝倒病、立枯病、根腐病、灰霉病等	喷雾灌根	对人、畜低毒
	放射土壤杆菌	200万菌体/g可湿性粉剂	保护	根癌病	蘸根	不宜与强酸、碱性物质混用，对人、畜低毒
	链霉素·土霉素（新植霉素）	90%可溶性粉剂	保护治疗	细菌病害	喷雾	不宜与碱性物质混用，对人、畜低毒
	菇类蛋白多糖（抗毒剂1号）	0.5%水剂	保护	病毒害	喷雾灌根	不宜与碱性物质混用，对人、畜低毒
	绿帝（银杏提取物）	10%乳油20%可湿性粉剂	触杀熏蒸	棚室植物灰霉、白粉病等	喷雾	对人、畜低毒
	83增抗剂（混合脂肪酸）	10%水乳剂	钝化病毒	病毒病	喷雾	对人、畜低毒
混合杀菌剂	炭疽福美	80%可湿性粉剂	保护治疗	炭疽病、叶斑病	喷雾	由福美双与福美锌混配而成，对人、畜低毒
	噁霜·锰锌（杀毒矾）	64%可湿性粉剂	保护治疗铲除内吸	霜霉病、疫病病、猝倒病等	喷雾	由噁霜灵和代森锰锌混配而成，不宜与碱性物质混用，对人、畜低毒
	霜脲·锰锌（克露）	64%可湿性粉剂	保护治疗	对疫病、霜霉病具特效	喷雾	由霜脲氰和代森锰锌混配而成，对人、畜低毒
	苯甲·丙环唑（爱苗）	30%乳油	保护治疗	黑斑病、根腐病、茎腐病和灰霉病等	喷雾	由苯醚甲环唑与丙环唑混配而成，对人、畜低毒
	春雷·王铜（加瑞农）	47%可湿性粉剂	保护治疗	叶斑病、白粉病、炭疽病和细菌性病害	喷雾	由春雷霉素与王铜混配而成，不能与碱性物质混用，对人、畜低毒
	病毒A（毒克星、毒克清）	20%可湿性粉剂	治疗	病毒病	喷雾	由盐酸吗啉双胍与醋酸铜混配而成，对人、畜低毒
	甲霜灵·锰锌（瑞毒霉锰锌）	58%可湿性粉剂	保护治疗	霜霉病、疫霉病、白锈病和腐霉病	喷雾	由甲霜灵和代森锰锌混配而成，对人、畜低毒

（续表）

药剂类型	药剂名称	常见剂型	作用方式	防控对象	使用方法	药剂性质
混合杀菌剂	植病灵	1.5%乳剂	内吸	病毒病	喷雾	由三十烷醇、十二烷基硫酸钠和硫酸铜混合而成，对人、畜低毒
	病毒灵	10%水剂	保护治疗内吸	病毒病	喷雾	由盐酸吗啉胍与氨基寡糖素混合而成，对人、畜低毒

③杀螨剂。合格的杀螨剂要求既能杀幼、若螨和成螨，也能杀卵；性质稳定，残效期长；能与多种杀虫剂混用；对作物、螨类天敌安全；兼杀害虫。目前使用的杀螨剂包括化学和生物源杀螨剂2类，其中对人、畜低毒的杀螨剂详见表5-4。

表5-4　常见杀螨剂的种类及其性能

药剂名称	常见剂型	作用方式	防控对象	使用方法	药剂性质
噻螨酮（尼索朗）	5%乳油 5%可湿性粉剂	触杀	多种叶螨；对锈螨、瘿螨防效较差	喷雾	杀卵和杀幼、若螨，对成螨无效。残效期长，药效可保持50d左右。
三唑锡（倍乐霸）	20%悬浮剂 25%可湿性粉剂	触杀	害螨	喷雾	可杀若螨、成螨和夏卵
四螨嗪（阿波罗、螨死净）	10%可湿性粉剂 20%和50%悬浮剂	触杀	叶螨、瘿螨和跗线螨	喷雾	对螨卵活性强，对成螨效果差
溴螨酯（螨代治）	50%乳油	触杀	害螨	喷雾	对成、若螨和卵均有效
苯丁锡（托尔克、克螨锡）	25%和50%可湿性粉剂 25%悬浮剂	触杀	害螨	喷雾	对成螨、若螨杀伤力强，对卵无效
吡螨胺（必螨立克）	10%乳油 10%可湿性粉剂	触杀	害螨和半翅目、同翅目害虫	喷雾	对螨类各生长期均有速效，对鱼类高毒
克螨特（丙炔螨特）	73%乳油	触杀胃毒	叶螨	喷雾	对成、若螨有特效
哒螨酮（扫螨净）	20%可湿性粉剂 15%乳油	触杀胃毒	叶螨	喷雾	可杀各发育阶段的螨，长效达30d左右，对人、畜低毒

（续表）

药剂名称	常见剂型	作用方式	防控对象	使用方法	药剂性质
浏阳霉素	10%乳油	触杀胃毒	叶螨	喷雾	抗生素类杀螨剂
华光霉素（日光霉素）	25%可湿性粉剂	胃毒触杀	叶螨和真菌病害	喷雾	抗生素类杀螨剂
螨速克	0.5%乳油	触杀胃毒	害螨	喷雾	植物源类杀螨剂

④杀线虫剂。目前可供使用的杀线剂很多，但多数属于高毒的种类。为有效推进绿色防控技术，表5-5只介绍中低毒的杀线虫剂。

表5-5 中低毒杀线虫剂的种类及其性能

药剂名称	常见剂型	作用方式	防控对象	使用方法	药剂性质
威百亩（维巴姆）	30%、33%和35%液剂	熏蒸	植物线虫，兼杀真菌、杂草和害虫	土壤处理	对人、畜低毒，遇酸和金属盐易分解
棉隆（迈隆、必速灭）	98%微粒剂	熏蒸	植物线虫，兼治真菌、地下害虫和杂草	土壤处理	对人、畜中毒
厚孢轮枝菌	2.5亿孢子/g厚孢轮枝菌微粒剂	触杀	植物线虫	土壤处理拌种	生物性杀线虫剂，对人、畜低毒
淡紫拟青霉（线虫清）	2亿孢子/g淡紫拟青霉粉剂	触杀胃毒熏蒸	植物线虫	拌种灌根	生物性杀线虫剂，对人、畜低毒

⑤除草剂。目前除草剂使用量大，分类方法多，此处只将其分为微生物和化学除草剂2类。其中对人、畜低毒的常见除草剂详见表5-6。

表5-6 低毒除草剂的种类及其性能

药剂类型	药剂名称	常见剂型	作用方式	防控对象	使用方法
微生物除草剂	鲁保一号	孢子吸附粉剂	致病	菟丝子	喷雾
	双丙胺膦	35%可溶剂	灭生	一年生、多年生禾本科及阔叶杂草	定向喷雾

（续表）

药剂类型	药剂名称	常见剂型	作用方式	防控对象	使用方法
化学除草剂	2,4-滴丁酯	72%和76%乳油	选择内吸	双子叶和莎草类杂草	喷雾
	啶嘧磺隆（秀百宫）	25%水分散粒剂	选择内吸	一年生单子叶和部分双子叶杂草	喷雾
	高效氟吡甲禾灵（高效盖草能、精盖草能）	10.8%乳油	选择内吸	一年生和多年生禾本科杂草	喷雾
	乙草胺（禾耐斯）	50%、90%、99%乳油	选择内吸	一年生单、双子叶杂草	土壤处理
	敌草胺（大惠利）	50%可湿性粉剂 20%乳油	选择内吸	一年生单、双子叶杂草	土壤处理
	甲草胺（拉索）	48%乳油 15%颗粒剂	选择内吸	一年生单、双子叶杂草	土壤处理
	精异丙甲草胺（金都尔）	72%乳油	选择内吸	一年生单、双子叶杂草	土壤处理
	扑草胺（割草佳）	25%和50%可湿性粉剂	选择内吸	一年生单、双子叶杂草	土壤处理
	嗪草酮（赛克）	50%和70%可湿性粉剂	选择内吸	一年生单、双子叶杂草	土壤处理
	敌草隆（地草净）	50%和80%可湿性粉剂	选择内吸	一年生禾本科及阔叶杂草	土壤处理
	二甲戊灵（施田补）	33%乳油	选择内吸	一年生单子叶及部分双子叶杂草	土壤处理
	噁草酮（农思它）	120g/L、250g/L乳油	触杀选择	一年生及部分多年生单、双子叶杂草	土壤处理
	莠去津（阿特拉津）	40%悬浮剂 50%可湿性粉剂	内吸选择	一年生禾本科及阔叶杂草	喷雾
	乙氧氟草醚（果尔、割地草）	24%乳油	触杀	多种阔叶、禾本科及莎草科杂草	喷雾
	氟磺胺草醚（虎威）	25%水剂	选择	一年生和多年生阔叶杂草	喷雾
	禾草丹（杀草丹）	50%、90%乳油 10%颗粒剂	选择内吸	一年生和多年生单子叶杂草	喷雾

（续表）

药剂类型	药剂名称	常见剂型	作用方式	防控对象	使用方法
化学除草剂	精吡氟禾草灵（精稳杀得）	15%乳油	选择内吸	一年生和多年生禾本科杂草	喷雾
	精喹禾灵（精禾草克）	5%、8%和10%乳油	选择内吸	一年生和多年生禾本科杂草	喷雾
	氟乐灵（氟特力）	48%乳油	内吸	一年生禾本科杂草	喷雾
	精噁唑禾草灵（骠马）	6.9%水乳剂	选择内吸	一年生和多年生禾本科杂草	喷雾
	烯禾啶（拿捕净）	20%乳油 12.5%机油	选择内吸传导	一年生和多年生禾本科杂草	喷雾
	烯草酮（收乐通）	120g/L、240g/L乳油	选择内吸传导	一年生和多年生禾本科杂草	喷雾
	灭草松（排草丹、苯达松、百草克）	48%水剂	触杀选择	多种莎草科杂草和阔叶杂草	喷雾
	草甘膦（农达）	10%、41g/L水剂 74.7%水溶性颗粒剂	内吸传导灭生	一年生和多年生杂草	定向喷雾
	百草枯（克无踪）	20%水剂	触杀灭生	一二年生单、双子叶杂草	定向喷雾

⑥植物生长调节剂。目前在园艺植物生产中广泛使用，种类逐渐增多，主要包括植物生长促进剂和抑制剂2类。其中对人、畜低毒的植物生长调节剂详见表5-7。

表5-7　低毒植物生长调节剂的种类及其性能

药剂类型	药剂名称	常见剂型	主要作用	使用方法
植物生长促进剂	赤霉素（GA）	80%结晶粉 4%乳油	打破休眠，促进种子发芽；调节开花时间，减少花果脱落；延缓衰老和保鲜	喷雾 浸种
	芸薹素内酯（油菜素内酯、BR）	0.1%乳油	促进细胞分裂和延长，有利于茎叶生长；提高坐果率，促进果实膨大；增强抗逆性	喷雾 浸种

（续表）

药剂类型	药剂名称	常见剂型	主要作用	使用方法
植物生长促进剂	复硝酚钠（爱多收）	1.4%和1.8%水剂	促进植物发芽、生根、生长、开花；防止落花、落果	喷雾浸根
	乙烯利（一试灵）	40%水剂	促进果实成熟；防止落花、落果；改变雌雄花比率，诱导雄性不育，矮化植株	喷雾
	2,4-D钠盐（2,4-二氯苯氧乙酸钠盐）	95%原粉	促进果实发育；保花保果	喷雾
	萘乙酸（NAA）	80%原粉	促进细胞伸长；促进生根；改变雌雄花比率；防止落花落果，增加坐果率	喷雾
	对氯苯氧乙酸钠（番茄灵）	8%可溶性粉剂	防止落花、落果；刺激果实膨大和成熟；形成无籽果实	喷雾
植物生长抑制剂	矮壮素（CCC）	50%乳油 50%水剂	抑制植物营养生长，促进生殖生长，矮化植株；提高抗逆性	喷雾
	丁酰肼（B9）	85%可溶性粉剂	抑制细胞分裂，促使植物矮化粗壮；诱导形成不定根；提高抗寒性	喷雾
	多效唑	25%乳油 15%可湿性粉剂	减弱顶端生长优势，促进侧芽生长，植株矮化紧凑；能增加叶绿素、蛋白质和核酸的含量	喷雾

5.4.2 绿色防控的主推技术

目前，植物病虫害绿色防控的主推技术主要涉及生态调控技术、生物防治技术、理化诱控技术和科学用药技术。

5.4.2.1 生态调控技术

重点采取推广抗病虫品种、优化作物布局、培育健康种苗、改善水肥管理等健康栽培措施，并结合农田生态工程、果园生草覆盖、作物间套种、天敌诱集带等生物多样性调控与自然天敌保护利用等技术，改造病虫害发生源头及滋生环境，人为增强自然控害能力和作物抗病虫能力。

5.4.2.2 生物防治技术

重点推广应用以虫治虫、以螨治螨、以菌治虫、以菌治菌等生物防治关键措施，加大赤眼蜂、捕食螨、绿僵菌、白僵菌、微孢子虫、苏云金杆菌（Bt）、蜡质芽孢杆菌、枯草芽孢杆菌、核型多角体病毒（NPV）、牧鸡牧鸭、稻鸭共育等成熟产品和技术的示范推广力度，积极开发植物源农药、农用抗生素、植物诱抗剂等生物生化制剂应用技术。

5.4.2.3 理化诱控技术

重点推广昆虫信息素（性引诱剂、聚集素等）、杀虫灯、诱虫板（黄板、蓝板）防治蔬菜、果树、茶树、花卉等园艺作物害虫，积极开发和推广应用植物诱控、食饵诱杀、防虫网阻隔和银灰膜驱避害虫等理化诱控技术。

5.4.2.4 科学用药技术

推广高效、低毒、低残留、环境友好型农药，优化集成农药的轮换使用、交替使用、精准使用和安全使用等配套技术，加强农药抗药性监测与治理，普及规范使用农药的知识，严格遵守农药安全使用间隔期。通过合理使用农药，最大限度降低农药使用造成的负面影响。

为解决过度依赖化学农药防治问题，就必须强化病虫害全程绿色防控，有力推动绿色防控技术的应用。2019年，农业农村部、国家发展改革委、财政部等7部（委、局）联合印发《国家质量兴农战略规划（2018—2022年）》，提出实施绿色防控替代化学防治行动。要实现农药使用量零增长，就必须根据病虫害发生为害的特点和预防控制的实际，坚持综合治理、标本兼治，重点在"控、替、精、统"四个字上下功夫。

一是"控"，即是控制病虫发生为害。应用农业防治、生物防治、物理防治等绿色防控技术，创建有利于作物生长、天敌保护而不利于病虫害发生的环境条件，预防控制病虫发生，从而达到少用药的目的。

二是"替"，即是高效低毒低残留农药替代高毒高残留农药、大中型高效药械替代小型低效药械。大力推广应用生物农药、高效低毒低残留农药，替代高毒高残留农药。开发应用现代植保机械，替代跑冒滴漏落后机械，减少农药流失和浪费。

三是"精"，即是推行精准科学施药。重点是对症适时适量施药。在准确诊断病虫害并明确其抗药性水平的基础上，配方选药，对症用药，避免乱用药。根据病虫监测预报，坚持达标防治，适期用药。按照农药使用说明要求的剂量和次数施药，避免盲目加大施用剂量、增加使用次数。

四是"统"，即是推行病虫害统防统治。扶持病虫防治专业化服务组织、新型农业经营主体，大规模开展专业化统防统治，推行植保机械与农艺配套，提高防治效率、效果和效益，解决一家一户"打药难""乱打药"等问题。

目前，尽管绿色防控取得了长足发展，但由于受资金保障不足、生产经营规模小、技术要求高、前期投入大等诸多因素的影响，绿色防控主要依靠项目推动、以示范展示为主的状况难以突破，进一步发展遇到瓶颈。2020年3月，国务院新颁布实施《农作物病虫害防治条例》，要求充分贯彻绿色发展新理念，落实绿色兴农、质量兴农新要求，坚持绿色防控原则，具有划时代的里程碑意义，病虫害绿色防控将迎来大发展的春天。

6 多肉植物病虫害绿色防控技术研发及应用

6.1 几种主要病害绿色防控技术

6.1.1 茎腐病

茎腐病是多肉植物生产较难防治的重要病害之一，多肉植物一遇此病会大量猝倒，萎缩死亡，植株茎部会开始出现褐色病斑，接着内部腐烂，直至全株猝倒死亡。其病原菌通常为尖孢镰刀菌（*Fusarium oxysporum*），归属于半知菌亚门，是一类世界性分布的真菌，不仅可以在土壤中越冬和越夏，过兼寄生或腐生生活，还会在不同植物上表现为不同的专化型，引起植物维管束病害，破坏植物输导组织，并在植物生长发育及代谢过程中产生毒素来为害作物，造成植物萎蔫死亡，影响产量和品质。目前多肉植物茎腐病普遍采用多菌灵、甲基硫菌灵和代森锰锌等化学杀菌剂进行防治，这些药剂对多肉植物茎腐病有一定的防效，但长期使用易产生抗药性，且本身具毒性，使用过程易对环境及人体造成伤害。为此，需要寻找新的生防药剂用于防控多肉植物茎腐病，也只有找到新的生防药剂才能更有利于多肉植物茎腐病绿色防控技术的集成与应用。

农用抗生素作为生物农药的一个重要部分，具有不污染环境，对人、畜安全，易被土壤微生物分解等优点，因而挖掘新的农用抗生素应用于植物病害防治具有广阔的应用前景。目前广泛应用的许多重要农用抗生素都是从放线菌分离得到的，而这些放线菌主要来源于陆源环境，由于不断的重复分离筛选，筛选出具有新型抗病机制的放线菌已难度极大。海洋作为一个巨大的生物资源库，由于其特殊的生存环境，如高盐度、高压力、低温及特殊光照，决定了海洋生物不同于陆源生物的多样性和独特性，目前尚有约99%的海洋微生物未被认识，随着生物技术的发展，越来越多的海洋微生物被开发利用，它们及其次生代谢产物为植物病害的防治提供了新的资源物。因此人们逐渐把目光转向微生物资源丰富的海洋，期望从海洋环境中筛选出具有新型抗病机制的生防微生物，用于植物病害的防治。可见，从海洋链霉菌及其代谢产物中提取活性物质应用于多肉植物茎腐病的防治，是条思路新颖，且切实可行的新路径。

笔者经多次筛选，从福建省云霄县红树林潮滩湿地采集的海泥中分离得到了一株对多肉植物茎腐病具有较强抑制作用的海洋链霉菌SCFJ-05，其为葱绿毛链霉菌（*Streptomyces prasinopilosus*）。该菌株已于2018年6月4日在中国微生物菌种保藏管理委员会普通微生物中心登记保藏，保藏编号为CGMCC No.15860。经验证，该菌株对多肉植物茎腐病病原菌有明显的抑制作用，具有被开发为生物农药的潜能，为推动基于生防菌的多肉植物茎腐病绿色防控技术集成及海洋链霉菌SCFJ-05的应用，将该菌株的有关信息共享如下。

6.1.1.1 海洋链霉菌SCFJ-05的培养及形态特征

培养所用的7种培养基分别为：无机盐淀粉琼脂（ISP-4，可溶性淀粉10g、K_2HPO_4 1g、$MgSO_4 \cdot 7H_2O$ 1g、NaCl 1g、$(NH_4)_2SO_4$ 2g、$CaCO_3$ 2g、$FeSO_4 \cdot 7H_2O$ 0.001g、$MnCl_2 \cdot 7H_2O$ 0.001g、$ZnSO_4 \cdot 7H_2O$ 0.001g、琼脂20g、蒸馏水1 000mL，pH值7.0～7.4）、葡萄糖天门冬素琼脂（ISP-5，L-天门冬氨酸1g、葡萄糖10g、K_2HPO_4 1g、微量元素溶液1mL、琼脂20g、蒸馏水1 000mL，pH值7.2，微量元素溶液：$FeSO_4 \cdot 7H_2O$ 0.1g、$MnCl_2 \cdot 4H_2O$ 0.1g、$ZnSO_4 \cdot 7H_2O$ 0.1g）、燕麦粉琼脂（ISP-3，燕麦粉20g、琼脂20g、微量元素溶液1mL，pH值7.2，微量元素溶液：$FeSO_4 \cdot 7H_2O$ 0.1g、$MnCl_2 \cdot 4H_2O$ 0.1g、$ZnSO_4 \cdot 7H_2O$ 0.1g）、酵母精麦芽糖琼脂（ISP-2，酵母膏4g、麦芽汁10g、葡萄糖4g、琼脂20g、蒸馏水1 000mL，pH值7.0）、营养琼脂（NA，蛋白胨10g、牛肉膏3g、氯化钠5g、琼脂20g、蒸馏水1 000mL，pH值7.3）、甘油天门冬素琼脂（L-天门冬素1g、K_2HPO_4 1g、微量元素溶液1mL、甘油10g、琼脂20g、蒸馏水1 000mL，pH值7.0～7.4）和淀粉琼脂（可溶性淀粉10g、$MgCO_3$ 1g、K_2HPO_4 0.3g、NaCl 0.5g、$NaNO_3$ 1g、琼脂20g、蒸馏水1 000mL，pH值7.0）。将菌株SCFJ-05分别接种到7种培养基上，然后置于28℃恒温培养箱倒置培养，7d后观察SCFJ-05菌株的气生菌丝、基内菌丝生长情况及可溶性色素的产生情况，结果见表6-1。结果发现，菌株SCFJ-05在7种培养基上均可生长，均有气生菌丝体及基质菌丝体产生；除在淀粉琼脂、葡萄糖天门冬素琼脂和营养琼脂产生可溶性色素外，其他4种培养基均无可溶性色素产生。菌株SCFJ-05在PDA培养基上生长良好，孢子丝松敞，规则短螺旋形，有时仅初旋，表面长有约2μm的细毛。

表6-1　菌株的培养及形态特征

培养基	气生菌丝体	基质菌丝体	可溶性色素
无机盐淀粉琼脂	绿色	灰黄色	无

（续表）

培养基	气生菌丝体	基质菌丝体	可溶性色素
甘油天门冬素琼脂	绿色	灰黄色	无
淀粉琼脂	白至绿色	粉色	浅粉
酵母精麦芽糖琼脂	绿色	灰橙黄色	无
燕麦粉琼脂	绿色	灰黄色	无
营养琼脂	葱绿带白斑	红褐色	粉红
葡萄糖天门冬素琼脂	白至葱绿色	砖红色	砖红色

6.1.1.2 海洋链霉菌SCFJ-05的生理生化特征

参照《放线菌快速鉴定与系统分类》（阮继生，黄英. 放线菌快速鉴定与系统分类［M］. 北京：科学出版社，2011）和《链霉菌鉴定手册》（中国科学院微生物研究所放线菌分类组. 链霉菌鉴定手册［M］. 北京：科学出版社，1975）中所述的方法，对菌株SCFJ-05的生理生化特性，如碳源利用、黑色素产生、H_2S产生、明胶液化、淀粉水解、牛奶凝固胨化、硝酸盐还原等指标进行测定，结果见表6-2。结果表明，在测试6种碳源中，海洋链霉菌SCFJ-05可利用葡萄糖、果糖和阿拉伯糖作为碳源。可使淀粉水解、牛奶凝固胨化和硝酸盐还原，不能使明胶液化，不产生H_2S和黑色素。

表6-2　菌株的生理生化特性

碳源利用	结果	测定项目	结果
葡萄糖	+	明胶液化	−
果糖	+	淀粉水解	+
蔗糖	−	牛奶凝固胨化	+
棉籽糖	−	硝酸盐还原	+
甘露醇	−	H_2S产生	−
阿拉伯糖	+	黑色素产生	−

6.1.1.3 海洋链霉菌SCFJ-05的16S rDNA序列

菌株SCFJ-05于高氏一号液体培养基中培养4～5d的菌液，置无菌离心管中离心后收集菌体沉淀。称取0.1～0.2g菌体于无菌研钵中，加入少量PVP后用液氮研磨成粉末，用放线菌基因组提取试剂盒提取菌体总DNA。以通用引物27F：5′-AGAGTTTGATCCTGGCTCAG-3′，1541R：5′-AAGGAGGTGATCCAGCCGCA-3′扩增放线菌16S rDNA。将PCR产物上样于含有GelRed染料的琼脂糖凝胶中电泳后回收目的条带，送交生工生物工程（上海）股份有限公司测序。利用NCBI Blast对所测序列进行比对分析，选取GenBank中与之同源性较高的菌株的16S rDNA序列，利用Clustal X软件对其进行多重比对，分析菌株SCFJ-05与参比菌株之间的序列相似性，并通过Mega4.1软件中的Neighbor joining方法构建系统发育树（图6-1）。

结果表明，海洋链霉菌SCFJ-05的16S rDNA的序列如序列表SEQ ID NO.1所示。将所得序列于美国国立生物技术信息中心（NCBI）网站上进行Blast比对分析发现，所测序列与Genbank中链霉菌属的多个种均具有较高的同源性，其中与 *S. prasinopilosus*具有最高同源性（GeneBank登录号：KR703669、KU647247和KU647227），其序列相似性达99%以上。

序列表SEQ ID NO.1

<110>福建省农业科学院植物保护研究所

<120>一株对多肉植物茎腐病具有抑制作用的海洋链霉菌SCFJ-05

<130>3

<160>3

<170>PatentIn Version 3.3

<210>1

<211>1393

<212>DNA

<213>人工序列

<400>1

gtcgaacgat gaagcccttc ggggtggatt agtggcgaac gggtgagtaa cacgtgggca 60

atctgccctg cactctggga caagccctgg aaacggggtc taataccgga tatgaccatc 120

ttgggcatcc ttgatggtgt aaagctccgg cggtgcagga tgagcccgcg gcctatcagc 180

ttgttggtga ggtaatggct caccaaggcg acgacgggta gccggcctga gagggcgacc 240

ggccacactg ggactgagac acggcccaga ctcctacggg aggcagcagt ggggaatatt 300

gcacaatggg cgaaagcctg atgcagcgac gccgcgtgag ggatgacggc cttcgggttg 360 taaacctctt tcagcaggga agaagcgaaa gtgacggtac ctgcagaaga agcgccggct 420

aactacgtgc cagcagccgc ggtaatacgt agggcgcaag cgttgtccgg aattattggg 480

cgtaaagagc tcgtaggcgg cttgtcacgt cgattgtgaa agctcggggc ttaacccccga 540

gtctgcagtc gatacggggc tagctagagt gtggtagggg agatcggaat tcctggtgta 600

gcggtgaaat gcgcagatat caggaggaac accggtggcg aaggcggatc tctgggccat 660

tactgacgct gaggagcgaa agcgtgggga gcgaacagga ttagataccc tggtagtcca 720

cgccgtaaac ggtgggaact aggtgttggc gacattccac gtcgtcggtg ccgcagctaa 780

cgcattaagt tccccgcctg gggagtacgg ccgcaaggct aaaactcaaa ggaattgacg 840

ggggcccgca caagcggcgg agcatgtggc ttaattcgac gcaacgcgaa gaaccttacc 900

aaggcttgac ataccgga aagcattaga gatagtgccc cccttgtggt cggtgtacag 960

gtggtgcatg gctgtcgtca gctcgtgtcg tgagatgttg ggttaagtcc cgcaacgagc 1020

gcaacccttg tcccgtgttg ccagcaggcc cttgtggtgc tggggactca cgggagaccg 1080

ccggggtcaa ctcggaggaa ggtggggacg acgtcaagtc atcatgcccc ttatgtcttg 1140

ggctgcacac gtgctacaat ggccggtaca atgagctgcg ataccgtgag gtggagcgaa 1200

tctcaaaaag ccggtctcag ttcggattgg ggtctgcaac tcgaccccat gaagtcggag 1260

tcgctagtaa tcgcagatca gcattgctgc ggtgaatacg ttcccgggcc ttgtacacac 1320

cgcccgtcac gtcacgaaag tcggtaacac ccgaagccgg tggcccaacc ccttgtggga 1380

gggagctgtc gaa 1393

<210>2

<211>20

<212>DNA

<213>人工序列

<400>2

Agagtttgat cctggctcag 20

<210>3

<211>20

<212>DNA

<213>人工序列

<400>3

aaggaggtga tccagccgca 20

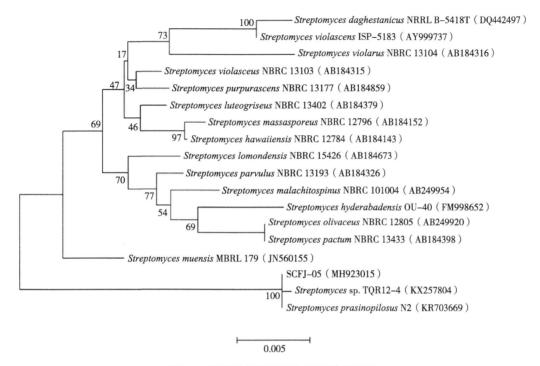

图6-1 海洋链霉菌SCFJ-05系统发育树

6.1.1.4 海洋链霉菌SCFJ-05发酵液粗提物的制备

（1）菌株的活化培养。将分离保存的海洋链霉菌SCFJ-05转接至高氏合成1号培养基平板上，于28℃培养箱培养7d。

（2）菌株的发酵培养。取高氏合成1号培养基上活化的海洋链霉菌SCFJ-05，接种到高氏合成1号液体发酵培养基（100mL培养基/250mL锥形瓶，配方同高氏合成1号固体培养基，不含琼脂）中，28℃下摇床200r/min振荡发酵培养4d。

（3）发酵液粗提物的制备。取振荡培养发酵液，经由无菌滤纸抽滤，分别获得上清液和菌丝体。取上清液，用乙酸乙酯萃取3次，合并萃取液，得上清液的乙酸乙酯萃取液。菌丝体用80%丙酮水溶液浸泡过夜后，用超声波破碎提取3次，合并提取液，并将提取液减压浓缩至无丙酮后，所得水相再用等体积的乙酸乙酯萃取3次，得菌丝体的乙酸乙酯萃取液。将上清液和菌丝体的乙酸乙酯萃取液合并，减压浓缩至干，得到该菌株的乙酸乙酯萃取物。称取1g萃取物加入1mL二甲基亚砜溶解，再加入无菌水定容至10mL，即为海洋链霉菌SCFJ-05发酵液粗提物。

可见，海洋链霉菌SCFJ-05易于培养，其发酵液粗提物易于提取制备。

6.1.1.5 海洋链霉菌SCFJ-05抑菌谱的测定

（1）供试菌株及培养基。供试植物病原菌包括多肉植物茎腐病菌（*Fusarium oxysporum*）、茄镰孢菌（*Fusarium solani*）、恶疫霉菌（*Phytophthora cactorum*）、兰花茎腐病菌（*Fusarium oxysporum*）和多肉植物炭疽病菌（*Colletotrichum gloeosporioides*）。用于植物病原菌培养所用的培养基为PDA培养基（称取新鲜去皮的马铃薯200g，切碎加水1 000mL煮沸30min，纱布过滤，取滤液定容至1 000mL，再加20g葡萄糖和20g琼脂，加热充分溶解后分装至锥形瓶或玻璃试管中，121℃，高压灭菌28min）。

（2）供试菌株的活化。将PDA培养基分别加热溶解后倒入直径为9cm的无菌培养皿中，制备得到PDA培养基平板。用无菌接种针挑取保存于4℃冰箱斜面培养基中的各植物病原菌菌块，接种于PDA培养基平板上，置于28℃恒温培养箱中培养活化。

（3）抑菌活性测定。以多肉植物茎腐病菌、茄镰孢菌、恶疫霉菌、兰花茎腐病菌和多肉植物炭疽病菌5种植物病原菌为靶标菌，采用打孔法测定筛选出海洋链霉菌SCFJ-05的抑菌谱。用打孔器取直径5mm的靶标菌菌饼置于距培养皿中心2.5cm处，再把混好靶标菌的PDA平板中央用打孔器打孔，孔中加入200μL无菌的发酵液粗提物，分别置于与（28±1）℃、光周期12L：12D的HGZ-150型光照培养箱内培养，6d后测定抑菌带宽，试验设3次重复。

通过以上方法，菌株SCFJ-05对多肉植物茎腐病菌、恶疫霉菌和兰花茎腐病菌均有强抑制作用，对茄镰孢菌和多肉植物炭疽病菌也具有较强的抑制作用（表6-3），可见海洋链霉菌SCFJ-05的抑菌谱较广。

因此，海洋链霉菌SCFJ-05易被开发为生防菌制剂，与目前所用的化学杀菌剂相比，具有低毒、低残留、无污染和不易产生抗药性的特征，对植物真菌病害防治具有良好的市场应用前景。

表6-3　海洋链霉菌SCFJ-05发酵液粗提物对植物病原菌的抑制作用

供试植物病原菌	抑菌带宽（cm）
多肉植物茎腐病菌（*Fusarium oxysporum*）	1.97 ± 0.08a
茄镰孢菌（*Fusarium solani*）	1.52 ± 0.16bc
恶疫霉菌（*Phytophthora cactorum*）	1.89 ± 0.08a
兰花茎腐病菌（*Fusarium oxysporum*）	1.77 ± 0.07ab
多肉植物炭疽病菌（*Colletotrichum gloeosporioides*）	1.49 ± 014bc

注：同列数据后标有不同小写字母，表示经Duncan氏新复极差法检验在$P<0.05$水平差异显著。

6.1.2 黑腐病

黑腐病是多肉植物上的一种主要病害，多肉植物得了黑腐病后，叶片快速变黑、掉落，植株快速枯萎、死亡。对多肉黑腐病，从欧美到日韩的大棚也都没有特别的处理方法。为预防多肉植物黑腐，岑彩萍提出了一种较好的方法，包括以下步骤。

6.1.2.1 植材准备

以锯末为基质，再加入肝糖、树胶醛糖、甘露醇、蜜糖（它们重要比例为1：3：2：1）搅拌均匀，再加入木霉菌，放入发酵罐进行发酵15d（发酵罐温度控制在25～27℃），即得发酵锯末；将发酵锯末、白玉石、河沙、麦饭石、高岭石（它们重要比例为10：3：2：3：4）混合搅拌均匀，即得种植土。

6.1.2.2 种植

将种植土倒入播种盆中，用水浸湿，将多肉植物种于播种盆中，并在种植土表面撒上河沙进行覆盖，覆盖厚度为2cm。

6.1.2.3 浇水

将木霉菌加水混合后倒入雾化器中，用雾化器（雾化颗粒0.3～0.5μm）对种有多肉植物的种植土表面河沙进行喷洒30min，喷洒结束后把多肉植物放在通风环境。

此方法遵循多肉植物生长原则，种植前将锯末进行发酵处理，有助于增强多肉植物的活性，经过科学合理配比，采用以发酵锯末为基质，白玉石、河沙、麦饭石、高岭石为主要原料进行配土，使种植土更接近多肉植物自然生长的土质，其中，发酵锯末作为基质，起到提供养分的作用；以具有透气疏水的河沙和麦饭石，加强透气疏水的功效；佐以提供营养的白玉石，以及调节植物生理机能、提高多肉植物抵抗力的高岭石；再用木霉菌加水对多肉植物进行喷洒，控制了浇水量，很好抑制了导致多肉植物黑腐的细菌生长，种植土表面河沙又起到阻止病菌进入多肉植物根部的作用，从根本解决了多肉植物黑腐的问题。

经验证，本方法用于预防多肉植物黑腐效果显著，操作简单，多肉植物黑腐发生率降低至10%以下。

与此同时，有学者也提出了一种防治多肉植物黑腐病的方法，包括以下步骤。

（1）摘取带有生长点的幼苗，扦插入装有培育土的育苗盘中，在幼苗旁边覆上硫黄，并盖上稻草，培育时间为35d，在此期间将腐熟的鸡粪混水对幼苗进行浇灌。

（2）将育苗盘中的幼苗移栽至盆中的培养土进行培育，培养土中混有呋喃丹，待植株长至6cm，株型饱满时出圃；在此期间加大盆中湿度，同时按重量份数计，用

12份苯莱特和3份代森锰锌混合进行1 000倍水稀释,得预防药水对幼苗进行喷洒,苯莱特为1-正丁胺基甲酰-2-苯并咪唑氨基甲酸甲酯。经验证,这种方法能有效预防并防治真菌性腐烂和黑腐病,提升多肉植物的生长速度。

6.1.3　褐腐病

褐腐病是景天科多肉植物上的一种主要真菌性病害。该病的适应能力和生存能力都非常强,既可以从活体的植物组织中摄取营养,也可以在死亡的残体中生存。褐腐病的致病能力超强,一旦条件合适即可侵入景天科多肉植物器官并迅速繁殖。叶片感病,初呈黄色或黄褐色小点,逐渐扩大为圆形或椭圆形病斑,红褐色;花瓣受害,初呈水渍状褐色斑点,逐渐扩展,整个花瓣变枯,枯萎下垂;球茎受害,外表产生不规则黑斑。潮湿条件下,感病茎叶上产生一层灰色霉层;在叶鞘内,球茎表面或土壤中产生黑色菌核。目前景天科多肉植物无抗褐腐病的品种,生产上控制褐腐病仍以化学防治为主。化学防治导致病原菌抗药性,很难从根源上有效防止病害的再次发生,且对环境污染较大,危害生态平衡,而采用微生物防治植物病害是最有效的生防手段之一。为此,赵钢勇等提出了一种应用复合菌剂防治多肉植物褐腐病的方法,其核心复合菌剂由短小芽孢杆菌(*Bacillus pumilus*)MES828的发酵产物(活菌数≥$2.5×10^9$cfu/g)、侧孢短芽孢杆菌(*Brevibacillus laterosporus*)MES818的发酵产物(活菌数≥$2.5×10^9$cfu/g)按体积比(1~4):(1~4)充分混合,然后5 000~10 000r/min离心15~30min获得菌体,用无菌水将菌体重悬打散配制而成,复合菌剂产品中活菌总数在$2.5×10^9$~$2.0×10^{10}$范围内,pH值在4.0~7.5。

短小芽孢杆菌MES828是一种防治景天科多肉植物褐腐的菌株,在中国普通微生物菌种保藏管理中心保藏,保藏编号CGMCC No.16858。该菌菌体呈细杆状,革兰氏阳性,大小为(0.6~0.7)μm×(2.0~3.0)μm,芽孢椭圆形,中生或近中生,芽孢囊不明显膨大,在营养琼脂培养基上,菌落为圆形,淡黄色,不透明,扁平,表面湿润,边缘整齐。阳性反应:接触酶;氧化酶;V-P测定;明胶液化;柠檬酸盐利用。阴性反应:丙酸盐利用;淀粉水解;硝酸盐还原;明胶液化;厌氧生长。采用特异引物进行多重PCR扩增,该菌株产生唯一的扩增产物,条带大小与短小芽孢杆菌(*Bacillus pumilus*)相同。其优选的高密度发酵方法步骤如下。

(1)菌种的制备。将分离获得的短小芽孢杆菌(*Bacillus Pumilus*)MES828转接至茄瓶培养基(按质量分数计:胰蛋白胨0.5%~2.0%,牛肉膏0.5%~2.0%,NaCl 0.2%~1.0%,琼脂1.5%~2.0%,余量为去离子水,pH值控制在7.0~7.3,121℃灭菌30min),于35~37℃培养48~72h,得到活化菌株,将30mL保护剂(2.0%葡萄糖溶液+3.5%脱脂奶粉溶液+20%甘油溶液）加到茄瓶中，用无菌刮铲刮下，经研磨器研磨均匀后，保存至-80℃冰箱，备用。

（2）种子液的制备。吸取-80℃保存的菌种，按照5%～15%接种量接入300mL液体培养基（按质量分数计：鱼蛋白胨0.5%～2.0%，大豆蛋白胨0.5%～2.0%，酵母粉0.5%～2.0%，NaCl 0.2%～1.0%，自然pH值，121℃灭菌30min）中，于35～37℃、220r/min培养72h，得到种子液。

（3）种子罐发酵。将种子液以5%～15%的接种量接入50L种子罐进行发酵，种子罐培养基按质量分数计（糖蜜2%～4%，黄豆粉0.5%～3%，酶解的花生粕粉[①]0.5%～2%，酵母膏0.5%～1.0%，NaCl 0.2%～2.0%，MgSO₄ 0.5‰～2.0‰，柠檬酸0.2%～2.0%，KH₂PO₄ 0.05%～0.10%，余量为去离子水，pH值控制在7.0～7.3，121℃灭菌30min），种子罐装料系数45%～55%，发酵温度35～37℃，转速220～250r/min，罐压保持在0.05～0.08Mpa，通风比1：（0.5～1.0），种子培养基初始pH值6.5～7.0，发酵周期24～36h，发酵过程中流加5～10M NaOH，使发酵液pH值控制在6.5～7.0。

（4）发酵罐发酵。待种子罐发酵结束后，按照5%～15%的接种量移种至5 000L发酵罐进行深层液体发酵，发酵罐液培养基按质量分数计（白糖1%～3%，糖蜜1%～3%，花生饼粉0.5%～5.0%，酵母膏0.5%～1.0%，NaCl 0.2%～2.0%，MgSO₄ 0.5%～2.0‰，柠檬酸0.2%～2.0%，KH₂PO₄ 0.05%～0.10%，中性蛋白酶0.5%～2.0‰，风味蛋白酶0.5‰～2.0‰，泡敌0.2‰～1.5‰，余量为去离子水，培养基pH值6.0～7.0，121℃灭菌30min），发酵罐装料系数45%～55%，发酵温度35～37℃，转速220～250r/min，罐压保持在0.05～0.08Mpa，通风比1：（0.5～1.0），发酵培养基初始pH值6.5～7.0，待发酵24～36h时，以补料方式流加外源营养物（0.5%～1%葡萄糖和1%～4%大豆多肽的混合液），继续发酵10～12h，待发酵结束后即可获得短小芽孢杆菌MES828液体发酵产物。

侧孢短芽孢杆菌MES818菌株，也在中国普通微生物菌种保藏管理中心保藏，保藏编号CGMCC No.16859。该菌菌体呈细杆状，革兰氏阳性，大小为（1.0～1.2）μm×（2.5～3.0）μm，有独舟状侧孢，椭圆形，孢囊膨大，在营养琼脂培养基上，菌落为圆形，较小，灰白色，边缘整齐，表面湿润光滑，半透明。阳性反应：接触酶；氧化酶；明胶液化；硝酸盐还原；厌氧生长。阴性反应：V-P测定；柠檬酸盐利用；淀粉水解。采用特异引物进行多重PCR扩增，该菌株产生唯一的扩增产物，条带大小与侧孢短芽孢杆菌（*Brevibacillus laterosporus*）相同。其优选的高密度发酵方法步骤如下。

① 指采用风味蛋白酶和中性蛋白酶按照（1：3）～（3：1）复配，以底物质量计加酶量0.5%～1.0%，酶解温度40～55℃，酶解时间4～6h，经真空抽滤，80℃烘干后获得。

一是菌种的制备。将分离获得的侧孢短芽孢杆菌（*Brevibacillus laterosporus*）MES818转接至茄瓶培养基（按质量分数计：胰蛋白胨0.5%～2.0%，牛肉膏0.5%～2.0%，NaCl 0.2%～1.0%，琼脂1.5%～2.0%，余量为去离子水，pH值控制在7.0～7.3，121℃灭菌30min），于35～37℃培养48～72h，得到活化菌株，将30mL保护剂（2.0%葡萄糖溶液+3.5%脱脂奶粉溶液+20%甘油溶液）加到茄瓶中，用无菌刮铲刮下，经研磨器研磨均匀后，保存至-80℃冰箱，备用。

二是种子液的制备。吸取-80℃保存的菌种，按照5%～15%接种量接入300mL液体培养基（按质量分数计：鱼蛋白胨0.5%～2.0%，大豆蛋白胨0.5%～2.0%，酵母粉0.5%～2.0%，NaCl 0.2%～1.0%，自然pH值，121℃灭菌30min）中，于35～37℃、220r/min培养72h，得到种子液。

三是种子罐发酵。将种子液以5%～15%的接种量接入50L种子罐进行发酵，种子罐培养基按质量分数计（酵母浸粉0.5%～2.0%，糖蜜1%～3%，酶解的花生粕粉1%～4%，KH_2PO_4 0.5%～1.0%，$MgSO_4$ 0.03%～0.05%，$CaCO_3$ 0.03%～0.05%，NaCl 0.5%～1.0%，余量为去离子水，自然pH值，121℃灭菌30min），种子罐装料系数45%～55%，发酵温度35～37℃，转速220～250r/min，罐压保持在0.05～0.08Mpa，通风比1：（0.5～1.0），种子培养基初始pH值6.5～7.0，发酵周期24～36h，发酵过程中流加5～10M NaOH，使发酵液pH值控制在6.5～7.0。

四是发酵罐发酵。待种子罐发酵结束后，按照5%～15%的接种量移种至5 000L发酵罐进行深层液体发酵，发酵罐液培养基按质量分数计（葡萄糖2%～4%，糖蜜1%～3%，酵母浸粉1%～3%，花生粕2%～4%，NaCl 1%～3%，$MgSO_4$ 1%～2%，中性蛋白酶0.5‰～2.0‰，风味蛋白酶0.5‰～2.0‰，柠檬酸钠0.5‰～3.0‰，泡敌0.2‰～1.5‰，余量为去离子水，培养基pH值6.0～7.0，121℃灭菌30min），发酵罐装料系数45%～55%，发酵温度35～37℃，转速220～250r/min，罐压保持在0.05～0.08Mpa，通风比1：（0.5～1.0），发酵培养基初始pH值6.5～7.0，待发酵24～36h时，以补料方式流加外源营养物（0.5%～1%葡萄糖和1%～4%大豆多肽的混合液），继续发酵10～12h，待发酵结束后即可获得侧孢短芽孢杆菌MES818液体发酵产物。

此复合菌剂用于防治多肉植物褐腐病时，使用方法如下：先将复合菌剂用500～1 000倍水稀释，然后采用叶面喷施方式施用到多肉植物叶片或采用根灌方式施用到多肉植物根部。经实施，证实应用此复合菌剂防治多肉植物褐腐病的方法是可行的，防治效果虽略低于化学药剂，但从长远来看长期施用化学药剂对植物的生长不利，同时还会影响植物根际微生物菌群结构，而此复合菌剂无毒、无害、无残留，能有效防治景天科多肉植物褐腐病，而且能促进景天科多肉植物对养分的吸收和利用，改善景天科多肉植物形态，对增强景天科多肉植物的观赏价值有着重要的积极意义。与施用单一菌剂相比，复合菌剂的拮抗作用较强，复合菌株相互协同，能够在景天科多肉植物的根际、根表和体内定植、繁殖和转移，对景天科多肉植物褐腐病病原菌有较强的拮抗效果，试验防效达84%以上。具体实施例如下。

实施例1：复合菌剂500倍水稀释叶面喷施长势基本一致的褐腐病多肉植物雪莲（*Echeveria laui*）种子苗，并以叶面喷施短小芽孢杆菌菌剂、侧孢短芽孢杆菌菌剂、70%甲基硫菌灵可湿性粉剂及无菌水作对照，每个处理20盆，重复3次；每7d喷施1次处理液，喷施量以叶面完全沾处理液为宜，正常管理，并计算病情指数和防治效果，结果见表6-4。

表6-4　不同药剂500倍液叶面喷施对雪莲多肉褐腐病防效对比

处理方式	病情指数	防效（%）
叶面喷施短小芽孢杆菌菌剂500倍液	16.14b	66.4
叶面喷施侧孢短芽孢杆菌菌剂500倍液	15.31b	68.9
叶面喷施复合菌剂500倍液	10.10bc	84.4
叶面喷施70%甲基硫菌灵可湿性粉剂500倍液	9.11c	92.6
叶面喷施无菌水	85.21a	—

注：表中同列不同字母表示差异显著（$P<0.05$），下同。

实施例2：复合菌剂1 000倍水稀释叶面喷施长势基本一致的褐腐病多肉植物雪莲（*Echeveria laui*）种子苗，并以叶面喷施短小芽孢杆菌菌剂、侧孢短芽孢杆菌菌剂、70%甲基硫菌灵可湿性粉剂及无菌水作对照，每个处理20盆，重复3次；每10d喷施1次处理液，喷施量以叶面完全沾处理液为宜，正常管理，并计算病情指数和防治效果，结果见表6-5。

表6-5　不同药剂1 000倍液叶面喷施对雪莲多肉褐腐病防效对比

处理方式	病情指数	防效（%）
叶面喷施短小芽孢杆菌菌剂1 000倍液	15.33b	68.8
叶面喷施侧孢短芽孢杆菌菌剂1 000倍液	14.97b	70.6
叶面喷施复合菌剂1 000倍液	10.94bc	86.8
叶面喷施70%甲基硫菌灵可湿性粉剂1 000倍液	8.96c	95.6
叶面喷施无菌水	85.21a	—

实施例3：复合菌剂500倍水稀释根灌长势基本一致的褐腐病多肉植物雪莲（*Echeveria laui*）种子苗，并以叶面喷施短小芽孢杆菌菌剂、侧孢短芽孢杆菌菌剂、70%甲基硫菌灵可湿性粉剂及无菌水作对照，每个处理20盆，重复3次；每盆灌根30mL处理液，每7d灌根1次，正常管理，并计算病情指数和防治效果，结果见表6-6。

表6-6　不同药剂500倍液根灌对雪莲多肉褐腐病防效对比

处理方式	病情指数	防效（%）
根灌短小芽孢杆菌菌剂500倍液	15.71b	68.2
根灌侧孢短芽孢杆菌菌剂500倍液	14.82b	70.1
根灌复合菌剂500倍液	11.10bc	84.2
根灌70%甲基硫菌灵可湿性粉剂500倍液	8.82c	96.2
根灌无菌水	85.21a	—

实施例4：复合菌剂1 000倍水稀释根灌长势基本一致的褐腐病多肉植物雪莲（*Echeveria laui*）种子苗，并以叶面喷施短小芽孢杆菌菌剂、侧孢短芽孢杆菌菌剂、70%甲基硫菌灵可湿性粉剂及无菌水作对照，每个处理20盆，重复3次；每盆灌根30mL处理液，每10d灌根1次，正常管理，并计算病情指数和防治效果，结果见表6-7。

表6-7　不同药剂1 000倍液根灌对雪莲多肉褐腐病防效对比

处理方式	病情指数	防效（%）
根灌短小芽孢杆菌菌剂1 000倍液	15.21b	74.8
根灌侧孢短芽孢杆菌菌剂1 000倍液	14.71b	75.2
根灌复合菌剂1 000倍液	10.11bc	88.3
根灌70%甲基硫菌灵可湿性粉剂1 000倍液	8.71c	96.4
根灌无菌水	85.21a	—

6.2　几种主要虫害绿色防控技术

6.2.1　红蜘蛛

红蜘蛛是多肉植物上的一种主要螨害。目前，由于没有成熟的规模化种植技术，多肉植物容易招惹红蜘蛛，影响多肉植物生长及观赏，想要种好多肉植物就必须解决红蜘蛛为害问题。为此,杨佳琪提出了一种多肉植物防治红蜘蛛的方法,具体步骤如下。

(1)摘取带有生长点的幼苗,扦插入装有培育土的育苗盘中,在幼苗旁边盖上稻草,培育时间为35d,在此期间将腐熟的鸡粪混水对幼苗进行浇灌。

(2)育苗盘中的幼苗长至2~3cm时,将其移栽至盆中进行培育,时间为70d,待植株长至5~7cm,株型饱满时出圃;在此期间加大盆中湿度,同时按重量份数计,用5份阿维菌素和15份三氯杀螨醇混合进行1 000倍水稀释,得预防药水对幼苗进行喷洒。

经实施,证实此法能有效防治红蜘蛛,提升多肉植物生长速度。

6.2.2 玄灰蝶

玄灰蝶是多肉植物上的一种主要害虫。目前,由于没有成熟的规模化种植技术,多肉植物容易招惹玄灰蝶,影响多肉植物生长及观赏,想要种好多肉植物就必须解决玄灰蝶为害问题。为此,覃卯玲提出了一种多肉植物防治玄灰蝶的方法,具体步骤如下。

(1)摘取带有生长点的幼苗,扦插入装有培育土的育苗盘中,用消毒液对培育土进行消毒,在幼苗旁边盖上稻草,培育时间为35d。

(2)将育苗盘中的幼苗移栽至盆中的培养土进行培育,培养土中混有呋喃丹,待植株长至5~7cm,株型饱满时出圃;在此期间用蚧必治进行1 200倍水稀释,得预防药水对幼苗进行喷洒。

经实施,证实此法能有效防治玄灰蝶,提升多肉植物生长速度。

6.2.3 介壳虫

介壳虫是多肉植物上的一种主要害虫。目前,由于没有成熟的规模化种植技术,多肉植物容易招惹介壳虫,影响多肉植物生长及观赏,想要种好多肉植物就必须解决介壳虫为害问题。为此,杨佳琪提出了一种多肉植物防治介壳虫的方法,具体步骤如下。

(1)摘取带有生长点的幼苗,扦插入装有培育土的育苗盘中,在幼苗旁边盖上稻草,培育时间为35d,在此期间将腐熟的鸡粪混水对幼苗进行浇灌。

(2)将育苗盘中的幼苗移栽至盆中的培养土进行培育,培养土中混有呋喃丹,待植株长至5~7cm,株型饱满时出圃;在此期间加大盆中湿度,同时按重量份数计,用10份阿维菌素和10份速扑杀混合进行1 000倍水稀释,得预防药水对幼苗进行喷洒。

经实施,证实此法能有效防治介壳虫,提升多肉植物生长速度。

与此同时,孙源泽也提出了一种在多肉植物盆栽培育过程中灭杀介壳虫的方法，涉及的多肉植物为仙人掌科（Cactaceae）、番杏科（Tetragoniaceae）、大戟科（Euphorbiaceae）、景天科（Crassulaceae）、百合科（Liliaceae）、萝藦科（Asclepiadaceae）、龙舌兰科（Agavaceae）和菊科（Asteraceae）的多肉植物，其具体工艺步骤如下。

（1）将盆栽的多肉植物放置到纸箱中，在该纸箱中放入插有炔丙菊酯电蚊香片的电热蚊香，开启电热蚊香并且密封纸箱，保持16～30h（优选保持18h）。

（2）将步骤（1）得到的处理后的多肉植物盆栽的盆部分用聚乙烯薄膜包裹，覆盖其泥土表面，仅露出其上的植株部分。

（3）将步骤（2）得到的处理后的植株喷洒第一液体，随后将聚乙烯薄膜包裹所述的植株，并且保持10～30min（优选保持24min），所述的第一液体按重量计包括0.35%～0.50%的苯氧威［指2-（对-苯氧基苯氧基）乙基氨基甲酸乙酯的纯品］、15%～30%的乙醇、5%～7.5%的甘油，余量为水（所述的第一液体，按重量计的优选方案是：0.44%的苯氧威、18%的乙醇、6.3%的甘油，余量为水）。

（4）除去包裹植株的聚乙烯薄膜，使用清水喷洒洗涤所述的植株部分，晾干并且向所述的植株喷洒第二液体，所述的第二液体按重量计包括3.5%～5.0%的柠檬酸、15%～30%的乙醇、5%～7.5%的甘油、1.0%～1.5%重均分子量为5 000～7 500的葡聚糖（购自重庆普那斯科技有限公司），余量为水（所述的第二液体，按重量计的优选方案是：4.4%的柠檬酸、18%的乙醇、6.4%的甘油、1.2%重均分子量为5 000～7 500的葡聚糖，余量为水）。

（5）将步骤（4）处理后的盆栽多肉植物置于通风条件下鼓入干燥空气4～12h，最后再除去包裹盆部分的聚乙烯薄膜。

经实施，证实本方法操作方便，灭杀介壳虫的效果理想，对大棚盆栽耳坠草（*Sedum rubrotinctum*）、千代田之松（*Pachyphytum compactum*）、乌羽玉（*Lophophora williamsii*）等多肉植物上的介壳虫控制效果明显，且能在一定程度上防止介壳虫的复发。具体实施例及对比例如下。

实施例1：对具有介壳虫的耳坠草（俗称虹之玉）进行灭杀处理。

（1）将盆栽的多肉植物放置到纸箱中，在该纸箱中放入插有炔丙菊酯电蚊香片的电热蚊香，开启电热蚊香并且密封纸箱，保持18h。

（2）将步骤（1）得到的处理后的多肉植物盆栽的盆部分用聚乙烯薄膜包裹，覆盖其泥土表面，仅露出其上的植株部分。

（3）将步骤（2）得到的处理后的植株喷洒第一液体，随后将聚乙烯薄膜包裹所述植株，并且保持24min，所述的第一液体按重量计包括0.44%的苯氧威、18%的乙醇、6.3%的甘油，余量为水。

（4）除去包裹植株的聚乙烯薄膜，使用清水喷洒洗涤所述的植株部分，晾干并且向所述的植株喷洒第二液体，所述的第二液体按重量计包括4.4%的柠檬酸、18%的乙醇、6.4%的甘油、1.2%重均分子量为5 000～7 500的葡聚糖，余量为水。

（5）除去包裹盆部分的聚乙烯薄膜。

实施例2：对具有介壳虫的千代田之松进行灭杀处理。

与实施例1的步骤流程基本相同，不同之处是：步骤（1）保持30h；步骤（3）保持10～30min，所述的第一液体按重量计包括0.50%的苯氧威、15%的乙醇、7.5%的甘油，余量为水；步骤（4）所述的第二液体按重量计包括5.0%的柠檬酸、15%的乙醇、7.5%的甘油、1.0%重均分子量为5 000～7 500的葡聚糖，余量为水。

实施例3：对具有介壳虫的乌羽玉进行灭杀处理。

与实施例1的步骤流程基本相同，不同之处是：步骤（1）保持16h；步骤（3）保持10～30min，所述的第一液体按重量计包括0.35%的苯氧威、30%的乙醇、5%的甘油，余量为水；步骤（4）所述的第二液体按重量计包括3.5%的柠檬酸、30%的乙醇、5%的甘油、1.5%重均分子量为5 000～7 500的葡聚糖，余量为水。

实施例4：与实施例1的条件基本相似，其唯一区别在于，在步骤（4）和（5）之间，还包括将所述的盆栽多肉植物置于通风条件下鼓入干燥空气8h的步骤。

实施例5：与实施例2的条件基本相似，其唯一区别在于，在步骤（4）和（5）之间，还包括将所述的盆栽多肉植物置于通风条件下鼓入干燥空气6h的步骤。

实施例6：与实施例3的条件基本相似，其唯一区别在于，在步骤（4）和（5）之间，还包括将所述的盆栽多肉植物置于通风条件下鼓入干燥空气12h的步骤。

对比例1：与实施例1的条件基本相似，其区别在于，只执行步骤（1）。

对比例2：与实施例1的条件基本相似，其区别在于，不执行步骤（4）和（5），在步骤（3）之后直接除去所有的聚乙烯薄膜。

对比例3：与实施例1的条件基本相似，其区别在于，步骤（3）中所述的第一液体不包括甘油，步骤（4）中所述的第二液体不包括甘油和葡聚糖。

对比例4：与实施例1的条件基本相似，其区别在于，步骤（3）中所述的第一液体和步骤（4）中所述的第二液体均不包括乙醇。

摘取各实施例和对比例植株中下部的成熟叶片5片，记录每张叶片上存活介壳虫的数量，统计各实施例和对比例叶片表面存活介壳虫的平均数量；后将各试验组的多肉植物盆栽在同一大棚中继续养殖2个月，并再次观察各实施例和对比例叶片表面存活介壳虫的平均数量。结果见表6-8。

表6-8　各实施例和对比例的介壳虫平均数量

组别	介壳虫平均数量（只/叶）			
	试验前	试验后	灭杀率	养殖2月后
实施例1	7.6	0.0	100.0	1.2
实施例2	11.0	0.2	98.2	0.8
实施例3	6.2	0.2	96.8	1.0
实施例4	6.8	0.0	100.0	0.2
实施例5	10.4	0.0	100.0	0.0
实施例6	5.8	0.2	96.6	0.2
对比例1	7.8	4.2	46.2	6.8
对比例2	8.0	1.2	85.0	4.4
对比例3	7.2	0.4	94.4	3.6
对比例4	7.2	3.4	52.8	2.6

可见，实施例1～6均能在步骤（1）～（4）之后实现很好的介壳虫灭杀效果，其灭杀率均在96.6%以上；在继续培养2个月（大棚介壳虫很容易复发），其介壳虫复发程度很低，值得注意的是，实施例4～6介壳虫基本不再复发。对比例1只进行了熏蒸操作，其杀虫效果最差，复发也最为迅猛，2个月之后基本恢复到处理前水平；对比例2忽略了步骤（4）和（5），其灭杀率有所降低，复发率也大大提高；对比例3没有使用甘油和葡聚糖，其灭杀率基本没下降，但复发率提高了；对比例4没有使用乙醇，在第一液体中药剂溶解效果很差，有浑浊发生，其杀虫效果也不理想。

6.3　几种专用药剂及药肥

6.3.1　抗腐烂剂

腐烂是多肉植物常出现的一种疾病，多肉植物一遇此病会大量猝倒，萎缩死亡，成株球体会开始出现褐色病斑，接着内部腐烂，直至全株软腐死亡。其通常是由于浇水过多或养殖环境过于湿润而引起的真菌感染，有些虫子比如粉蚧也会引起腐烂，尤其是根粉蚧，这些害虫吸食植物汁液时造成的伤口会引起真菌感染。

为防控多肉植物由于真菌感染而引发的腐烂疾病，陈财宝等提供了一种多肉植物雷神（*Agaoe potatorum* var. *verschaffeldii*）的专用抗腐烂药剂，由按照重量份计的以下原料制备得到：三十烷醇3~5份、氯甲酸甲酯2~4份、硫氰酸钠2~6份、邻苯二胺1~3份、三乙膦酸铝1~3份、乙醇20~30份、三唑酮6~12份、三唑醇6~10份、丙环唑3~5份、烯唑醇3~7份、腈苯唑3~8份、酰胺唑4~6份、恶醚唑4~8份、咪鲜胺6~10份、抑霉唑6~12份、氟菌唑8~10份、嘧霉胺8~15份、氯苯嘧啶醇10~12份、十三吗啉5~8份、丁苯吗啉3~5份、烯酰吗啉4~6份、氟吡菌胺3~5份、啶酰菌胺2~4份。经实施，证实此专用药剂能够有效根除多种原因引起的雷神多肉腐烂疾病，无论是针对真菌感染、虫害还是其余原因引起的腐烂，均具有良好效果。同时，陈财宝等还提供了多肉植物鹿角海棠（*Astridia velutina*）的专用抗腐烂药剂，其由按照重量份计的以下原料制备得到：五氯酚钠5~10份、辛硫磷5~10份、三十烷醇3~5份、氯甲酸甲酯2~4份、硫氰酸钠2~6份、邻苯二胺1~3份、三乙膦酸铝1~3份、乙醇20~30份、三唑酮6~12份、三唑醇6~10份、丙环唑3~5份、烯唑醇3~7份、腈苯唑3~8份、酰胺唑4~6份、抑霉唑6~12份、氟菌唑8~10份、嘧霉胺8~15份、氯苯嘧啶醇10~12份、十三吗啉5~8份、丁苯吗啉3~5份、烯酰吗啉4~6份、氟吡菌胺3~5份、啶酰菌胺2~4份。经实施，证实此专用药剂能够有效根除多种原因引起的鹿角海棠多肉腐烂疾病，无论是针对真菌感染、虫害还是其余原因引起的腐烂，均具有良好效果。此外，陈财宝等还提供了生石花（*Lithops* N. E. Br.）、垂盆草（*Sedum sarmentosum*）、桃美人（*Pachyphytum* 'Blue Haze'）、星美人（*Pachyphytum oviferum*）等系列多肉植物的专用抗腐烂剂。

此外，朱晓纬也提供了一种多肉植物抗腐烂药剂，由以下质量分数配方成分组成：三十烷醇6~8份、三唑醇2~4份、乙醇10~12份、氯甲酸甲酯3~5份、碘伏6~8份、辛硫磷5~7份、三乙膦酸铝4~6份、硫氰酸钠3~5份、丙环唑4~6份。经实施证实此药剂能够有效根除多种原因引起的多肉植物腐烂疾病的发生。

采用多菌灵、托布津、代森锌等化学杀菌剂防控多肉植物腐烂病是通用措施，能够干扰病原菌有丝分裂中纺锤体的形成，影响细胞分裂，起到杀菌作用。但长期使用化学杀菌剂易产生抗药性，且药剂本身具有毒性，在使用过程中易对环境及人体造成危害。抗菌中药由于其副作用小、来源广、价格低廉、较少出现耐药等优点，在临床抗真菌治疗领域得到了广泛的应用。鉴于此，王传译提出了一种防治多肉植物腐烂病的中药制剂，包括以下重量份的原料：紫藤22~27份、月腺大戟28~35份、苦皮藤20~30份、百部19~23份、灯油藤19~23份、丁香19~23份、大黄酚15~25份、雷丸14~18份、硫黄粉16~19份、木炭粉30~50份。其优选配比方案为：紫藤25份、月腺大戟32份、苦皮藤25份、百部21份、灯油藤21份、丁香21份、大黄酚20份、雷丸16份、硫黄粉18份、木炭粉40份。并要求中药制剂按以下步骤进行制备。

（1）将所述比重的紫藤、月腺大戟、苦皮藤、百部、灯油藤、大黄酚、丁香和雷丸用清水洗净，然后置于58～78℃的干燥箱内干燥至含水率为5%～17.5%。

（2）将（1）中干燥后的药材共同加入到中药粉碎机中，充分粉碎得粒径为120～180目的中药细粉。

（3）按质量比1：（8～11），将（2）中所得的中药细粉加入到浓度为95%的乙醇溶液中，搅拌混合均匀后，加热回流提取3～5h，提取结束后过滤得提取液。

（4）将（3）中所得的提取液减压浓缩得相对密度为1.08～1.16的浸膏，然后经喷雾干燥制成混合微粉。

（5）将（4）中所得的混合微粉与所述比重的硫黄粉和木炭粉共同加入到高速混合机中，混合均匀后分装即得。

上述中药制剂优选使用方法为：按质量比1：（25～40），将中药制剂直接与种植土壤拌匀后种植多肉植物，或按质量比1：（80～120），将中药制剂稀释于水中后，喷洒于多肉植物表面或浇灌于种植土壤表面。经实施证实此中药制剂能发挥各中药材之间的协同作用，具有良好的抗真菌、杀虫、防腐等功效，其有效成分对尖孢镰刀菌菌丝生长和分生孢子萌发具有显著的抑制作用，抗真菌效果持续，且无公害、不污染环境，长期使用不产生抗药性、不杀伤天敌，对多肉等植物及其他农作物腐烂病防治效果显著。

6.3.2　杀虫剂

多肉植物大面积种植造成各种害虫侵入为害，其中红蜘蛛、粉蚧、蚜虫和粉虱等刺吸式害虫是其主要害虫。在漳州，红蜘蛛主要为害萝藦科、大戟科、菊科、百合科多肉植物，以口器吮吸幼嫩茎叶的汁液，被害叶出现黄褐色斑痕或枯黄脱落，这种斑痕永留不褪，严重影响多肉的经济价值；粉蚧为害面很广，常为害叶片排列紧凑的龙舌兰属、十二卷属等多肉植物，吸食茎叶汁液，导致植株生长不良，严重时出现枯萎死亡；粉虱大多发生在大戟科的彩云阁、虎刺梅、玉麒麟、帝锦等灌木状多肉植物上，在叶背刺吸汁液，造成叶片发黄并脱落，同时诱发煤污病，茎叶上会有大片难看的黑粉，直接影响植株的观赏价值；蚜虫多数为害景天科、菊科多肉植物，常吸吮植株幼嫩部分汁液，引起株体生长衰弱，并引发各种病害。为有效控制红蜘蛛、粉蚧、蚜虫和粉虱等害虫为害多肉植物，林勇文等提出了一种防治多肉植物主要害虫的药剂配方，其主成分为氯虫苯甲酰胺和玫烟色棒束孢，或双甲脒和玫烟色棒束孢，或速灭威和玫烟色棒束孢，并以陶土为填料制成。药剂配方按重量百分数计，其各原料组分为：氯虫苯甲酰胺（95.3%wt原药）1.0%～7.5%，玫烟色棒束孢（SCAU-IFCF 01菌株，孢子密度为8×10^7～5×10^{8}个/g）2%～10%，陶土82.5%～97.0%；或双甲脒

（97%～98% wt原药）5%～15%，玫烟色棒束孢2%～10%，陶土75%～93%；或速灭威10%～25%，玫烟色棒束孢2%～10%，陶土65%～88%。

上述药剂的使用方法为：用清水稀释500～1 000倍，浇灌于多肉植物根部。经实施，证实此配方药剂可通过多肉植物的根部吸收、茎部传导，有效防治为害多肉植物的各种主要害虫，其最终防效显著优于70%吡虫啉水分散粒剂+10%联苯菊酯乳油、40%敌敌畏乳油+75%炔螨特乳油，且可有效降低因单一使用化学农药而造成的环境破坏、害虫抗药性等问题。

同时，鉴于初冬、早春、梅雨前这3个时期在棚室内集中喷药控病虫效果不佳，而对培养土进行消毒却有较好的预防效果，常用的杀虫剂有氧化乐果、杀螨醇、马拉松、杀灭菊酯等，但这些药剂使用浓度不好掌握，浓度稍浓即产生药害，帝冠（*Obregonia denegrii*）和部分大戟科多肉植物对此尤为敏感。

氧化乐果是根据乐果在生物体内经氧化代谢而形成的一种毒力和毒性都比乐果大的化合物的原理，由工厂合成的有机磷杀虫剂。其原药是一种油状的液体，可溶于水，但水溶液的稳定性比乐果差，较易分解失效，因此，对于适于潮湿环境、水分较多环境的多肉植物而言，用量不能过大，因此其杀虫效果不明显。为提升杀虫效果，沈伟根据淫羊藿提取物自身的特点，与氧化乐果复配，提供了一种多肉植物用的复合杀虫剂，氧化乐果和淫羊藿提取物的重量比为（1∶10）～（10∶1）。其中淫羊藿提取物通过以下步骤得到：将淫羊藿根洗净，切段，加入淫羊藿根重量10～50倍的水煮沸保温至水煮干，冷却后，加入淫羊藿根重量8～10倍的乙醇，将淫羊藿根捣碎，过滤，滤渣用乙醇超声提取2～3次，合并乙醇，得到的提取液减压蒸除乙醇，再在60～70℃条件下烘箱烘干，即得淫羊藿提取物。

经实施，证实氧化乐果原药与淫羊藿提取物复配（1∶9、1∶4、3∶7、2∶3、1∶1、3∶2、7∶3、4∶3、9∶1）对多肉植物的虫害有显著的增效作用，且对在同一环境下生长的正常的多肉植物喷该复配杀虫剂1 600倍液与叶面喷20%氧化乐果2 000倍液和不喷任何药剂对比，喷该复配杀虫剂1 600倍液能有效预防虫害，选用的10株有虫害的帝冠多肉都能正常生长，防效在95.1%～98.1%，而喷20%氧化乐果2 000倍液的多肉植物虽然没有虫害，但10株有死亡2株，而不喷任何药剂的多肉植物10株有4株被虫害侵蚀。可见，通过淫羊藿提取物和氧化乐果复配，利用淫羊藿提取物自身的优点，刺激害虫的感觉神经，在喷该复配药期间，使害虫保持兴奋状态，吸入足够氧化乐果，导致其死亡，在不增加氧化乐果的前提下，提高了氧化乐果的利用率，降低了成本，同时减少了环境污染，而且能有效预防虫害，其害虫防效可达95%以上，由于氧化乐果的用量及喷洒次数减少，给多肉植物的生长提供了安全环境。

此外，鉴于目前市面多肉植物缺少住宅及庭院杀虫剂的问题，陶圣香提出了一种多肉植物专用杀虫剂的制备方法，主要包括以下步骤。

（1）采用超临界流体萃取技术，将超临界流体与除虫菊原料加入提取器中，在萃取压力11～18MPa、萃取温度25～35℃条件下萃取2～3h；然后将超临界流体与提取物导入分离器，改变压力为0.5～4MPa、温度为35～50℃进行分离，得除虫菊酯。

（2）将香樟树叶洗净后，加入适量纯净水中煮沸，将煮沸后的液体进行蒸馏，得樟脑油。

（3）将除虫菊酯与樟脑油按照一定比例混合，加入少量喜树碱、阿维菌素和吡蚜酮于超声波中进行超声，搅拌均匀，温度为25～30℃，时间为30～50min，频率为20～28kHz，得产物。

优选配方，所述步骤中杀虫剂组分按重量份数包括：除虫菊10～15份、香樟树叶20～30份、纯净水50～60份、超临界流体10～15份、喜树碱3～5份、阿维菌素1～3份、吡蚜酮2～4份。经实施，证实此法制备的专用杀虫剂具有良好的除虫效果，能有效防止成虫发育，安全低毒，不会破坏土壤的平衡，保证pH值在6.5～7.0，清香气味，人、畜无害。

6.3.3 杀菌剂

6.3.3.1 土壤杀菌剂

多肉植物体肉富含水分，如果管理不当、环境不适，在移栽和管理过程中极易受到病菌的感染，从而出现生长不良现象。鉴于多肉植物的病害初期多产生于根部感染，而植物根部隐藏于地下，及时发现病害是有一点难度的。若多肉植物病害得不到及时治疗，等到病菌扩散到植物茎部，使茎部表皮呈现出黑色水渍样坏死斑，造成多肉植物茎部软腐，就很难救治了。因此，在配制多肉植物基质时，利用杀菌剂的保护作用，可以有效预防多肉植物病害的发生，减少不必要的损失。目前，进行土壤杀菌是控制土壤病害严重发生的有效途径。为解决现有土壤杀菌剂润湿、铺展能力不足的问题，陶大飞等提供了一种多肉植物用土壤杀菌剂及其制备方法。

这种土壤杀菌剂，原料以重量份计包括：多菌灵2～4份，磺菌胺1～3份，大蒜油3～4份，油相（玉米油、杏仁油、橄榄油、麦芽油中的一种或几种的混合物）100～150份，乳化剂（Tween80和Span80的混合物，Tween80与Span80的质量比为1∶1）0.5～1.5份，多元醇（甘油、乙二醇、季戊四醇或一缩二丙二醇中的一种）0.2～0.5份，水50～100份，表面活性剂（蓖麻油聚氧乙烯醚和阴离子聚丙烯酰胺的混合物，蓖麻油聚氧乙烯醚与阴离子聚丙烯酰胺的质量比为4∶1）4～10份，渗透剂JFC 2～4份，展着剂1～3份，柠檬酸0.5～1.2份，甲壳素0.5～1.0份。其具体制备方法如下。

（1）将多菌灵、磺菌胺和大蒜油加至油相中，搅拌后加入乳化剂和多元醇，得到油相。

（2）将4/5用量的水滴加至（1）所得油相中，高压均质后冷却至4~10℃，得到纳米乳。

（3）将1/5用量的水、表面活性剂、渗透剂、展着剂、柠檬酸和甲壳素混合，在搅拌条件下加入（2）所得纳米乳，超声分散，即得。

这种土壤杀菌剂，在珍珠吊兰（Senecio rowleyanus）多肉植物上500倍液喷施，以清水作对照，一个月后对比两组珍珠吊兰的长势，结果显示对照组茎部表皮呈现出黑色水渍样坏死斑，且茎部软腐，而试验组珍珠吊兰颜色鲜绿，珍珠大小、间距均匀；两个月后，对照组珍珠吊兰完全坏死，而试验组颜色仍鲜绿。可见，将杀菌剂制成纳米乳后再将纳米乳与渗透剂、展着剂共同制得的土壤杀菌剂，不仅可以延长杀菌剂的有效作用时间，还可以促进杀菌剂的滞留时间。

6.3.3.2 叶面抗菌保护剂

多肉植物由于其独特造型，越来越受人们的喜爱，但在其种植过程中，细菌、真菌、环境问题极易引起多肉植物出现疾病。为有效减轻这些疾病的发生，董轶强提出了一种用于多肉植物抵抗叶片表面菌害的保护剂。这种叶面抗菌保护剂，包括以下重量份的原料：硼砂10~15份、柠檬草3~10份、丙森锌6~15份、花椒10~40份、洗手果1~5份、高良姜15~35份、烟草5~12份、银杏叶1~6份、雷公藤3~12份、丁香2~8份、丝瓜籽2~8份和适量的水。其制备方法包括以下步骤。

（1）混合搅拌。将硼砂、柠檬草、丙森锌、花椒、洗手果、高良姜、烟草、银杏叶、雷公藤、丁香和丝瓜籽按比例投料切碎后进行混合搅拌得到混合料a，待用；此过程使用的切碎机型号为qs620。

（2）浸泡。将（1）中所述的混合料a放入蒸煮设备内进行浸泡，得到浸泡混合物b，待用。

（3）蒸煮。将（2）中所述浸泡混合物b在蒸煮设备内加热蒸煮得到蒸煮混合物c；此过程使用的蒸煮锅型号为jy-100，蒸煮的温度控制在85~100℃，且蒸煮的时间控制在75~110min。

（4）过滤除杂。将（3）中所述的蒸煮混合物c进行过滤得到过滤液d，待用；此过程使用的过滤器型号为jhds1-4s。

（5）成品封装。将（4）中所述的过滤液d放入瓶中进行封装，最终得到用于多肉植物抵抗叶片表面菌害的保护剂；此过程使用的封装机的型号为dz-400-2d。

经验证，这种叶面抗菌保护剂对多肉植物的叶片表面具有较高的杀菌、杀虫、抗菌、抑菌的功效，且对人体无害，对环境无污染。

6.3.4 营养液

6.3.4.1 防枯防病营养液

多肉植物种类多，很是可爱，但一生起病来非常麻烦，极易出现叶片枯萎，甚至造成大量死亡，健康栽培是防枯防病的一种重要手段，为此，钟鹏利用绿色环保原料开发出一种防枯防病营养液，无刺激性，能够有效活化栽培基质，促进有益菌增殖，抑制有害菌增殖，加快根系细胞的分裂分化和增殖，并有效提高地上物质积累量，促使叶片粗壮生长，叶片光泽透亮，有效抑制叶片枯萎和化水现象的发生，而且能够有效提高多肉的抗寒能力，降低寒冷条件下多肉叶片的枯萎和收缩，降低根系的腐烂和干枯，抑制病害的发生，使得多肉植株在寒冷的冬季也能旺盛健壮生长。这种防枯防病害多肉营养液的制备方法如下。

（1）按重量份称取原料，绿豆4.4～4.8份、糯米5.4～5.8份、黄豆粕33～35份、发酵土豆汁24～26份、鲜鸡冠花8.5～8.9份、柠檬酸螯合镁0.21～0.23份、硼砂0.17～0.19份、鱼腥草多糖0.08～0.09份、板蓝根多糖0.12～0.13份、蒲公英多糖0.08～0.09份、水190～210份。

（2）将绿豆和糯米置入温度为71～73℃的旋转炒锅内恒温炒制22～24min，取出，研磨至粉状，与1/2重量的水混合搅拌均匀，文火加热至温度为58～60℃并不断搅拌，置入温度为37～39℃的发酵箱内恒温发酵62～70h，取出，得发酵豆米液。

（3）将黄豆粕粉碎，置入温度为64～68℃的旋转炒锅内恒温炒制18～20min，取出，与粉碎的鲜鸡冠花混合搅拌均匀，置入温度为131～139℃的条件下恒温蒸汽处理25～27min，取出，与1/2重量的水混合搅拌均匀，冷却至室温，置入温度为37～39℃的发酵箱内恒温发酵46～50h，得发酵豆粕液。

（4）将28～30重量份的土豆粉碎，加入17～19重量份的水混合搅拌均匀，置入温度为40～42℃的发酵箱内恒温发酵80～90h，取出，在功率为200～210W、频率为145～151kHz的条件下超声处理24～28min，加入0.34～0.36重量份的枯草芽孢杆菌混合搅拌均匀，置入温度为32～34℃的发酵箱内继续恒温发酵150～170h，取出，挤压取汁，得发酵土豆汁。

（5）将发酵豆粕液与发酵豆米液和发酵土豆汁混合搅拌均匀，置入温度为30～32℃的发酵箱内恒温发酵260～280h，取出，挤压取汁，加入柠檬酸螯合镁、硼砂、鱼腥草多糖、板蓝根多糖和蒲公英多糖搅拌至溶解，得防枯防病害多肉营养液。

经验证，这种防枯防病营养液，能够有效降低桃美人（*Pachyphytum* 'Blue

Haze'）多肉的病害率，增加其地上鲜重，促其旺盛健壮生长。

6.3.4.2 抗菌抗逆营养液

多肉植物原生地主要为墨西哥与南非，移栽到新地点种植，由于环境条件的改变，若再加上管理不当，极易遭遇生理逆境及病菌感染，从而出现生长不良现象。为此，胡颖等提供了一种适用于多肉植物栽培的抗菌抗逆营养液，这种营养液营养更全面，定期喷洒在营养土表层以及多肉植物的表皮，能显著提高植物抗逆性且防病虫害。其每升营养液的组成为：磷酸二氢钾250~350mg、硫酸镁100~150mg、硫酸亚铁50~150mg、硝酸钾500~700mg、黄芩精华液5~15g和鱼腥草精华液5~15g，其余为去离子水。

其中，黄芩精华液的主要有效成分是黄芩素，具有抗菌抗病毒的作用，对多种革兰阳性菌、革兰阴性菌、致病性皮肤真菌有抑制作用，其制备方法具体为：加入相对于黄芩质量3~4倍的醇浓度为95%的乙醇，加热回流2~3h，过滤，滤渣再次加入相对于滤渣质量2~3倍的醇浓度为95%的乙醇，加热回流2~3h，过滤，过滤液合并，除去乙醇，浓缩后制得黄芩精华液。

鱼腥草的主要抗菌有效成分癸酰乙醛，其对多种细菌、抗酸杆菌及真菌等均有较明显的抗菌作用，鱼腥草中提得一种黄色油状物，对各种微生物（尤其是酵母菌和霉菌）均有抑制作用，对溶血性的链球菌、金黄色葡萄球菌、流感杆菌、卡他球菌、肺炎球菌有抑制作用，对大肠杆菌、痢疾杆菌、伤寒杆菌也有作用，其制备方法具体为：加入相对于鱼腥草质量3~4倍的醇浓度为95%的乙醇，加热回流2~3h，过滤，滤渣再次加入相对于滤渣质量2~3倍的醇浓度为95%的乙醇，加热回流2~3h，过滤，过滤液合并，除去乙醇，浓缩后制得鱼腥草精华液。

经验证，本营养液定期喷洒在营养土表层以及多肉植物的表皮，通过加入的黄芩精华液和鱼腥草精华液，能显著提高多肉植物的抗菌能力；同时通过降低氮元素含量和加入硫酸亚铁能给多肉植物补充铁离子，能显著提高多肉植物的抗逆性，不易遭病虫害。

6.3.4.3 杀菌防虫营养液

无土栽培是近年发展起来的一种作物栽培新技术，既有效减少了土地使用，提高单位土地面积的空间利用率，还能够更有效提高植物的吸收效率，加快植物的生长。现多肉植物的诸多品种也逐步采用了无土栽培方式种植。无土栽培是以营养液为栽培介质的种植方式，营养液为植物生长提供必要的养分。由于营养液中含有大量营养物质及矿物质元素，十分利于微生物、虫害的生长，为此，现有的多数营养液在配制过程中都需要加入防腐剂、杀菌剂等化学制剂，这使得营养液具备一定的毒性，使用存在一定的安全隐患；另外，目前的多数营养液的作用只是为植物的生长提供养料，功能十分单一。鉴于此，蔡玲燕提出了一种杀菌防虫害的复合营养液，以克服现有的多数营养液具有毒性、使用存在安全隐患、功能单一的问题。这种复合营养液由按重量份的下述原料制备得到：黄腐酸6～9份、钼酸铵15～18份、尿素6～9份、氯化镁1～2份、氯化钠2～3份、氯化锌0.3～0.5份、硫酸钾1～2份、硝酸钙0.5～0.8份、磷酸二氢钠3～5份、硫酸铜5～8份、硫酸锰0.5～0.9份、硼酸0.2～0.5份、豆渣25～40份、茶渣5～9份、茶梗16～19份、酒糟32～45份、雷公藤5～8份、苦楝2～4份、臭辣树3～4份、太阳菊5～7份、马鞭草3～4份、丹参1～3份、甘草1～3份、茼蒿2～3份。制备步骤如下。

（1）将茶梗、豆渣、雷公藤、苦楝、臭辣树、太阳菊、马鞭草、丹参、甘草、茼蒿分别搅碎、混合制得辅料，然后按水∶辅料∶破壁酶=（130～160）∶100∶（3.5～5.5）的重量份比例加入水和破壁酶，破壁酶由纤维素酶和果胶酶组成，有氧发酵反应3～4d，通过破壁酶对原料的细胞壁进行破坏，有效提高有效物质溶出数量。

（2）再加入酒糟，厌氧发酵7～8d，厌氧发酵中，通过酒糟与原料中的糖类物质厌氧发酵逐步得到酒精等有机溶剂，使得有机溶剂的浓度持续达到较好的浓度条件，既起到良好的溶解作用，也避免高浓度有机溶剂对原料组分的破坏，从而进一步提升原料的有效物质提取率。

（3）将发酵物烘干、研磨制得粉剂；粉剂与黄腐酸、钼酸铵、尿素、氯化镁、氯化钠、氯化锌、硫酸钾、硝酸钙、磷酸二氢钠、硫酸铜、硫酸锰、硼酸均匀混合即制得营养剂，营养剂按100∶（12～25）的水、料重量份比例配制即可得到营养液。

经验证，这种复合营养液能够为多肉植物的生长提供所需的所有养料和矿物质元素，保证植物的快速生长、稳定生长；且所制得的营养液环保无毒，对人体和植物体都不具有任何毒害作用；另外，营养液具备有效的杀菌效果，能有效抑制菌群在营养液中生长，防止营养液腐败而变得浑浊，使得营养液能够维持35d以上的洁净状态；此外，营养液具备特殊"臭味"，使得虫害不敢轻易接近植物体，对液面上的植物本体部分起到良好的驱虫效果，并对空气中的细菌具有抑制作用，净化空气。

6.3.5　药肥

多肉植物的健康生长需要一定的肥力补充。目前多肉植物用肥大都直接使用农作物肥料进行施肥，虽然也有肥力效果，但肥效时间短，且容易出现划水、烂根、病虫害等问题，种植出来的多肉植物观赏价值降低，市场竞争力变弱。因此，多肉植物专用药肥的研发及应用十分必要且紧迫。

海藻是海洋有机物的原始生产者，具有强大的吸附能力，可以浓缩相当于自身44万倍的海洋物质，营养极其丰富均衡。以海藻提取物为核心物质的肥料，被认为是第四代更新换代的肥料，能显著提高农作物的产量且具有一定的抗病作用，具有广阔的发展前景。据此针对多肉植物用肥，韦洋等提出了一种微炭化海藻复合高岭土多肉抗菌材料，在为多肉植物生长提供充足的营养物质的同时，还有较好的抗菌性，具有防腐及防生物侵袭的作用。这种抗菌药肥的制备方法如下。

（1）海藻匀浆制备：将30~40重量份海藻粉碎后置于阳光下暴晒，挤压脱水备用，然后加入60~80重量份过氧化氢溶液中，用20%~40%氢氧化钠将pH值调至9.0~9.5，于60~80℃搅拌1~2h，冷却至室温，后加入适量10%~40%盐酸进行中和至中性，高速搅拌（在高混机中800~1 000r/min转速进行搅拌或在磁力搅拌机上800~1 000r/min转速进行搅拌）至形成浆液后待用。

（2）堆制发酵：将5~15重量份的高岭土与5~15重量份淀粉（指玉米淀粉、木薯淀粉或马铃薯淀粉的一种或几种混合）加入50~80重量份草木灰溶液中混合均匀，浸泡陈化24~48h，然后加入适量10%~40%盐酸进行中和至中性，离心后干燥，研磨过100目筛后和（1）所得物混合均匀，后加入适量的生物发酵剂搅拌混匀，堆制成锥形发酵，每隔2~3d翻动1次，发酵20~25d后待用。

（3）微炭化处理：将（2）所得物送入高温炉中，加温加热，使高温炉内温度迅速升高到70~90℃，稳定15~30min后，温度逐渐等温度升到100~130℃，并保持稳定5~15min，其间翻搅数次，取出冷却后，待用。

（4）抗菌材料制备：将（3）所得物置于高混机上，室温下加入5~10重量份黏土与5~10重量份竹炭粒搅拌反应40~50min，加入5~10重量份乙醇，加入超声波清洗器中分散、成型后，再进行过滤、洗涤，干燥后既得所述微炭化海藻复合高岭土多肉抗菌材料。

此抗菌药肥在种植多肉时使用，铺设在最底层，多肉培养土铺设上层。经试验，此抗菌药肥能在土壤微生物的作用下缓慢分解，便于多肉植物的吸收，且和吸附有机物质产生抗菌性，具有防腐及防生物侵袭的作用，能有效提高多肉植物的存活率。

与此同时，还有诸多学者对多肉植物专用药肥进行研发及应用，如覃卯玲提供了一种多肉植物抗菌杀虫肥料，按重量份数计，由以下原料组成：木薯杆粉末15份、蚕沙10份、食用菌渣32份、腐熟鸡粪12份、草木灰10份、药渣6份、精甲霜7份、吲哚乙酸6份、松花粉5份、农用稀土1份、尿素12份。经验证，此专用药肥能够长时间的供应多肉植物所需营养成分，具有较好抗菌杀虫性能，缩短了多肉植物生长时间。

6.4 几种多肉植物绿色控害技术

6.4.1 健身栽培技术

多肉植物多生长在较干旱的地方，看似容易养活，但要培养出生长快、状态好的多肉植物却并不容易。要种植好多肉植物，栽培基质及病虫害防控是关键。传统多肉植物栽培基质大多是由腐叶土、粗沙以及基肥组成，有些基质还添加骨粉、谷壳类材料，其保肥性及蓄水力弱，养分流失较快。定期追肥能够缓解营养流失，但容易造成肥料营养浪费，而且追肥大多是将水溶性肥料溶于水中，结合浇水补充养分。由于多肉植物根系都是肉质根系，浇水不当容易造成多肉植物烧根或烂根，严重时甚至导致多肉植物死亡。

病虫害是多肉植物栽培中较难克服的致命问题，如黑腐病和介壳虫。多肉黑腐病，大多是由"尖孢镰刀菌"这种真菌引起的，它是一类既可侵染植物又可在土壤内生存的兼性寄生真菌，和其他植物病原菌一样存在着种下分化现象，可侵染许多植物寄主。多肉感染黑腐病后，病斑从下部叶片逐渐扩展至上部叶片，叶片表面有部分黄变，背面出现灰白色轮廓不分明的病斑，密生灰白色霉层，不久之后叶表面也生成霉层，最后叶片卷曲干枯死亡。多肉植物容易发生黑腐病，除与多肉植物本身属于耐旱植物，根系属于肉质根系，对空气和栽培基质湿度敏感之外，还与基质营养、虫害等方面因素有关，如多肉遭受虫害咬食后，肉质伤口就很容易感染黑腐病相关真菌。介壳虫是多肉种不好的另一个主因，该虫一般产卵于两个位置，一个是多肉的枝叶上，另一个是根部的土里，其卵极小，不容易发现，等发现时已成成虫为害多肉。介壳虫为害的多肉进一步诱发黑腐病，造成恶性循环，预防和杀灭虫卵是防治介壳虫的关键。现有多肉栽培，对黑腐病研究较少且没有效的解决办法，对于虫害多采用多菌灵消毒栽培基质、酒精擦拭多肉叶片、定期更换栽培基质等方法，成本大，且都不能从根本上防治黑腐病和介壳虫。

要种植好多肉植物，实现病虫害的绿色防控，就须遵循栽培健康植物的原则，从培育健康的植物和良好的植物生态环境入手，使植物生长健壮，并创造有利于天敌的生存繁衍，而不利于病虫发生的生态环境。为此，廖斓词就尝试利用栽培手段来防控多肉植物黑腐病和虫害，其主要通过使用透气性材质的种植兜代替种植容器盛装种植土并悬空固定作为栽培基质，并在基质中添加有驱虫害成分的樟脑丸、薄荷叶、紫苏叶，达到有效预防虫害和黑腐病的目的。具体栽培步骤如下。

（1）将紫苏秸秆粉碎成粒料，将樟脑丸研磨成粉末，按照以下配比配制栽培基质：菌糠40～60份、紫苏秸秆粒料30～40份、煤渣20～30份、泥炭灰20～30份、禽类粪渣20～30份、樟脑丸粉末4～8份、紫苏叶8～15份、薄荷叶8～15份、蛭石

15～25份；基质使用前再添加1～3份食醋、2～3份经碾碎的大蒜泥和1～2份益生菌粉，将基质加水混匀至含水率为10%～15%（注：菌糠和紫苏秸秆需预先进行高温蒸制和/或暴晒杀菌，可先进行蒸制，再进行暴晒；禽类粪渣需预先进行暴晒腐熟；煤渣粒径50～70目，蛭石粒径40～60目，樟脑丸粉末粒径30～200目，紫苏秸秆粉碎成0.3～0.6mm的碎粒状；紫苏叶、薄荷叶需预先切成碎末状）。

（2）焊接若干横向和纵向金属条，形成多个矩形（最好为正方形）框格的格栅，在格栅四角设置支撑脚，在格栅下方设置一层防污层，防污层边缘设置防溢凸缘，并设置出口方便污水集满后清除；将具有一定滤水和透气性的材质（粗麻布、无纺布或柔性钢丝网）平铺在格栅板上，使对应每个框格形成一个用作多肉种植的拖兜，向每个种植兜中覆栽培基质，同时在每个种植兜中设置一端插入种植兜栽培基质中的吸水管或吸水带，并在栽培地中设置若干储水容器，供根吸水用。

（3）在每个种植兜中采用叶插、茎插或根插的方式播种多肉植物（叶插的多肉叶片需肥厚健康，且需用乙醇溶液擦拭消毒），在避免阳光直射、透光率40%～60%，通风，温度保持10～28℃下培育，培育过程中每隔6～8d浇水1次（浇水时，将种植兜栽培基质中吸水管或吸水带的另一端插入储水容器中，利用虹吸原理进行根灌），培育至多肉基本呈完整植株形状后，移至阳光充足的地方继续培育，在培育过程中需定期通过挤压种植兜对栽培基质进行松土透气。

这种多肉植物栽培方法，采用透气性材质的种植兜代替陶瓷或塑料类不透气的种植容器，并在基质中特别添加樟脑丸、紫苏叶、薄荷、食醋、大蒜等杀菌和驱虫成分，同时结合水分供给方式的改进，采用吸水灌根，充分保持基质透气透水性和散热能力，经验证，其可达到从根本上预防虫害和黑腐病的目的。同时，这种栽培方法采用食用菌培养后废弃的菌糠和紫苏秸秆为基质主料，利用菌糠中的腐殖质和紫苏秸秆腐熟后的大量赖氨酸、氮磷钾肥料、纤维等为多肉生长提供所需营养，既降低了多肉栽培成本，又解决了菌糠堆放和紫苏秸秆焚烧带来的环境污染问题。

此外，为实现多肉植物的健身栽培，很多学者均提出了一些适于多肉植物成长的栽培基质配方。如童恒针对室内养殖的多肉植物提出一款兼具防治病虫害功能的营养栽培基质配方，其各组分以重量份计占比如下：泥炭土20～30、膨润土5～10、沙子30～35、颗粒25～35、营养土5～10；所述的颗粒中包括珍珠岩8～12、火山岩5～8、煤球渣5～10、石子3～5；所述的营养土中包含稀硝酸0.1～0.2、阿维菌素1～2、蚯蚓粉3～4、粉状碳酸钙1～2、土霉素0.3～0.4、鸡血粉0.5～0.7、沼气渣2～3。在这个配方中，泥炭土通气、质轻、持水、保肥，含丰富的氮、钾、磷、钙、锰等多种元素，是纯天然的有机物质；膨润土兼具良好的吸附能力与通透性，与泥炭土混合后能够保证基质的透气、透水性和保水保肥性；颗粒中的珍珠岩透水性和透气性很好，吸水量可达自身重量的2~3倍，火山岩质地疏松，呈多孔隙结构，透水性和透气性很好，煤球渣具有吸水保湿的作用，石子则提供了较大的孔隙率；营养土中的稀硝酸用于调节土壤的酸碱度，提供氮元素，而且硝酸可以通过增大质子浓度来改善钾离子的摄入作用，促进细胞生长，这个过程可以抵消或者掩盖住由钙离子介导的ABA负向调控作用，解除ABA对植物的抑制；阿维菌素具有很好的抗病虫害作用；土霉素与鸡血粉的加入大大缩短了多肉植物的成长周期；缓释有机肥保证了基质的肥力。这个配方在雷神（*Agave potatorum*）、金手指（*Mammillaria elongata*）、桃美人（*Pachyphytum* 'Blue Haze'）、生石花（*Lithops* N. E. Br.）、星美人（*Pachyphytum oviferum*）等多肉植物幼苗上使用，证实其能满足多肉植物成长期的营养需要，且具有防治病虫害的效果。又如胡一书针对现有多肉植物营养基质基本都是人工合成的，营养基质是外源的非营养性化学物质，植物对营养基质的吸收率低，不能有效的对病虫害进行防治，不利于植物的生长等不足，提出了一种新的多肉植物营养基质，包括如下重量百分比的材料：草木灰5%~25%、多肉植物芯粉5%~10%、硝酸钾5%~10%、双歧杆菌1%~10%、苦参1%~5%、蜂蜜1%~5%、多效唑1%~6%、赤霉素1%~3%、天门冬氨酸1%~3%、其余为水；与传统的多肉植物营养基质相比，新基质含有多效唑、赤霉素、天门冬氨酸等组分，可以对作物进行病虫害的防治，增加的双歧杆菌、蜂蜜等组分可以充分促进作物的生长，进一步增加多肉植物对营养基质的吸收，营养利用率高，进一步满足了各种多肉植物的养护需要。再如胡冠中等针对目前多肉植物生产多采用化学杀菌剂及杀虫剂，多肉植物病虫害防治方法不足的问题，从生物化学防治角度提出了一种多肉植物栽培基质，其包括颗粒物、炭灰、谷壳碳、香樟木，颗粒物、炭灰和谷壳碳之间的体积比为2:（1~2）:（0~0.5）。香樟木，指经发酵和碳化过的干燥小叶樟树皮颗粒物或粉状物，粉状物只是为多肉植物栽培基质提供香樟木的香味，颗粒物则在提供香樟木香味的同时还有松土透气的作用；颗粒物，直径3~9mm，包括鹿召土、赤玉土、珍珠岩、火山岩、蛭石、麦饭石的一种或多种混合，在保证透气效果的同时，也为基质提供多方面的营养；炭灰为泥炭、草炭灰中的一种或两种；谷壳碳为经发酵并碳化过的糠秕、稻壳、玉米籽皮、粉碎秸秆中的一种或多种，其中粉碎秸秆是指小麦、水稻、玉米、薯类、油菜、棉花、甘蔗或其他粗粮农作物在收获籽实后的剩余部分经粉碎后的产物。经验证，用此基质栽培桃蛋（*Graptopetalum amethystinum*）、昂斯诺（*Echeveria* cv. Onslow）、马利亚（*Echeveria agavoides* 'Maria'）、虹之玉（*Sedum* × *rubrotinctum* Clausen）等多肉植物，结果发现，所栽多肉植物均未发现有菌虫害，而对照组中的部分多肉植物上有介壳虫、粉虱为害，甚至发现部分多肉植物上有霉菌，个别多肉植物被感染死亡。

6.4.2 轻简控害技术

红心莲（*Echeveria* 'Perle von Nürnberg）属景天科（Crassulaceae）石莲花属（*Echeveria*）观赏植物。近年，随着产业的发展，红心莲多肉已是福建重要的商业化品种之一，产品畅销全国各地及日、韩、欧美等国。目前，红心莲多肉生产以棚室种植为主。

石蒜绵粉蚧（*Phenacoccus solani*）属于半翅目（Hemiptera）蚧总科（Coccoidea）粉蚧科（Pseudococcidae）绵粉蚧亚科（Phenacoccinae）绵粉蚧属（*Phenacoccus* sp.）。它主要分布于热带和亚热带地区，以雌成虫和若虫刺吸取食植物汁液，繁殖力强，产卵量大，具有孤雌生殖及种群世代重叠等生物学特性，近几年在漳州地区红心莲多肉种植基地常有发生，造成严重经济损失。

有学者对红心莲多肉种植过程中常见的虫害介壳虫提出了相应的防治措施，但这些措施均基于使用化学农药对害虫进行防治，易造成农药的过量施用，也会使害虫产生抗药性，进而降低防控效率，与新时代的绿色引领导向相冲突。而且介壳虫种类很多，目前研究中提到的均非石蒜绵粉蚧，石蒜绵粉蚧属新检疫害虫，研究极少，尚未见基于"健康栽培+生物防治"理念的绿色轻简防控措施。因此，急需基于"健康栽培+生物防治"理念，构建一种用于棚室红心莲多肉绿色轻简防控石蒜绵粉蚧的方法，为棚室种植红心莲多肉石蒜绵粉蚧的防控提供技术支持。

轻简控害技术是在系统思维指导下，利用科学的方法将植物控害主题以外的枝节因素尽可能地剔除掉，优化植物控害流程，提高植物控害效率，创造更佳保护效益的一种高效管理方法。为此，余德亿等按棚室种植红心莲多肉的生长过程及石蒜绵粉蚧的发生情况，分穴盘育苗期和袋植培育期2个阶段构建了其绿色轻简防控技术方案，具体如下。

6.4.2.1 穴盘育苗期

指叶插或组培苗种于穴盘至红心莲多肉幼株生根可定植的整个育苗时期，20～30d。此阶段，通过"隔离+监控+绿控"手段，构建"一搭盖、二监测、三控害"的绿色轻简防控技术方案，达到控制石蒜绵粉蚧扩繁及为害的目的。

（1）一搭盖。在红心莲多肉育苗平台上方搭建多个育苗棚。其中，搭建育苗棚时，在多肉植物层架式育苗平台上以PVC塑料管（内径8mm×外径10mm）搭建小型育苗棚盖（长600cm×宽120cm×高70cm），由横管及成列均匀布置的拱形管构成，拱形管每隔100cm搭建，各大棚管间通过横管连接固定，并在骨架上覆盖防虫网或遮阴网，阻隔石蒜绵粉蚧的迁入及营造更适的育苗小环境。

（2）二监测。在育苗棚上安装监控成像系统（图6-2），监测并计算虫株率。监测时，在小型育苗棚盖横管下方安装电动滑轨（长600cm×宽6cm×厚度6cm，两侧滑轨宽2cm×深2cm），搭载一体式移动摄像机，其摄像头为全景球形摄像头（镜头焦距3.6MM，缩放调节距离0~5m，视角场107.7°，像素200W，分辨率1 920×1 080），线型监测红心莲多肉的苗期健康及以石蒜绵粉蚧为主的害虫为害情况。其中，苗期健康情况监测以广角视野不定期观察红心莲多肉幼苗长势及健康情况为主；苗期虫株为害情况监测以微距视野定期定点观察红心莲多肉虫株出现比例及为害程度为主，成像后统计被石蒜绵粉蚧为害的虫株率（有虫株数/总观察株数）作为该虫控害评判措施选择的重要指标。

（3）三控害。根据虫株率，进行不同程度地防控，培养得到幼株。控害时，根据成像后统计数据及人工随机取样核查结果，以被石蒜绵粉蚧为害的虫株率为控害措施选择指标：当虫株率<3%时，将被石蒜绵粉蚧为害的红心莲多肉幼苗移出育苗穴盘（长60cm×宽30cm×高5cm），进行集中杀灭处理；或在穴盘内随机撒放含"胡瓜新小绥螨-携菌体"的麦麸拌料，麦麸拌料拌后即用，每500g麦麸拌入"胡瓜新小绥螨-携菌体"商品化250mL瓶装产品3~4瓶，每瓶产品捕食螨净含量需≥25 000只，每个小型育苗棚（长600cm×宽120cm）随机撒放麦麸拌料50g于红心莲多肉幼苗穴盘内，通过胡瓜新小绥螨对石蒜绵粉蚧进行捕食，以螨治虫；胡瓜新小绥螨携带金龟子绿僵菌（*Metarhizium anisopliae*）FM-03（中国微生物菌种保藏管理委员会普通微生物中心保藏，保藏号：CGMCC No.13774）等具有强杀蚧活力的微生物菌粉萌发侵染石蒜绵粉蚧，有效致死及抑制石蒜绵粉蚧的繁殖，以菌治虫。当3%≤虫株率≤10%时，在穴盘内加大撒放含捕食螨携菌体的麦麸拌料，每个小型育苗棚随机撒放麦麸拌料100~150g于红心莲多肉幼苗穴盘内；同步在种植架上放置孟氏隐唇瓢虫或异色瓢虫的商品化卵卡，每张卵卡含瓢虫卵20粒，每个小型育苗棚释放卵卡1~2张，通过增加瓢虫捕食措施调控石蒜绵粉蚧的虫口量，以减轻石蒜绵粉蚧的为害。当虫株率>10%时，对幼苗喷施30%螺虫乙酯·噻虫嗪悬浮剂3 000~5 000倍液或18%吡虫·噻嗪酮悬浮剂1 500~2 000倍液，喷施量15L/亩，快速降低石蒜绵粉蚧虫口量；喷施5~7d后，在穴盘内均匀撒施含金龟子绿僵菌FM-03菌粉（每克菌粉含80亿孢子）的基质拌料，基质拌料拌后即用，每500g栽培基质拌入8~10g金龟子绿僵菌FM-03菌粉，每小型育苗棚均匀撒施基质拌料100g于红心莲多肉幼苗穴盘内，向棚内喷水直至湿度为70%后停止喷水，加大育苗棚的湿度，促进菌孢子萌发以持续控制石蒜绵粉蚧的为害及繁殖。

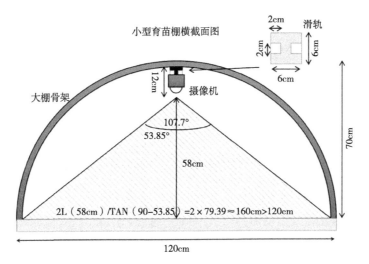

图6-2 穴盘育苗期监测的工作原理

6.4.2.2 袋植培育期

指红心莲多肉幼株从穴盘移植于含有栽培基质的营养袋直到其在棚室内长至株高3~5cm、直径5~8cm的整个培育时期，60~90d。此阶段，通过"抽查+隔离+健植+绿控"手段，构建"一监测、二阻断、三健株、四控害"的绿色轻简防控技术方案，达到控制石蒜绵粉蚧为害及扩繁的目的。

（1）一监测。将红心莲多肉幼株从穴盘移栽至营养袋（直径8cm×高8cm），在多肉种植架（长600cm×宽120cm×高80cm）上均匀放置。当种植架上有零星蚂蚁活动时，采用平行线取样法监测石蒜绵粉蚧为主的害虫对红心莲多肉为害情况，每个种植架选定2个监测点，每个点抽取25株红心莲多肉，定期观察红心莲多肉虫株出现比例及为害程度，统计被石蒜绵粉蚧为害的虫株率（有虫株数/总抽取株数）作为该虫控害评判措施选择的重要指标。

（2）二阻断。通过地下阻断和层架阻断2种方式对石蒜绵粉蚧进行防控（图6-3）。

地下阻断：在种植架正投影长边周围地面间隔摆放菊花、马樱丹、马齿苋等石蒜绵粉蚧嗜好植物盆栽（底径20cm×高15cm），盆栽摆放间隔为100~120cm且植株高度≤50cm，利用盆栽植物的陷阱功能，阻断石蒜绵粉蚧从外围环境中传播至种植架内。

层架阻断：在种植架内层平台根据虫口隔断需求建立阻断诱捕区，该区（长120cm×宽25cm）底部用粘虫胶带铺面覆盖，并在正中位置依顺间隔放置3盆石蒜绵粉蚧嗜好植物盆栽（菊花、马樱丹、马齿苋，底径13cm×高11cm），利用黏虫胶带的捕杀功能和盆栽植物的陷阱功能，阻断石蒜绵粉蚧在种植架内层平台多肉植物间的传播通路。

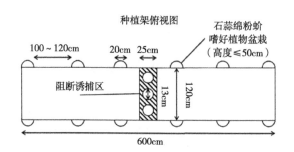

图6-3 袋植培育期地下阻断和层架阻断的工作原理

（3）三健株。通过环境调节、基质改良、免疫调控等方法，实现红心莲多肉的健身栽培，激活其抗病虫免疫能力。

环境调节：将棚室温度控制在20~30℃，湿度控制在50%~70%，冬、春、秋3季给予充足光照，夏季阳光强烈时适度遮阳，四季保持良好通风。

基质改良：改良基质由泥炭土35%+椰糠30%+蜂窝煤25%+仙土10%质量比混合组成，混合基质使用前15~20d，每10kg基质加拌噁霉·福美双68%可湿性粉剂10~20g，盖上塑料薄膜封严，在阳光下充分暴晒10~15d，确保栽培基质疏松透气、排水良好、无病虫潜藏且具有一定的团聚结构及肥力。

免疫调控：红心莲多肉袋植后，对幼株喷施0.003%丙酰芸薹素内酯水剂3 000~5 000倍液或6%寡糖·链蛋白（由3%氨基寡糖素+3%极细链格孢激活蛋白组成）可湿性粉剂800~1 000倍液，喷施量为20L/亩，间隔30~45d，同量重复喷施免疫调节剂1次，促进多肉植物生长及提高抗逆性。

（4）四控害。红心莲多肉袋植首次浇水后1~2d，即在每个营养袋内撒放含内吸性杀虫剂的麦麸拌料1~1.5g，每100g麦麸拌入3%呋虫胺颗粒剂10~12.5g，先期预防石蒜绵粉蚧的发生。此后，根据平行线取样法监测结果，以被石蒜绵粉蚧为害的虫株率作为该虫控害评判措施选择的重要指标：当虫株率<5%时，对幼株喷施生物合成抑制剂ZR-777（3,7,11-三甲基-2,4-十二碳二烯酸异丙酯）600~800倍液或10%氟铃脲悬浮剂800~1 000倍液，喷施量为20L/亩，抑制石蒜绵粉蚧繁殖及减轻其为害。当5%≤虫株率≤15%时，对幼株喷施80亿孢子/mL金龟子绿僵菌FM-03孢子悬浮液1 500~2 000倍液，喷施量为20L/亩，间隔3~5d后，再在营养袋内撒放含胡瓜新小绥螨的麦麸拌料1~1.5g，每100g麦麸拌入胡瓜新小绥螨商品化250mL瓶装产品0.5~0.6瓶，每瓶产品捕食螨净含量需≥25 000只；同步在种植架上放置孟氏隐唇瓢虫或异色瓢虫的商品化卵卡，每张卵卡含瓢虫卵20粒，每个种植架内释放卵卡2~3张，减轻石蒜绵粉蚧为害及抑制其繁殖。当虫株率>15%时，对幼株喷施9%甲维·茚虫威悬浮剂1 000~1 500倍液或6%阿维·啶虫脒水乳剂1 500~2 000倍液，喷施量为20L/亩，快速降低石蒜绵粉蚧虫口量；间隔5～7d，重新调查虫株率，选择相应的生防控害措施，除上述步骤使用的药剂外，还可根据实际虫情使用以下推荐药剂，植物源可使用苦楝油、印楝素和鱼藤酮等；矿物源可使用石硫·矿物油；昆虫生长调节剂可使用烟碱类含吡虫啉、啶虫脒、烯啶虫胺等成分的新型药剂。还可使用生物合成抑制剂除虫脲、灭幼脲和定虫隆等。

以上绿色轻简防控技术方案，可操作性强、控害效率高、安全且环保，经验证，对棚室红心莲多肉石蒜绵粉蚧的控害效果达90%～95%，同时可减轻红心莲多肉种植过程中其他病虫害的发生，减少化学农药使用量20%～25%，对棚室红心莲多肉的绿色生产及环境保护具有重要意义；同时，可提升种植户对棚室红心莲多肉种植的控害意识和水平，降低控害成本25%～30%，提高红心莲多肉商品合格率10%～15%，经济效益、社会效益十分显著。

随后，秉承轻减控害理念，吴玮等针对盆栽多肉介壳虫提出了一种以物理方法为主的综合防治方法。其将盆栽多肉植物生长分为种苗繁育、上盆初期和栽培定型3个阶段，在种苗繁育前期，用黑色薄膜覆盖苗床上的栽培基质，并在阳光下暴晒1～2d以提高栽培基质温度达到杀虫杀菌效果，所述栽培基质为鹿沼土、蛭石和珍珠岩的混合物，其中鹿沼土、蛭石和珍珠岩的体积比为1∶1∶1；在上盆初期，在成虫发生期安插黄板引诱害虫，隔7d调查一次黄板介壳虫数量，当虫口在300头/株以下时，用矿物油200倍液对植株进行喷雾处理一次，当虫口达到300头/株以上时，用0.3%印楝素1 500倍液喷雾对植株全株进行喷雾处理一次；在栽培定型期，在植株外罩纱网防护网，每隔7d调查植株虫口数量一次，当虫口达到300头/株以上时，用90～100℃清水喷雾处理植株叶片，喷雾点与植株叶片之间的距离为15～25cm，每株喷雾时长为5～10s。可见，本方法根据盆栽多肉的不同生长阶段，以高温处理栽培基质，短时高温喷雾、油膜隔氧等物理技术为主，结合虫情测报、改良土壤配比等一系列措施，有效降低了介壳虫对盆栽多肉植物的为害，减少了农药的使用次数和使用量，对提升盆栽多肉植物的观赏性和经济价值具有重大意义。

参考文献

岑彩萍，2017-11-3. 一种预防多肉植物黑腐的方法：中国，CN107306660A[P].

董金龙，蓝炎阳，赖宝春，2019. 灌根施用吡虫啉在仙人掌上的内吸特性及对仙人掌白盾蚧的防效研究[J]. 福建热作科技，44（4）：15-17.

郭宇俊，韩俊艳，李志强，等，2019. 18种植物乙醇提取物对二斑叶螨的杀螨活性[J]. 沈阳大学学报（自然科学版），31（2）：101-106.

黄鹏，陈汉鑫，姚锦爱，等，2019. 金龟子绿僵菌对石蒜绵粉蚧的室内毒力与防治效果[J]. 中国生物防治学报，35（6）：884-890.

黄鹏，余德亿，姚锦爱，等，2017-7-28. 一株绿僵菌FM-03及其在防治粉蚧中的应用：中国，CN106987526A[P].

李思怡，2018. 石蒜绵粉蚧的生物学和生态学特性研究[D]. 杭州：浙江农林大学.

李艳琼，2009. 园艺植物保护[M]. 昆明：云南大学出版社.

厉艳，王英超，宋涛，等，2017. 进境多肉植物细菌性褐腐病的病原分离与鉴定[J]. 食品安全质量检测学报，8（11）：4 143-4 146.

廖斓词，2019-2-15. 多肉植物防虫害和防黑腐病的栽培方法：中国，CN109328686A[P].

林勇文，蓝炎阳，钟凤林，等，2017-7-18. 一种防治多肉植物主要害虫的药剂配方：中国，CN106954642A8[P].

刘浩，杨爽，田佩玉，等，2019. 多肉植物彩虹黑腐病病原菌的分离鉴定[C]//中国植物病理学会2019年学术年会论文集：199.

刘金波，房丽君，黄敏，2013. 秦岭玄灰蝶属雄性外生殖器比较形态学研究（鳞翅目，灰蝶科）[J]. 动物分类学报，38（3）：496-502.

彭素琼，徐大胜，2013. 园艺植物保护基础[M]. 成都：西南交通大学出版社.

陶大飞，孙兴民，李颖颖，等，2017-11-24. 一种多肉植物用土壤杀菌剂及其制备方法：中国，CN107372671A[P].

汪世宏，2017. 园林植物病虫害防治[M]. 第3版. 重庆：重庆大学出版社.

王贝贝，2018. 景天根际促生菌的筛选、基因组测序及培养基优化[D]. 泰安：山东农业大学.

王传泽, 2017-12-15. 一种防治多肉植物腐烂病的中药制剂及其制备方法: 中国, CN107467091A[P].

王芳, 韩浩章, 张颖, 2020. 不同药剂对多肉植物黑腐病和炭疽病的防效研究[J]. 安徽农学通报, 26 (7): 86-87, 98.

王蔓, 李波, 黄婕, 等, 2019. 加州新小绥螨和巴氏新小绥螨对二斑叶螨的捕食能力比较[J]. 应用昆虫学报, 56 (6): 1 256-1 263.

王珊珊, 武三安, 2009. 中国大陆新纪录种: 石蒜绵粉蚧 (*Phenacoccus solani* Ferris) [J]. 植物检疫, 23 (4): 35-37.

韦洋, 向忠菊, 2017-9-26. 一种微炭化海藻复合高岭土多肉抗菌材料的制备方法: 中国, CN107200638A[P].

武三安, 2006. 园林植物病虫害防治 [M]. 第2版. 北京: 中国林业出版社.

杨顺义, 2014. 二斑叶螨对阿维菌素和螺虫乙酯的抗性机理研究[D]. 兰州: 甘肃农业大学.

姚锦爱, 黄鹏, 陈汉鑫, 等, 2018-12-11. 基于LAMP检测多肉植物茎腐病菌的引物组合及其应用: 中国, CN108977508A[P].

姚锦爱, 黄鹏, 陈汉鑫, 等, 2020. 多肉植物翡翠景天黑腐病病原菌[J]. 菌物学报, 39 (2): 452-456.

余德亿, 黄鹏, 姚锦爱, 等, 2020-6-2. 一种轻简防控红心莲多肉石蒜绵粉蚧的方法: 中国, CN111213534A [P].

余德亿, 姚锦爱, 黄鹏, 2019-1-11. 一株对多肉植物茎腐病具有抑制作用的海洋链霉菌 SCFJ-05: 中国, CN109182216A[P].

袁锋, 张雅林, 冯纪年, 等, 2006. 昆虫分类学[M]. 第2版. 北京: 中国农业出版社.

赵钢勇, 刘金龙, 顾欣燕, 等, 2019-04-16. 一种防治多肉植物褐腐病复合菌剂及其制备方法和应用: 中国, CN109628345A[P].

朱洪武, 耿蕾, 2011. 酒瓶兰细菌性软腐病的防治技术[J]. 北方园艺 (13): 141-142.

YAO J A, HUANG P, CHEN H X, et al., 2020. Anthracnose pathogen of the succulent plant *Echeveria* 'Perle von Nürnberg' [J]. Australasian Plant Pathology, 49 (2): 209-212.

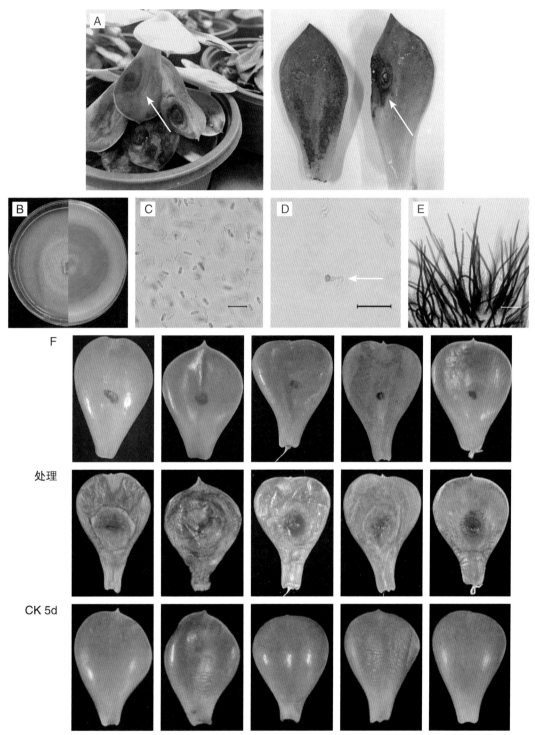

A: 自然发病症状叶片; B: 菌落形态特征; C: 分生孢子; D: 附着孢;

E: 分生孢子盘; F: 致病性测定发病症状（2d、5d）; C、D、E标尺=50μm

彩图2-1　红心莲炭疽病症状及病原菌的形态

A: 田间典型发病株; B: 菌落特征; C: 分生孢子梗; D: 分生孢子;
E和F: 室内接菌后叶片症状（7d）; C、D标尺=50μm

彩图2-2　翡翠景天黑腐病病原菌形态特征及致病性测定

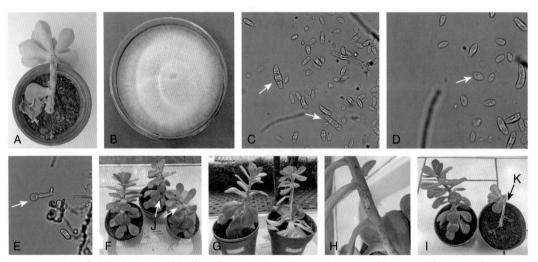

A: 田间自然感染茎腐病病原菌植株，典型症状包括茎腐和落叶; B: 在PDA培养基上培养7d菌落
的形态特征; C: 大型分生孢子（scale bar 20μm）; D: 小型分生孢子（scale bar 20μm）; E: 厚
垣孢子（scale bar 20μm）; F: 植株接种图示（左为无创伤接种，中为CK，右为创伤接种，J: 指
示接种部位）; G: 植株接种第5天症状整体（左为CK，右为接菌植株）; H: 植株接种第5天症状
局部，茎秆病斑变大，近邻叶片也受侵染逐渐脱落; I: 植株接种第7天症状整体（左为CK，右为接
种植株，K指示茎秆倒伏点）

彩图2-3　茎腐病病原菌侵染红心莲植株田间症状、病原菌形态特征及致病性测定

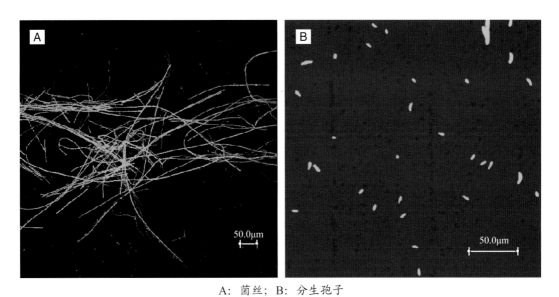

A：菌丝；B：分生孢子

彩图2-4　尖孢镰刀菌FJVP-6菌株的绿色荧光表达

Aa：5d；　Bb：6d；　Cc：7d；　Dd：8d；　Ee：9d；　Ff：10d

彩图2-5　尖孢镰刀菌FJVP-6野生型菌株和GFP标记菌株接种红心莲植株5～10d显症过程

注：大写字母表示野生型菌株接种植株；小写字母表示GFP标记菌株接种植株

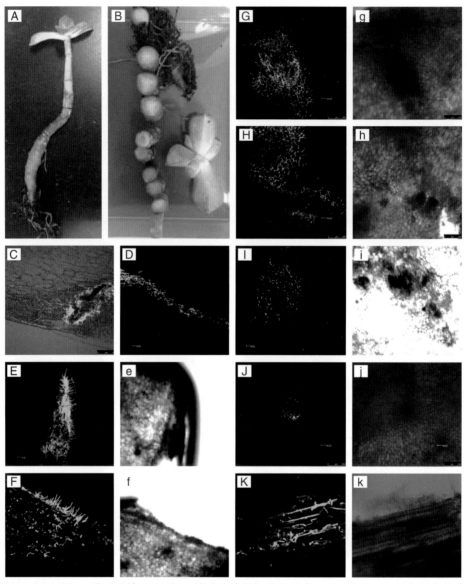

A：经GFP标记的红心莲致病株；B：红心莲致病株横切茎段示意；C：接种2d，创伤接种植株茎部大量萌发菌丝集中在伤口周围，优先扩展形成菌网，菌丝由植株伤口侵入到寄主皮层，皮层组织受到明显破坏；D：接种2d，无创伤接种植株茎部表皮萌发的菌丝刚开始侵入细胞间隙；Ee：接种3d，无创伤接种植株茎部表皮萌发的菌丝优先在茎叶交界处扩展形成菌网，菌丝由茎叶交界处侵入到寄主皮层；Ff：植株茎部表皮与皮层分离形成空腔，部分表皮开始破裂，菌体在皮层内旺盛生长；Gg、Hh：接种5d，扩繁菌丝侵入到维管柱，在维管束和薄壁细胞的间隙中大量繁殖，产生众多分支，部分菌丝分支侵入维管束，在维管组织内重复孢子的侵染过程，维管系统受到严重破坏；Ii、Jj：接种7d，菌体在寄主体内持续大量繁殖，菌丝不断进行横向和纵向扩展；Kk：菌体优先沿维管束和薄壁细胞的间隙向生长锥方向拓展，寄主髓心受损。

彩图2-6　尖孢镰刀菌GFP标记菌株侵染红心莲植株的茎部显微特征

注：大写字母E～K表示蓝色激发光下视场；小写字母e～k表示亮视场

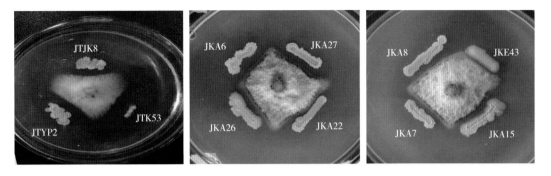

彩图2-7　部分拮抗菌株平板对峙拮抗效果

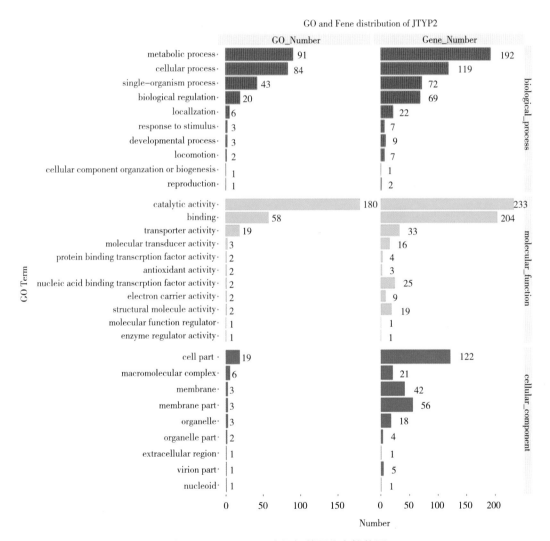

彩图2-8　GO term中目标基因分布柱状图

彩图2-9　KEGG通路

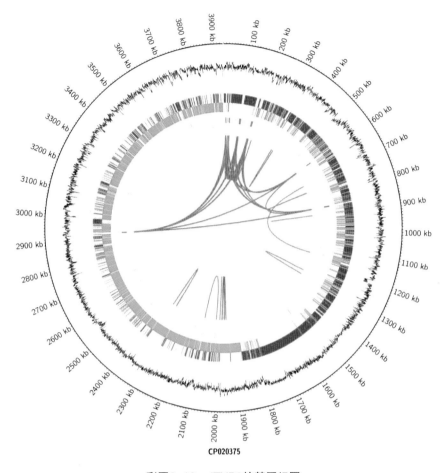

CP020375

彩图2-10　JTYP2的基因组圈

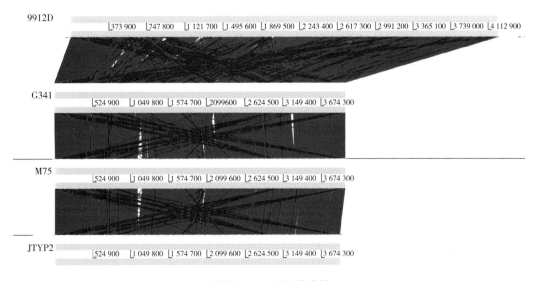

彩图2-11　平行共线性